DAS TIERREICH

Eine Zusammenstellung und Kennzeichnung der rezenten Tierformen

Herausgeber

Robert Mertens (Wirbeltiere)	Willi Hennig (Wirbellose)

Schriftleitung
Heinz Wermuth

Unter Mitarbeit zahlreicher Spezialisten

„Πάντα ῥεῖ" „Sine systemate chaos"

Lieferung 100

Liste der rezenten Amphibien und Reptilien

Testudines, Crocodylia, Rhynchocephalia

Bearbeitet von

Dr. Heinz Wermuth (Ludwigsburg)
und Prof. Dr. Robert Mertens (Frankfurt am Main)

Walter de Gruyter · Berlin · New York
1977

Das Tierreich	Berlin	Lieferung 100	Seite I–XXVII, 1–174	1977

ISBN 3 11 006860 5

Printed in Germany.
Satz: IBM-Composer Walter de Gruyter & Co., Berlin.
Druck: Karl Gerike, Berlin.
Bindearbeiten: Dieter Mikolai, Berlin.

Liste der rezenten Amphibien und Reptilien

Testudines, Crocodylia, Rhynchocephalia

Bearbeitet von

Dr. Heinz Wermuth

und Prof. Dr. Robert Mertens

Die Liste der rezenten Amphibien und Reptilien *ist*

HERRN PROF. DR. ROBERT MERTENS,

Direktor emeritus des Natur-Museums und

Forschungs-Institutes Senckenberg zu Frankfurt am Main,

als Dank der Fachkollegen für seine überragenden

Verdienste um die Herpetologie gewidmet.

Als Beiträge zur **Liste der rezenten Amphibien und Reptilien** sind bisher erschienen:

Amphibia: G y m n o p h i o n a (GORHAM, Ottawa: Lieferung 78, 1962). – S a l i e n t i a : Ascaphidae, Leiopelmatidae, Pipidae, Discoglossidae, Pelobatidae, Leptodactylidae, Rhinophrynidae (GORHAM, St. John: Lieferung 85, 1966); Hylidae (DUELLMAN, Lawrence: Lieferung 95, 1976).

Reptilia: T e s t u d i n e s , C r o c o d y l i a , R h y n c h o c e p h a l i a (WERMUTH, Ludwigsburg, & MERTENS, Frankfurt am Main: Lieferung 100, 1976); S a u r i a : Gekkonidae, Pygopodidae, Xenosauridae (WERMUTH, Ludwigsburg: Lieferung 80, 1965); Agamidae (WERMUTH, Ludwigsburg: Lieferung 86, 1967); Chamaeleonidae (MERTENS, Frankfurt am Main: Lieferung 83, 1966); Cordylidae: *Cordylinae, Gerrhosaurinae* (WERMUTH, Ludwigsburg: Lieferung 87, 1968); Anguidae, Anniellidae, Xenosauridae (WERMUTH, Ludwigsburg: Lieferung 90, 1969); Helodermatidae, Varanidae, Lanthanotidae (MERTENS, Frankfurt am Main: Lieferung 79, 1963). – S e r p e n t e s : Boidae: *Boinae, Bolyeriinae, Loxoceminae, Pythoninae* (STIMSON, London: Lieferung 89, 1969); Uropeltidae (GANS, Buffalo: Lieferung 84, 1966); Colubridae: *Dipsadinae* (PETERS, Washington: Lieferung 81, 1965).

Als weitere Beiträge erscheinen demnächst:

Amphibia: C a u d a t a (BRAME, Pasadena, & GORHAM, St. John); Bufonidae (COOK, Ottawa).

Reptilia: S a u r i a : Iguanidae (ETHERIDGE, San Diego); Lacertidae (BÖHME, Bonn); Teiidae (HOTZ, Zürich, & WERMUTH, Ludwigsburg); Amphisbaenidae (GANS, Ann Arbor). – S e r p e n t e s : Typhlopidae, Leptotyphlopidae, Anomalepidae (HAHN, Cottonwood); Elapidae (KLEMMER, Frankfurt am Main, & MARX, Chicago); Viperidae, Crotalidae (HOGE, São Paulo).

Vorwort

Der Verlag Gustav Fischer (Jena) beabsichtigt, unser Buch „Schildkröten/Krokodile/Brückenechsen" (WERMUTH & MERTENS 1961) demnächst in einer neuen und erweiterten Bearbeitung erscheinen zu lassen, allerdings beschränkt auf die Gruppe der Schildkröten. Bei der Vorbereitung zu dieser Neu-Ausgabe erscheint es notwendig, die Synonymie-Listen nach dem neuesten Stand zu ergänzen und auch für die Gattungen aufzuführen, was bei der vorigen Ausgabe nicht geschehen war.

Im Einverständnis mit dem Verlag wollen wir die Ausführungen in dem neuen Buch auf das Wesentliche beschränken und den Text von dem nomenklatorischen Beiwerk entlasten, das ohnehin nur den spezialisierten Systematiker anspricht. Der Praktiker aber, an den sich das Buch wendet, vermag mit derartigen Dingen nur wenig anzufangen und beklagt vielleicht sogar den großen Raum, die diese ihm wenig verständlichen Synonymie-Zitate im Text des Buches einnehmen. Wir veröffentlichen daher die Synonymie zu den Gattungs- und Artengruppen besser in einer Schriftenreihe, die ausschließlich derartigen Belangen gewidmet ist, nämlich in der „Liste der rezenten Amphibien und Reptilien" in der Serie DAS TIERREICH.

Mit dem Versuch, die Gruppe der Schildkröten neu zu gliedern, befaßten sich in letzter Zeit mehrere Autoren, insbesondere WILLIAMS (1950), LOVERIDGE & WILLIAMS (1957), MCDOWELL (1961, 1964), PARSONS (1968) und PARSONS & STEPHENS (1968). Auf Grund der Struktur der Halswirbel kommt WILLIAMS (1950) zu dem folgenden System, das bemerkenswerter Weise nur an einigen Stellen von der bisher üblichen Gliederung abweicht:

Testudines

Cryptodira

Dermatemydidae
Chelydridae
    Chelydrinae
    Staurotypinae
    Kinosterninae
Testudinidae
    Platysterninae
    Emydinae
    Testudininae
Cheloniidae
Dermochelydidae
Carettochelydidae
Trionychidae

Pleurodira

Pelomedusidae
Chelidae.

LOVERIDGE & WILLIAMS (1957) beschränken sich zwar im wesentlichen auf die afrikanischen Cryptodiren, geben aber darüber hinaus auch weitere Ausblicke auf die Unterteilung der Sumpf- (Emydinae) und Landschildkröten (Testudininae). Indem sie in der Hauptsache von den klassischen osteologischen Merkmalen des Schädels und des Panzers ausgehen, verteilen sie vor allem die Landschildkröten, die man bisher zur Gattung *Testudo* gestellt hatte, auf mehrere Gattungen und Untergattungen.

McDowell stützt sich bei seinen Arbeiten (1961, 1964) auf die größeren Arterien-Kanäle im Bereich des Ohres, auf das Vorhandensein oder Fehlen a) einer Apophyse am Basisphenoid und b) einer Verbindung zwischen dem Angulare mit dem Meckel'schen Knorpel, c) auf die Beschaffenheit des Gelenkes zwischen den Körpern des 5. und 6. Halswirbels, sowie d) auf die Anordnung der Pygalia. Seine Befunde hinsichtlich der systematischen Gliederung der Schildkröten weichen in mehreren Punkten von denen von Williams sowie Loveridge & Williams ab.

Parsons (1968) und Parsons & Stephens (1968) wählten als Schlüsselmerkmal die Anatomie der Nase. Sie kommen in zahlreichen Punkten zu anderen Ergebnissen als die genannten früheren Autoren.

Es ist hier nicht der rechte Ort, um die Unterschiede zwischen den Ergebnissen der zitierten Autoren im einzelnen zu analysieren. Uns erscheint es jedoch grundsätzlich bedenklich, die Systematik der Schildkröten von bestimmten Schlüssel-Merkmalen aus zu reformieren, zumal der allgemeingültige taxonomische Wert derartiger Merkmale noch nicht erwiesen ist und die darauf basierenden Versuche zu unterschiedlichen Ergebnissen führen. Vielmehr glauben wir, für die Gliederung der Gruppe eine Vielfalt von Merkmalen heranziehen zu sollen, einschließlich des Verhaltens und der Lebensweise der Tiere, und diese Merkmale brauchen durchaus nicht für sämtliche Gruppen den gleichen taxonomischen Wert zu haben. Da wir uns seit etlichen Jahrzehnten intensiv mit der Haltung und Pflege der verschiedensten Land- und Wasser-Schildkröten befassen, bitten wir um Verständnis für unseren Standpunkt.

Aus diesen Gründen sind wir wenig geneigt, von der bisher gültigen Großgliederung der Schildkröten abzugehen, wie Williams (1950) das vorschlägt. Hier seien im folgenden einige Bemerkungen zu seinem oben wiedergegebenen System gestattet.

An welcher Stelle die Familie Dermatemydidae im System steht, erscheint uns unerheblich; sie bildet auf jeden Fall eine in sich abgeschlossene Gruppe, die den Rang einer Familie verdient. An den Anfang des Systems könnte man vielleicht sogar mit noch mehr Recht den Komplex der Meeresschildkröten (Cheloniidae, Dermochelydidae) stellen, die im Bau des Schädels und im Besitz zahlreicher Inframarginalia bei den Cheloniiden noch urtümlichere Züge aufweisen.

Gewiß sind die *Chelydra-*, *Kinosternon-*, *Staurotypus-* und *Sternotherus*-Gruppe miteinander verwandt, doch bilden die ersten (*Chelydra*, *Macroclemys*) eine Einheit, die sich deutlich gegenüber den beiden anderen und enger miteinander verwandten Gruppen abgrenzt. Die Chelydriden weisen besondere und nur ihnen zukommende Merkmale auf, die den beiden anderen Gruppen fehlen, nämlich den hakenförmig gekrümmten, kräftigen Schnabel, die Höckerkiele des Rückenpanzers und den überaus langen, oberseits mit Höckerschuppen besetzten Schwanz. Wir betrachten daher weiterhin die Chelydridae als eine eigene Familie und stellen ihnen als eine gleichwertige Familie die Kinosternidae gegenüber, gegliedert in Kinosterninae und Staurotypinae.

Für wenig glücklich halten wir es, die Platysterninae, Emydinae und Testudininae zu einer Familie Testudinidae zusammenzufassen. Abgesehen von den bekannten sonstigen Unterschieden zeigen diese drei Gruppen so große Abweichungen in ihrer Anatomie, in ihrer Lebensweise und in ihrem Verhalten, wie sie in keiner der anderen Schildkröten-Familien vereint anzutreffen sind.

Davon abgesehen, gebührt der Großkopfschildkröte (*Platysternon*) allein schon auf Grund des Besitzes einer vollständigen Reihe von Inframarginalia sowie der Panzerung des Kopfes und des ungewöhnlich langen Schwanzes wegen eine Sonderstellung gegenüber den Sumpf- (Emydidae) und Landschildkröten (Testudinidae). Wir behalten daher nach wie vor die Familie Platysternidae als selbständig bei.

Die immer wieder erörterte Frage, ob Emydidae und Testudinidae eigene Familien oder nur zwei parallele Unterfamilien darstellen, ist nur dann sinnvoll, wenn es festzustellen gilt, welche gleichberechtigte andere Gruppe einer Einheit aus Sumpf- und Landschildkröten gegenüberzustellen ist. Das wäre ein echtes stammesgeschichtliches Problem, dessen Lösung sehr wohl im System zum Ausdruck kommen müßte. Aber darum geht es hier ja gar nicht, und daher erscheint das Hin- und Her-Jonglieren mit diesen beiden Gruppen müßig und eine Sache der persönlichen Willkür. Wir verweisen auf die grundsätzlichen und durchgehend ausgebildeten Unterschiede im Bau der Füße, der Lebensweise und des Verhaltens, auf Grund derer wir die beiden Gruppen als eigene Familien ansehen, zumal es keinerlei Übergänge zwischen ihnen gibt.

Nach diesen Ausführungen über die Großgliederung der Schildkröten erscheinen noch einige Bemerkungen über die Infrastruktur des Systems angebracht. Eine Untergliederung der Emydiden gibt McDowell (1964), indem er die Unterfamilien Batagurinae und Emydinae einführt. Trotz aller Vorbehalte gegenüber einzelnen Schlüssel-Merkmalen, von denen auch McDowell ausgeht, fehlen uns doch in diesem Falle die Argumente, um die Unterteilung anzufechten. Wir erkennen somit die beiden Unterfamilien an, verwenden sie aber nicht als Ordnungsprinzip für die Anordnung der Gattungen innerhalb der Familie, die wir nach der alphabetischen Reihenfolge ihrer Namen aufführen.

Neu ist bei McDowell (1964) weiterhin die Unterteilung der beiden bisherigen Gattungen *Clemmys* und *Geoemyda*. Daß innerhalb des bisherigen *Clemmys*-Komplexes die neuweltlichen Arten (unter dem alten Namen *Clemmys*) eine Einheit bilden, die den altweltlichen Arten (jetzt *Mauremys* und *Sacalia*) als gleichberechtigt gegenüberstehen, geht aus den Befunden von McDowell hervor und leuchtet auch ein. Da sich beide Gruppen auf verschiedene Unterfamilien verteilen (*Mauremys*, *Sacalia* = Batagurinae; *Clemmys* = Emydinae), läßt es sich nicht vermeiden, sie als echte Gattungen zu behandeln, wobei wir jedoch *Sacalia* als Untergattung zu *Mauremys* betrachten.

Anders ist es mit dem bisherigen *Geoemyda*-Komplex. Hier gehören die verschiedenen Komponenten, die McDowell unterscheidet, nicht nur zur gleichen Unterfamilie, sondern auch zur gleichen Gattungsgruppe. Zweifellos sind sie näher miteinander verwandt als etwa eine von ihnen mit irgend einer der anderen Gattungen (*Notochelys*, *Cyclemys*, *Mauremys* [incl. *Sacalia*] und *Cuora*), die McDowell ebenfalls zu dieser Gattungsgruppe rechnet. Daher halten wir es für angezeigt, die große Gattung *Geoemyda* nur in Untergattungen (*Geoemyda*, *Heosemys*, *Melanochelys*, *Rhinoclemmys*) zu gliedern und nicht in selbständige Gattungen aufzulösen, denn dadurch würden die verwandtschaftlichen Bindungen nicht mehr zu erkennen sein.

Nicht folgen können wir McDowell, wenn er einerseits die Gattungen *Chrysemys* und *Pseudemys* sowie andererseits die Gattungen *Graptemys* und *Malaclemys* jeweils miteinander vereinigt. *Chrysemys* bietet in der Färbung des Rückenpanzers ein Bild, das grundsätzlich von dem Zeichnungs-Schema der *Pseudemys*-Arten abweicht. *Malaclemys* nimmt auf Grund der ungewöhnlichen Lebensweise im Brackwasser eine Sonderstellung gegenüber den *Graptemys*-Arten ein. Daher lassen wir diese vier Gattungen weiterhin als selbständig bestehen.

Insbesondere LOVERIDGE & WILLIAMS (1957) lösen die bisherige große Gattung *Testudo* in zahlreiche Gattungen und Untergattungen auf und begründen dies mit ihren sorgfältigen anatomischen Studien. Aus ihnen geht zweifellos hervor, daß sich die große Gruppe in mehrere Verwandtschafts-Kreise gliedern läßt, doch muß es der Ansicht jedes Systematikers überlassen bleiben, die relative Höhe der Unter-Kategorien zu bemessen. Bei derartigen Überlegungen gehen wir von der Annahme aus, daß trotz aller bewiesenen Unterschiede zwischen diesen Unter-Kategorien doch engere verwandtschaftliche Beziehungen zueinander herrschen als zu irgend einer anderen Gattung der Testudiniden-Familie. Darum behalten wir die große Gattung *Testudo* bei, unterteilen sie aber in so viele Untergattungen, wie LOVERIDGE & WILLIAMS und andere Autoren als eigene Gattungen oder Untergattungen beschrieben haben. Würden wir die Aufspaltung des *Testudo*-Komplexes in verschiedene Gattungen übernehmen, ergäbe sich sofort die Notwendigkeit, sie alle wieder zu einer Über-Gattung zusammenzufassen, sowie das Problem, wie die parallel dazu zu errichtende Über-Gattung für die übrigen Testudiniden zu definieren ist. Diese Frage aber vermögen wir auf Grund der vorliegenden Erkenntnisse nicht zu beantworten.

Wir legen somit dieser Liste der Schildkröten das folgende System zugrunde:

Testudines

Cryptodira

Chelydridae: *Chelydra*, *Macroclemys*.

Kinosternidae, Kinosterninae: *Kinosternon*, *Sternotherus*; Staurotypinae: *Claudius*, *Staurotypus*.

Dermatemydidae: *Dermatemys*.

Platysternidae: *Platysternon*.

Emydidae, Batagurinae: *Batagur*, *Callagur*, *Chinemys*, *Cuora*, *Cyclemys*, *Geoclemys*, *Geoemyda* (mit *Geoemyda*, *Heosemys*, *Melanochelys*, *Rhinoclemmys*), *Hardella*, *Hieremys*, *Kachuga*, *Malayemys*, *Mauremys* (mit *Mauremys* und *Sacalia*; syn.: *Annamemys*), *Morenia*, *Notochelys*, *Ocadia*, *Orlitia*, *Pyxidea*, *Siebenrockiella*; Emydinae: *Chrysemys*, *Clemmys*, *Deirochelys*, *Emydoidea*, *Emys*, *Graptemys*, *Malaclemys*, *Pseudemys*, *Terrapene*.

Testudinidae: *Gopherus*, *Homopus*, *Kinixys*, *Malacochersus*, *Pyxis*, *Testudo* (mit *Acinixys*, *Agrionemys*, *Asterochelys*, *Chelonoidis*, *Geochelone*, *Chersina*, *Indotestudo*, *Manouria*, *Megalochelys* [= *Aldabrachelys* LOVERIDGE & WILLIAMS], *Psammobates*, *Pseudotestudo*, *Testudo*).

Cheloniidae: *Caretta*, *Chelonia*, *Eretmochelys*, *Lepidochelys*.

Dermochelydidae: *Dermochelys*.

Carettochelydidae: *Carettochelys*.

Trionychidae: *Chitra*, *Cyclanorbis*, *Cycloderma*, *Lissemys*, *Pelochelys*, *Trionyx* (syn.: *Dogania*).

Pleurodira

Pelomedusidae: *Pelomedusa*, *Pelusios*, *Podocnemis*.

Chelidae: *Chelodina*, *Chelus*, *Elseya*, *Emydura*, *Hydromedusa*, *Mesoclemmys*, *Phrynops* (syn.: *Batrachemys*), *Platemys*, *Pseudemydura*.

Um die große Übersicht nicht zu trüben, werden wir alle die Zwischen-Kategorien der Unter-Familien und Unter-Gattungen nicht als Ordnungsprinzip für die Abhandlung der Arten berücksichtigen. Wir bringen vielmehr innerhalb der Familien die Namen aller Gattungen ebenso konsequent in ihrer alphabetischen Reihenfolge, wie dies innerhalb der Gattungen mit den Namen der Arten geschieht. Unter den Überschriften zu den Gattungen findet sich jedoch in Kleinstdruck (Nonpareille) jeweils der Hinweis auf die Unterfamilie, der die betreffende Gattung zugehört, und Entsprechendes gilt für die Überschriften zu den Arten, unter denen sich dann ein Hinweis auf die Untergattung findet.

Ausdrücklich weisen wir darauf hin, daß wir durchaus nicht die Absicht haben, die hier getroffenen Entscheidungen als unfehlbare Dogmen ex cathedra zu verkünden. Uns liegt lediglich daran, die Gruppe der Schildkröten so übersichtlich wie möglich darzustellen. Dabei erscheint es uns tunlich, solange am bisher Üblichen festzuhalten, wie dies sachlich vertretbar ist. Jedenfalls halten wir das für ersprießlicher als einen ständigen Wechsel des Systems, der unweigerlich eintreten muß, wenn man jede vorgeschlagene Änderung übernimmt, weil sie neu ist. Wie die Versuche zur Neugliederung der Schildkröten gezeigt haben, besteht immer wieder die Gefahr, daß manche dieser neuen Erkenntnisse einer Revision nicht standhalten und noch neueren Erkenntnissen weichen müssen. Damit soll nicht das geringste gegen jeden Arnsthaften Versuch gesagt sein, das System der Schildkröten mit stichhaltigen Argumenten zu reformieren. Ihnen definitiven Niederschlag im System aber sollen die Ergebnisse dieser Bemühungen erst dann finden, wenn sie voll überzeugen können und wenn auch andere Autoren sie auf Grund eigener Untersuchungen an weiteren Merkmalen bestätigen.

Bei dieser Gelegenheit ergibt sich die grundsätzliche Frage, ob eine Liste, wie die vorliegende, überhaupt die persönlichen Ansichten des Bearbeiters wiedergeben darf oder ob sie nicht unverändert den jeweils zuletzt publizierten Standpunkt kommentarlos wiedergeben muß. Der Jüngere von uns (W.) diskutierte ausführlich darüber mit einem amerikanischen Kollegen, der ganz entschieden die zuletzt genannte Meinung vertrat. Da es aber keine international gültigen Regeln darüber gibt, halten wir es für weitaus besser, unsere abweichenden Ansichten zu den verschiedenen taxonomischen Problemen hier zu begründen und nicht die wissenschaftlichen Zeitschriften noch stärker mit zahlreichen kleinen Einzel-Publikationen zu belasten, als das ohnehin schon geschieht. Wir verstehen unsere hier vorgelegte Zusammenstellung als „kritische Liste", wie sie im englischsprachigen Raum als „Annotated Checklist" ebenso anerkannt und im Gebrauch ist.

VUILLEMIN (1972) und VUILLEMIN & DOMERGUE (1972) beschreiben als neue madagassische Formen *Madakinixys domerguei* (n. gen., n. spec.), *Pyxoides brygooi* (n. gen., n. spec.) und *Testudo morondavaensis* (n. spec.). Diesen als neu angesehenen Formen liegt jeweils nur die Beschreibung des Typus-Exemplares zugrunde, ohne daß sich erkennen läßt, ob den Autoren noch weiteres Material zur Verfügung stand. Wir erfahren somit auch nichts über die Variabilität der Merkmale, durch die sich die als neu beschriebenen Formen von den ihnen zunächst verwandten Arten beschreiben, denen sie bemerkenswert ähnlich sehen. Daher drängt sich der Verdacht auf, daß diese Neubeschreibungen auf bestimmten Ausbildungsgraden variabler Merkmale begründet sind, die durchaus noch innerhalb der Variationsbreite der bereits bekannten Verwandten liegen.

Madakinixys domerguei unterscheidet sich von *Kinixys belliana belliana* vor allem durch den unterschiedlichen Bau des 3. und 4. Halswirbels und damit durch ein Merkmal, dessen große Variabilität bei Schildkröten durch die sorgfältigen Untersuchungen von WILLIAMS nachgewiesen ist. Es fehlt der Beweis, daß die neue Art in dieser Hinsicht außerhalb des Variations-Bereiches von *K. b. belliana* liegt.

Bei *Pyxoides brygooi* ist zum Unterschied von *Pyxis arachnoides* der Vorderlappen des Plastrons nicht beweglich ausgebildet. Wer ebenso, wie die Verfasser der vorliegenden Liste, größere Serien von *Emys orbicularis*, *Cyclemys dentata*, *Testudo graeca*, *T. kleinmanni* und anderer Arten mit beweglichem Plastron untersucht hat, kennt den höchst unterschiedlichen, individuell oder durch Alter bedingten Ausbildungsgrad dieses stark variablen Merkmals. Auch hier ergeben sich die gleichen Bedenken wie im oben erwähnten Falle.

Der Unterschied zwischen *Testudo morondavaensis* und *T. (Acinixys) planicauda* besteht in der stärkeren Wölbung des Rückenpanzers bei der als neu beschriebenen Form. Auch dieser Unterschied, der ja bei allen Schildkröten außerordentlich stark variiert, überzeugt solange nicht, bis statistische Erhebungen einen Beweis für die Unterschiedlichkeit liefern.

Von *Testudo chilensis*, hier als *Geochelone chilensis* bezeichnet, trennt FREIBERG (1973) als eigene Arten *Geochelone donosobarrosi* n. sp. und *Geochelone petersi* n. sp. Die spezifische Selbständigkeit dieser beiden Formen müssen wir bezweifeln. Vor etwa 10 Jahren erhielt der Jüngere von uns eine Sendung mit etwa 40 lebenden *Testudo chilensis* von Herrn H. RIEGEL aus Valparaiso. Diese Tiere, die sicherlich auf einem nicht allzu weit ausgedehnten Areal gesammelt waren, zeigten zum Teil die Merkmals-Ausbildungen, die FREIBERG den von ihm anerkannten drei Formen dieses Komplexes zuschreibt, zum Teil aber auch alle erdenklichen Übergänge zwischen ihnen. Diese Tatsache beweist zwar das große Ausmaß einer intraspezifischen Variabilität von *Testudo chilensis*, widerspricht aber der Berechtigung, selbständige Arten anzuerkennen. Im übrigen dürfte die Variabilität von *T. chilensis* kaum größer sein als etwa bei *T. hermanni* oder *T. graeca*; davon kann man sich leicht bei den Massen-Importen überzeugen, die der Tierhandel leider Jahr für Jahr in den Handel bringt.

Theoretisch besteht die Möglichkeit, daß die neuen Formen, die FREIBERG beschreibt, geographische Rassen darstellen, aber auch das ist kaum wahrscheinlich. Einerseits sind die Verbreitungsgrenzen der insgesamt drei Formen noch nicht geklärt, und andererseits sprechen die eingangs erwähnten Befunde an den 40 lebenden Exemplaren dagegen, die aller Wahrscheinlichkeit nach von einer verhältnismäßig eng umgrenzten Fundstelle stammen. Wir ziehen es daher vor, die Art *Testudo chilensis* als zwar bemerkenswert variabel, aber doch als spezifisch einheitlich und die neu eingeführten Namen als Synonyma aufzufassen.

In seiner Bearbeitung der Meeresschildkröten klärt BRONGERSMA (1961) die Zugehörigkeit einiger Synonyma, die der Jüngere von uns (WERMUTH 1956) in der älteren Literatur entdeckt und in einigen Fällen irrtümlicher Weise Arten oder Unterarten zugeordnet hatte, zu denen sie vermutlich in Wirklichkeit nicht gehören. Weiterhin betrachtet BRONGERSMA die Art *Caretta caretta* als monotypisch, während er die Formen *kempii* und *olivacea* nunmehr für selbständige Arten der Gattung *Lepidochelys* hält, in der sie zuvor nur als geographische Rassen galten. Die artliche Selbständigkeit von *Chelonia depressa* neben *Ch. mydas* (LINNAEUS) weisen WILLIAMS, GRANDISON & CARR (1967) nach. Da wir diesen Auffassungen keine Argumente entgegenzusetzen haben, übernehmen wir die Entscheidungen der genannten Autoren unverändert.

Eine eingehende Revision der meisten *Pelusios*-Arten veröffentlicht LAURENT (1965), nachdem er bereits zuvor (1956) einige neue Formen beschrieben hatte. Er revalidiert die Formen *P. castaneus* (mit den Unterarten *P. c. castaneus*, *P. c. chapini*, *P. c. derbianus*, *P. c. rhodesianus*) und *P. carinatus*, die wir seinerzeit (WERMUTH &

MERTENS 1961) als Synonyma zu *P. subniger* aufgefaßt hatten, sowie *P. nanus*, den wir für identisch mit *P. adansonii* hielten. Neben dem bereits erwähnten *P. c. chapini* beschreibt LAURENT (1965) weiterhin als neu *P. williamsi williamsi* und *P. w. lutescens*.

Selbstverständlich erscheint es immer bedenklich, derartige Revalidierungen und Neubeschreibungen von einem rein theoretischen Standpunkt aus zu beurteilen, ohne sich näher mit der Gesamtheit des Materials befaßt zu haben, das dem Revisor vorlag. Daher bekennen wir gern, in unserem Buch (1961) in nicht zutreffender Weise *Pelusios carinatus* und *P. castaneus* mit *P. subniger* synonymiert zu haben, was wir jetzt rückgängig machen. Beide Formen müssen als selbständige Taxa gelten, was der Ältere von uns (MERTENS 1969) bereits für *P. castaneus* bestätigte.

Andererseits aber halten wir uns auf Grund unserer Praxis als herpetologische Systematiker doch für berechtigt, uns kritisch mit dem grundsätzlichen taxonomischen Wert angegebener Unterscheidung-Merkmale auseinanderzusetzen, und dies umso mehr, als LAURENT in dankenswert objektiver Weise zahlreiche Diagramme zu seinen statistischen Erhebungen abbildet. Diese Diagramme lassen sowohl die Ausbildungs-Tendenzen als auch die Streuung der Werte erkennen, die der Verfasser für die einzelnen und miteinander zu vergleichenden Formen festgestellt hat.

Statistische Erhebungen können sehr wichtig sein, um subjektiv erkannte Unterschiede objektiv zu beweisen. Wir glauben aber, daß relativ geringfügige Verschiebungen statistischer Mittelwerte für beträchtlich variierende Merkmale allein nicht ausreichen, um darauf Unterarten oder gar volle Arten zu begründen. Gewiß erscheint es bemerkenswert, derartige Entwicklungs-Richtungen für einzelne Teile innerhalb eines Gesamt-Verbreitungsgebietes statistisch belegen zu können. Nur können wir uns nicht entschließen, auf lediglich statistisch erkennbaren, nicht visuell wahrnehmbaren Daten echte Unterarten oder sogar Arten zu begründen, insbesondere dann nicht, wenn die ermittelten Werte für die Merkmale der miteinander zu vergleichenden Formen so stark streuen, daß sich nach dem Diagramm keine auch nur einigermaßen scharfe Trennung ziehen läßt. Wenn es auf Grund der allzu starken Variabilität der herangezogenen Merkmale nicht mehr möglich ist, auch ohne Kenntnis der geographischen Herkunft die taxonomische Zugehörigkeit einzelner Individuen zu der einen oder zu der anderen Form festzustellen, sondern wenn für diesen Zweck eine statistische Untersuchung größerer Individuen-Serien nötig ist, ziehen wir es vor, auf eine taxonomische Trennung der untersuchten Populationen zu verzichten und von einem Merkmals-Gefälle (einer Kline) innerhalb einer und der gleichen taxonomischen Einheit zu sprechen.

Aus diesem Grunde befriedigt uns die Aufgliederung der Art *Pelusios castaneus* in die Subspezies *castaneus, chapini, derbianus* und *rhodesianus* leider nicht. LAURENT (1965) stellt die unterschiedlichen Werte für die relative Länge der Naht zwischen den Pectoralia zur Naht zwischen den Humeralia, der Naht zwischen den Pectoralia zur Breite des 3. Vertebrale und der Breite des Intergulare zur Breite des 3. Vertebrale in Diagrammen einander gegenüber, doch streuen diese Merkmale so stark, daß sich die daraus resultierenden Werte allzu breit überlappen. Wir fassen daher *P. castaneus* wohl als eine selbständige Art auf, die geographisch leicht variiert, aber keine einwandfrei zu definierenden Rassen ausbildet.

Bei seiner Beschreibung von *Pelusios nanus* erklärte LAURENT (1956), diese Form sei am nächsten mit *P. adansonii* verwandt, doch vergleicht er erst in seiner späteren Publikation (LAURENT 1965) die beiden Formen näher miteinander. Dabei gesteht er selbst ein, daß zahlreiche Merkmale taxonomisch wertlos sind, die er zuvor (1956) zur Definition von *P. nanus* herangezogen hatte. Als einigermaßen konstante Abgrenzungs-Merkmale gegenüber *P. adansonii* verbleiben nur die Länge des Carapax' (bei *P. nanus* bis 12 cm, bei *P. adansonii* bis 17 cm; nur bei adulten Tieren zu ermitteln), die Färbung (*P. nanus* ist dunkler) sowie die größere Breite des Intergulare, des 5. Vertebrale und die größere Länge des 3. Vertebrale bei *P. adansonii*. Das alles sind recht variable, nicht ohne weiteres visuell feststellbare Unterschiede. Sie scheinen jedoch wenigstens halbwegs so ausgeprägt zu sein, daß man zur Identifikation einzelner Individuen auch ohne Statistik auskommt, so daß wir sie doch als Unterarten der Art *Pelusios adansonii* behandeln wollen. Auf diese Möglichkeit weist übrigens LAURENT (1956: 34) selbst hin.

Nicht unbedenklich erscheint uns unter den dargelegten Gesichtspunkten die Abspaltung der neuen Art *Pelusios williamsi* durch LAURENT (1965), denn auch sie beruht auf keinen absoluten, sondern nur relativen Unterschieden zu *P. subniger* und *P. castaneus*. *P. williamsi* sieht nach der Original-Beschreibung ganz ähnlich aus wie *P. castaneus*, zeigt aber eine leichte Einschnürung des Bauchpanzers am Ansatz des Hinterlappens, wenn auch nicht so stark wie bei *P. subniger*. In der Beschuppung der Vorderbeine gleicht *P. williamsi* wieder *P. castaneus*. Als hauptsächliche Unterscheidungs-Merkmale gegenüber *P. castaneus* nennt LAURENT das länger und breiter ausgebildete Intergulare, den kürzeren Außenrand der Femoralia und das schmalere 3. Vertebrale bei *P. williamsi*.

Wieder basieren die Unterscheidungs-Merkmale im wesentlichen auf der Verschiebung statistischer Mittelwerte für variable Merkmale. Aber immerhin liegen diese Werte für die Länge und die Breite des Intergulare verhältnismäßig deutlich von denen für *P. castaneus* getrennt, so daß wir die Art *Pelusios williamsi* hier als valid aufführen, wenn auch unter Bedenken. Da sie zudem deutlich zu *P. castaneus* vikariiert, liegt der Gedanke nahe, diese beiden Formen als geographische Rassen ein und der gleichen Art aufzufassen. Das aber würde erfordern, den Status verschiedener anderer Formen nach neuen Gesichtspunkten zu überprüfen. Da sich das Problem nicht bis zum Ausdruck dieser TIERREICH-Lieferung lösen läßt, müssen wir es auf einen späteren Zeitpunkt verschieben. Wir erkennen somit zunächst *Pelusios williamsi* als eigene Art an und betrachten auch die beiden beschriebenen Unterarten *P. w. williamsi* und *P. w. lutescens* als valid, bis sich möglicherweise herausstellt, daß sie in einen anderen Rassenkreis einzutreten haben.

Gegenüber unserer zuletzt erschienenen Zusammenstellung der rezenten Schildkröten, Krokodile und Brückenechsen (WERMUTH & MERTENS 1961) ergeben sich einige Abweichungen, die wir hier im folgenden aufführen. Als neu sind seither beschrieben die folgenden Schildkröten:

Kinosternon angustipons LEGLER 1965
Kinosternon mopanum NEILL 1965
Platysternon megacephalum vogeli WERMUTH 1969
Graptemys caglei HAYNES & MCKOWN 1974
Graptemys nigrinoda delticola FOLKERS & MOUNT 1969
Kachuga tecta circumdata MERTENS 1969
Pseudemys dorbigni brasiliensis FREIBERG 1969
Pseudemys ornata yaquia LEGLER & WEBB 1970
Pseudemys scripta taylori LEGLER 1960
Madakinixys domerguei VUILLEMIN 1972 [→ *Kinixys belliana* GRAY]
Pyxoides brygooi VUILLEMIN & DOMERGUE 1972 [→ *Pyxis arachnoides* BELL]
Agrionemys CHOSATZKY & MLYNARSKI 1966 [→ Untergattung von *Testudo* LINNAEUS]
Geochelone donosobarrosi FREIBERG 1973 [→ *Testudo chilensis* GRAY]
Geochelone petersi FREIBERG 1973 [→ *Testudo chilensis* GRAY]

Testudo morondavaensis VUILLEMIN 1972 [→ *Testudo planicauda* GRANDIDIER]
Chelonia mydas carrinegra CALDWELL 1962 [→ *Chelonia mydas japonica* (THUNBERG)]
Trionyx spiniferus guadalupensis WEBB 1962
Trionyx spiniferus pallidus WEBB 1962
Pelusios williamsi williamsi LAURENT 1965
Pelusios williamsi lutescens LAURENT 1965
Phrynops hogei MERTENS 1967
Phrynops wermuthi MERTENS 1969 [→ *Phrynops nasutus wermuthi* MERTENS]
Phrynops tuberculatus vanderhaegei BOUR 1973.

Die Namen der folgenden Gattungen, Arten und Unterarten, die wir zuvor als valid angesehen hatten, sind inzwischen in die Synonymie anderer Taxa versetzt worden:

Kinosternon cruentatum consors STEJNEGER 1941 → *Kinosternon cruentatum* DUMÉRIL, BIBRON & DUMÉRIL
Geoemyda tcheponensis BOURRET 1939 → *Cyclemys dentata* (GRAY)
Testudo hypselonota BOURRET 1941 → *Testudo radiata* SHAW
Caretta caretta gigas DERANIYAGALA 1933 → *Caretta caretta* (LINNAEUS)
Dogania GRAY 1844 → *Trionyx* GEOFFROY
Podocnemis cayennensis (SCHWEIGGER 1812) – *Podocnemis unifilis* TROSCHEL
Batrachemys STEJNEGER 1909 → *Phrynops* WAGLER
Chelodina intergularis FRY 1915 → *Chelodina rugosa* OGILBY
Emydura branderhorsti OUWENS 1914 → *Elseya novaeguineae* (MEYER)
Emydura schultzei VOGT 1911 → *Elseya novaeguineae* (MEYER)
Mesoclemmys GRAY 1873 → *Phrynops* WAGLER.

Dagegen bezeichnen die anschließend wiedergegebenen Namen, die wir zuvor als jüngere Synonyma angesehen hatten, nunmehr valide Taxa:

Rhinoclemmys FITZINGER 1835 [bisher Synonym zu *Geoemyda* GRAY 1834] → Untergattung von *Geoemyda* GRAY
Melanochelys GRAY 1869 [bisher Synonym zu *Geoemyda* GRAY 1834] → Untergattung von *Geoemyda* GRAY
Heosemys STEJNEGER 1902 [bisher Synonym zu *Geoemyda* GRAY 1834] → Untergattung von *Geoemyda* GRAY
Hardella indi GRAY 1870 [bisher Synonym zu *Hardella thurjii* (GRAY 1831)] → *Hardella thurjii indi* (GRAY)
Mauremys GRAY 1869 [bisher Synonym zu *Clemmys* RITGEN 1828]
Sacalia GRAY 1870 [bisher Synonym zu *Clemmys* RITGEN 1828] → Untergattung von *Mauremys* GRAY
Pyxidea GRAY 1863 [bisher Synonym zu *Cyclemys* BELL 1834]
Acinixys SIEBENROCK 1902 [bisher Synonym zu *Testudo* LINNAEUS 1758] → Untergattung von *Testudo* LINNAEUS
Asterochelys GRAY 1873 [bisher Synonym zu *Testudo* LINNAEUS 1758] → Untergattung von *Testudo* LINNAEUS
Chelonoidis FITZINGER 1835 [bisher Synonym zu *Testudo* LINNAEUS 1758] → Untergattung von *Testudo* LINNAEUS
Chersina GRAY 1831 [bisher Synonym zu *Testudo* LINNAEUS 1758] → Untergattung von *Testudo* LINNAEUS
Geochelone FITZINGER 1835 [bisher Synonym zu *Testudo* LINNAEUS 1758] → Untergattung von *Testudo* LINNAEUS
Indotestudo LINDHOLM 1929 [bisher Synonym zu *Testudo* LINNAEUS 1758] → Untergattung von *Testudo* LINNAEUS
Manouria GRAY 1852 [bisher Synonym zu *Testudo* LINNAEUS 1758] → Untergattung von *Testudo* LINNAEUS
Megalochelys FITZINGER 1843 [bisher Synonym zu *Testudo* LINNAEUS 1758] → Untergattung von *Testudo* LINNAEUS
Psammobates FITZINGER 1835 [bisher Synonym zu *Testudo* LINNAEUS 1758] → Untergattung von *Testudo* LINNAEUS

Pseudotestudo LOVERIDGE & WILLIAMS 1957 [bisher Synonym zu *Testudo* LINNAEUS 1758] → Untergattung von *Testudo* LINNAEUS
Chelonia depressa GARMAN 1880 [bisher Synonym zu *Chelonia mydas japonica* (THUNBERG 1787)]
Pelusios nanus LAURENT 1956 [bisher Synonym zu *Pelusios adansonii* (SCHWEIGGER 1812)] → *Pelusios adansonii nanus* LAURENT
Pelusios carinatus LAURENT 1956 [bisher Synonym zu *Pelusios subniger* (LACÉPÈDE 1788)]
Emys castanea SCHWEIGGER 1812 [bisher Synonym zu *Pelusios subniger* (LACÉPÈDE 1788)] → *Pelusios castaneus* (SCHWEIGGER)
Emys erythrocephala SPIX 1824 [bisher Synonym zu *Podocnemis cayennensis* (SCHWEIGGER 1812)] – *Podocnemis erythrocephala* (SPIX)
Chelodina rugosa OGILBY 1890 [bisher Synonym zu *Chelodina oblonga* GRAY 1841]
Emydura signata AHL 1932 [bisher Synonym zu *Emydura latisternum* (GRAY 1867)] → *Emydura macquarrii signata* AHL
Rhinemys tuberculata LUEDERWALDT 1926 [bisher Synonym zu *Batrachemys nasuta* (SCHWEIGGER 1812)] → *Phrynops tuberculatus tuberculatus* (LUEDERWALDT).

Als Unterarten galten bisher die folgenden Taxa; sie sind jetzt in den Rang guter Arten erhoben oder stellen Rassenkreise dar:

Graptemys oculifera flavimaculata CAGLE 1954 → *Graptemys flavimaculata* CAGLE
Graptemys oculifera nigrinoda CAGLE 1954 → *Graptemys nigrinoda* CAGLE
Gopherus polyphemus agassizii (COOPER 1863) → *Gopherus agassizii* (COOPER)
Gopherus polyphemus berlandieri (AGASSIZ) → *Gopherus berlandieri* (AGASSIZ)
Gopherus polyphemus flavomarginatus LEGLER 1959 → *Gopherus flavomarginatus* LEGLER
Gopherus polyphemus polyphemus (DAUDIN 1802) → *Gopherus polyphemus* (DAUDIN)
Caretta caretta caretta (LINNAEUS 1758) → *Caretta caretta* (LINNAEUS)
Lepidochelys olivacea kempii (GARMAN 1880) → *Lepidochelys kempii* (GARMAN)
Lepidochelys olivacea olivacea (ESCHSCHOLTZ 1829) → *Lepidochelys olivacea* (ESCHSCHOLTZ)
Phrynops geoffroanus hilarii (DUMÉRIL & BIBRON 1835) → *Phrynops hilarii* (DUMÉRIL & BIBRON).

Andererseits haben die nachfolgend aufgeführten Taxa, die vordem als eigene Arten galten, jetzt nur noch den Rang von Unterarten in einem anderen Rassenkreis:

Terrapene mexicana (GRAY 1849) → *Terrapene carolina mexicana* (GRAY)
Terrapene klauberi BOGERT 1943 → *Terrapene nelsoni klauberi* BOGERT
Batrachemys dahli (ZANGERL & MEDEM 1958) → *Phrynops nasutus dahli* ZANGERL & MEDEM
Chelodina sulcifera GRAY 1855 → *Chelodina longicollis sulcifera* GRAY.

In andere Gattungen wechselten die im folgenden aufgeführten Arten über:

Clemmys bealei (GRAY 1831) → *Mauremys bealei* (GRAY)
Clemmys caspica (GMELIN 1774) → *Mauremys caspica* (GMELIN)
Clemmys japonica (TEMMINCK & SCHLEGEL 1833) → *Mauremys japonica* (TEMMINCK & SCHLEGEL)
Clemmys nigricans (GRAY 1834) → *Mauremys nigricans* (GRAY)
Emys blandingii (HOLBROOK 1838) → *Emydoidea blandingii* (HOLBROOK)
Cyclemys mouhotii GRAY 1862 → *Pyxidea mouhotii* (GRAY)
Dogania subplana (GEOFFROY 1809) → *Trionyx subplanus* GEOFFROY
Batrachemys nasuta (SCHWEIGGER 1812) → *Phrynops nasutus nasutus* (SCHWEIGGER)
Batrachemys dahli (ZANGERL & MEDEM 1958) → *Phrynops nasutus dahli* ZANGERL & MEDEM
Emydura latisternum (GRAY 1867) → *Elseya latisternum* GRAY
Emydura novaeguineae (MEYER 1874) → *Elseya novaeguineae* (MEYER)
Mesoclemmys gibba (SCHWEIGGER 1812) → *Phrynops gibbus* (SCHWEIGGER).

Die nachfolgend genannte Unterart wechselte in einen anderen Rassenkreis über:

Terrapene mexicana yucatana (BOULENGER 1895) → *Terrapene carolina yucatana* (BOULENGER).

Die folgenden Taxa, die zuvor als monotypische Arten galten, stellen jetzt die Nominat-Formen eigener Rassenkreise dar:

Hardella thurjii (GRAY 1831) → *Hardella thurjii thurjii* (GRAY)
Pseudemys dorbigni (DUMÉRIL & BIBRON 1835) → *Pseudemys dorbigni dorbigni* (DUMÉRIL & BIBRON)
Terrapene nelsoni STEJNEGER 1925 → *Terrapene nelsoni nelsoni* STEJNEGER
Pelusios adansonii (SCHWEIGGER 1812) → *Pelusios adansonii adansonii* (SCHWEIGGER)
Batrachemys nasuta (SCHWEIGGER 1812) → *Phrynops nasutus nasutus* (SCHWEIGGER)
Chelodina longicollis (SHAW 1802) → *Chelodina longicollis longicollis* (SHAW)
Emydura macquarrii (GRAY 1831) → *Emydura macquarrii macquarrii* (GRAY).

Auch für die Gruppe der Krokodile ergeben sich einige Änderungen. Sie beruhen hauptsächlich auf der Veröffentlichung von FUCHS (Die Krokodilhaut, 1974), die zum ersten Male die Bedeutung der ventralen und lateralen Schilde und Schuppen für die Systematik in den Vordergrund stellt. Hierauf gründen sich die beiden Revisionen der Arten *Osteolaemus tetraspis* und *Crocodylus cataphractus* (1974a) sowie *Crocodylus niloticus* (1974b) von FUCHS, MERTENS & WERMUTH. Als neue Unterarten sind insgesamt beschrieben:

Caiman crocodilus matogrossiensis FUCHS 1974
Caiman crocodilus paraguayensis FUCHS 1974
Caiman latirostris chacoensis FREIBERG & CARVALHO 1965
Crocodylus cataphractus congicus FUCHS, MERTENS & WERMUTH 1974.

Folgende Namen, die zuvor als jüngere Synonyma galten, bezeichnen nunmehr valide Unterarten der Krokodile:

Crocodylus africanus LAURENTI 1768 [bisher Synonym zu *Crocodylus niloticus* LAURENTI 1768] → *Crocodylus niloticus africanus* LAURENTI
Crocodilus biporcatus CUVIER 1807 [bisher Synonym zu *Crocodylus porosus porosus* SCHNEIDER 1801] → *Crocodylus porosus biporcatus* CUVIER
Crocodilus chamses BORY 1824 [bisher Synonym zu *Crocodylus niloticus* LAURENTI 1768] → *Crocodylus niloticus chamses* BORY
Alligator cowiei A. SMITH 1937 [bisher Synonym zu *Crocodylus niloticus* LAURENTI 1768] → *Crocodylus niloticus cowiei* (SMITH)
Crocodilus madagascariensis GRANDIDIER 1872 [bisher Synonym zu *Crocodilus niloticus* LAURENTI 1768] → *Crocodylus niloticus madagascariensis* GRANDIDIER
Crocodylus niloticus pauciscutatus DERANIYAGALA [bisher Synonym zu *Crocodylus niloticus* LAURENTI 1768] → *Crocodylus niloticus pauciscutatus* DERANIYAGALA
Crocodilus suchus GEOFFROY 1807 [bisher Synonym zu *Crocodylus niloticus* LAURENTI 1768] → *Crocodylus niloticus suchus* GEOFFROY.

Der Name folgender Unterart, der vordem als valid galt, stellt nun ein Synonymon dar:

Crocodylus porosus minikanna DERANIYAGALA 1935 → *Crocodylus porosus porosus* SCHNEIDER.

Folgende Formen, die wir bisher als zwei Unterarten ein und desselben Rassenkreises angesehen hatten, haben sich jetzt in ihrer ventralen und lateralen Pholidosis als derart unterschiedlich erwiesen, daß sie den Rang guter Arten einzunehmen haben, nämlich

Crocodylus novaeguineae novaeguineae – WERMUTH 1953 – *Crocodylus novaeguineae* SCHMIDT
Crocodylus novaeguineae mindorensis – WERMUTH 1953 – *Crocodylus mindorensis* SCHMIDT.

Die nachfolgend aufgeführten Arten, die zuvor als monotypisch galten, stellen nun Rassenkreise dar, zu denen die oben aufgeführten, neu beschriebenen Unterarten hinzutreten. Für die Nominatform ist der ursprüngliche Artname nunmehr ternär zu verwenden:

Caiman latirostris (DAUDIN 1802) → *Caiman latirostris latirostris* (DAUDIN)
Crocodylus cataphractus CUVIER 1825 → *Crocodylus cataphractus cataphractus* CUVIER
Crocodylus niloticus LAURENTI 1786 → *Crocodylus niloticus niloticus* LAURENTI.

Nachdem der Jüngere von uns (WERMUTH: Zur Nomenklatur und Typologie des Leistenkrokodils, *Crocodylus porosus* SCHNEIDER 1801. – Mitt. zool. Mus. Berlin, **30**:483–486, 1954) das Typus-Exemplar von *Crocodylus porosus* in der Sammlung des Zoologischen Museums Berlin wiederaufgefunden hatte und seinen Status zu klären versuchte (W.: The identity of the name *Crocodylus natans* MEYER 1795. – Spolia zeylan., Colombo, **29**:23–27, 1960), bewies der Ältere von uns (MERTENS: Zur Systematik und Nomenklatur der Ceylon-Krokodile. – Senckenb. biol., Frankfurt am Main, **41**:267–272, 1960), daß es unerläßlich ist, die Terra typica der Art und somit auch der Nominat-Rasse auf Ceylon (= Sri Lanka) festzulegen. Damit wird der bis dahin für die ceylonesischen Leistenkrokodile übliche Name *Crocodylus porosus minikanna* DERANIYAGALA 1955 zu einem jüngeren Synonymon von *Crocodylus porosus porosus* SCHNEIDER 1801. Für die außerhalb von Ceylon vorkommenden Vertreter der Art, die bisher den Namen *Crocodylus porosus porosus* SCHNEIDER trugen, tritt jetzt als nächstes verfügbares Synonym der Name *Crocodilus biporcatus* CUVIER 1807 in der Form von *Crocodylus porosus biporcatus* CUVIER in Kraft.

In der Gruppe der Brückenechsen oder Tuateras (Rhynchocephalia) sind seit unserer letzten Bearbeitung im Jahre 1961 keine Veränderungen zu verzeichnen. Das erscheint uns insofern bedauerlich, als zweifellos die Aufgabe besteht, die Validität der bisher beschriebenen Unterarten zu überprüfen, aber auch den Status der Populationen auf den Inseln bei Neuseeland, die bisher noch nicht daraufhin untersucht wurden.

Wenn wir die hier aufgeführten und zum Teil im vorangehenden Text der Einleitung näher begründeten Veränderungen berücksichtigen, ergibt sich für uns innerhalb der Familien der Schildkröten, Krokodile und Brückenechsen die folgende Anzahl von Gattungen, Arten, Rassenkreisen und Unterarten, die aus der nachstehenden Tabelle hervorgeht. Zum Vergleich haben wir die entsprechenden Zahlen gegenübergestellt, in Klammern eingeschlossen, die in unserer früheren Zusammenstellung (WERMUTH & MERTENS 1961) ersichtlich sind.

Leider war es nicht in jedem Falle möglich, eine genaue Begründung anzugeben, wenn wir von dem Standpunkt abwichen, den eine zuletzt erschienene Publikation einem bestimmten Taxon gegenüber vertritt. Um jedoch allen künftigen Mißverständnissen vorzubeugen, stellen wir hier zum Abschluß ausdrücklich fest, daß wir mit die-

	Gattungen		Arten		davon Rassenkreise		Rassen		getrennte Formen	
TESTUDINES										
Cryptodira										
1. Chelydridae	2	(2)	2	(2)	1	(1)	4	(4)	5	(5)
2. Kinosternidae	4	(4)	23	(21)	6	(7)	19	(21)	36	(35)
3. Dermatemydidae	1	(1)	1	(1)	–	(–)	–	(–)	1	(1)
4. Platysternidae	1	(1)	1	(1)	1	(1)	3	(2)	3	(2)
5. Emydidae	27	(25)	76	(77)	24	(22)	89	(81)	141	(136)
6. Testudinidae	6	(6)	39	(37)	7	(8)	27	(31)	59	(60)
7. Cheloniidae	4	(4)	6	(4)	2	(4)	4	(8)	8	(8)
8. Dermochelydidae	1	(1)	1	(1)	–	(–)	–	(–)	1	(1)
9. Carettochelydidae	1	(1)	1	(1)	–	(–)	–	(–)	1	(1)
10. Trionychidae	6	(7)	22	(22)	3	(3)	11	(9)	30	(28)
Pleurodira										
11. Pelomedusidae	3	(3)	17	(14)	2	(–)	4	(–)	19	(14)
12. Chelidae	8	(10)	30	(31)	5	(1)	11	(3)	36	(33)
	64	(65)	219	(212)	51	(47)	172	(159)	340	(332)
CROCODYLIA										
1. Alligatoridae	4	(4)	7	(7)	2	(1)	8	(4)	13	(10)
2. Crocodylidae	3	(3)	14	(13)	5	(4)	15	(8)	24	(17)
3. Gavialidae	1	(1)	1	(1)	–	(–)	–	(–)	1	(1)
	8	(8)	22	(21)	7	(5)	23	(12)	38	(28)
RHYNCHOCEPHALIA										
1. Sphenodontidae	1	(1)	1	(1)	1	(1)	3	(3)	3	(3)

ser Liste der rezenten Schildkröten, Krokodile und Brückenechsen lediglich unseren eigenen Standpunkt zum Ausdruck bringen wollen und nicht im geringsten etwa die Absicht haben, allgemein verbindliche Entscheidungen „ex cathedra" zu verkünden. Selbstverständlich steht es jedem frei, entweder unseren Darstellungen oder seiner davon abweichenden Meinung zu folgen.

Wie in unseren früheren Publikationen, bedeutet auch hier ein Sternchen (*) vor der Jahreszahl eines Zitates, daß es uns nicht gelungen war, diese Schriftstelle im Original einzusehen. Wir haben sie nach anderen Quellen wiedergegeben und können uns daher nicht für die Richtigkeit verbürgen. Sollten uns dabei tatsächlich Irrtümer unterlaufen sein, wären wir für entsprechende Korrekturen durch sachverständige Benutzer dieser Liste sehr dankbar.

Frankfurt am Main
und Ludwigsburg

Robert Mertens
Heinz Wermuth

Nachsatz: Noch bevor die Abzüge der ersten Korrekturfahnen vorlagen, verstarb am 23. 8. 1975 mein verehrter Kollege und sehr lieber Freund, Herr Prof. Dr. Robert Mertens. Für alle Irrtümer, Ungenauigkeiten, Fehldeutungen und sonstige Unzulänglichkeiten, die in dieser Liste enthalten sein mögen, bin ich daher allein verantwortlich.

Heinz Wermuth

Systematischer Index

Ordnung TESTUDINES

Unterordnung Cryptodira

Familie C h e l y d r i d a e

Chelydra SCHWEIGGER

1812 *Chelydra* SCHWEIGGER, Königsberg. Arch. Naturwiss. Math., **1**:292. – S p e c i e s t y p i c a (FITZINGER 1843): *Testudo serpentina* LINNAEUS.
1822 *Chelonura* FLEMING, Philos. Zool., **2**:270. – S p e c i e s t y p i c a (durch Monotypie): *Testudo serpentina* LINNAEUS.
1825 *Rapara* GRAY, Ann. Philos., London, (2) **10**:210. – S p e c i e s t y p i c a (durch Monotypie): *Testudo serpentina* LINNAEUS.
*1825 *Saurochelys* LATREILLE, Fam. natur. Règne animal:92. – S p e c i e s t y p i c a (durch Monotypie): *Testudo serpentina* LINNAEUS.
1832 *Cheliurus* RAFINESQUE, Atlant. J. Friend Knowl., Philadelphia, **1**:64. – S p e c i e s t y p i c a d e s i g n a t a (hoc loco): *Testudo serpentina* (LINNAEUS).
1835 *Emysaurus* DUMÉRIL & BIBRON, Erpétol. gén., Hist. nat. Rept., **2**:348. – S p e c i e s t y p i c a (durch Monotypie): *Testudo serpentina* LINNAEUS.
1835 *Emysaura* DUMÉRIL & BIBRON (nomen substitutum pro *Emysaurus* DUMÉRIL & BIBRON 1835), Erpétol. gén., Hist. nat. Rept., **2**:350.
1907 *Devisia* OGILBY, Proc. r. Soc. Queensland, Brisbane, **19**:11. – S p e c i e s t y p i c a (durch Monotypie): *Devisia mythodes* OGILBY = *Chelydra serpentina* (LINNAEUS).

V e r b r e i t u n g: Vom südlichen Canada südwärts bis zum nördlichen Süd-Amerika.

Chelydra serpentina (LINNAEUS)

C h e l y d r a s e r p e n t i n a s e r p e n t i n a (LINNAEUS)

1758 *Testudo serpentina* LINNAEUS, Syst. Nat., Ed. 10, **1**:199. – T e r r a t y p i c a r e s t r i c t a (SMITH & TAYLOR 1950): New Orleans.
1802 *Testudo serpentaria* WIEDEMANN (nomen substitutum pro *Testudo serpentina* LINNAEUS), Arch. Zool. Zootom, Braunschweig, **2**:191.
1812 *Chelydra serpentina* – SCHWEIGGER, Königsberg. Arch. Naturwiss. Math., **1**:293.
1812 *Chelydra lacertina* SCHWEIGGER, Königsberg. Arch. Naturwiss. Math., **1**:293. – T e r r a t y p i c a d e s i g n a t a (K. P. SCHMIDT 1953): Umgebung der Stadt New York.
1831 *Testudo longicauda* SHAW (nomen nudum) in GRAY, Synops. Rept., **1**:36.
1857 *Chelydra emarginata* AGASSIZ, Contrib. Hist. nat. U. S., **1**:417. – T e r r a t y p i c a r e s t r i c t a (K. P. SCHMIDT 1953): Mobile, Alabama.
1889 *Chelydra serpentina* – BOULENGER, Cat. Chelon. Rhynchoceph. Crocod. brit. Mus. (nat. Hist.):20; Abb. 3, 4.
1905 *Devisia mythodes* OGILBY, Proc. roy. Soc. Queensland, Brisbane, **19**:11. – T e r r a t y p i c a: Fly River, Neu-Guinea.
1914 *Chelydra serpentina serpentina* – STEJNEGER, Copeia, Ann Arbor etc., **1914** 6 [:4].
1961 *Chelydra serpentina serpentina* – WERMUTH & MERTENS, Schildkr. Krokod. Brückenechs.: 4; Abb. 2.

V e r b r e i t u n g: Südliches Canada (von Alberta ostwärts bis Quebec), östliche U.S.A. (gesamtes Gebiet östlich der Cordilleren außer Halbinsel Florida) und östliches Mexico (Tamaulipas und Veracruz; südwärts bis zur Halbinsel Yucatan?).

Chelydra serpentina acutirostris PETERS

1862 *Chelydra serpentina* var. *acutirostris* PETERS, M.Ber. k. preuß. Akad. Wiss. Berlin, **1862**:627. – T e r r a t y p i c a: bei Guayaquil, Ecuador.
1945 *Chelydra angustirostris* DUNN (ex errore pro *acutirostris*), Caldasia, Bogotá, **3**:316; Abb. 5.
1961 *Chelydra serpentina acutirostris* – WERMUTH & MERTENS, Schildkr. Krokod. Brückenechs.:6.

V e r b r e i t u n g: Mittel-Amerika (Panama) und nördliches Süd-Amerika (Ecuador).

Chelydra serpentina osceola STEJNEGER

1918 *Chelydra osceola* STEJNEGER, Proc. biol. Soc. Washington, **31**:89. – T e r r a t y p i c a: Clearwater, Pinellas County, Florida.
1934 *Chelydra serpentina osceola* – MERTENS, L. MÜLLER & RUST, Bl. Aqu.- u. Terr.-Kunde, Stuttgart, **45**:59.
1961 *Chelydra serpentina osceola* – WERMUTH & MERTENS, Schildkr. Krokod. Brückenechs.:6.

V e r b r e i t u n g: Südöstliche U.S.A. (Halbinsel Florida).

Chelydra serpentina rossignonii (BOCOURT)

1868 *Emysaurus rossignonii* BOCOURT, Ann. Sci. nat., Paris, (5) **10**:121. – T e r r a t y p i c a: Pansós, Rio Polochic, Guatemala.
1872 *Chelydra rossignonii* – COPE, Proc. Acad. nat. Sci. Philadelphia, **1872**:23.
1889 *Chelydra rossignonii* – BOULENGER, Cat. Chelon. Rhynchoceph. Crocod. brit. Mus. (nat. Hist.):23.
1934 *Chelydra serpentina rossignonii* – MERTENS, L. MÜLLER & RUST, Bl. Aqu.- u. Terr.-Kunde, Stuttgart, **45**:59.
1961 *Chelydra serpentina rossignonii* – WERMUTH & MERTENS, Schildkr. Krokod. Brückenechs.:6.

V e r b r e i t u n g: Mittel-Amerika (von Guatemala südwärts bis Costa Rica).

Macroclemys GRAY

1855 *Macroclemys* GRAY, Cat. Shield Rept. Coll. brit. Mus., **1** (Testud.):48. – S p e c i e s t y p i c a (durch Monotypie): *Chelonura temminckii* TROOST.
1856 *Macrochelys* GRAY (non *Macrochelys* MEYER 1858 = † Testudines), Proc. zool. Soc. London, **1855**:200. – S p e c i e s t y p i c a (durch Monotypie): *Chelonura temminckii* TROOST.
1857 *Gypochelys* AGASSIZ, Contrib. nat. Hist. U.S.A., **1**:413. – S p e c i e s t y p i c a (durch Monotypie): *Gypochelys lacertina* AGASSIZ = *Macroclemys temminckii* (TROOST).
1862 *Macroclemmys* STRAUCH (nomen substitutum pro *Macroclemys* GRAY 1855), Mém. Acad. imp. Sci. St. Pétersbourg, (7) **5**(7):35.

V e r b r e i t u n g: Südosten der Vereinigten Staaten von Amerika.

Macroclemys temminckii (TROOST)

1789 *Testudo planitia* GMELIN (nomen reiectum: Opinion 660, 1963), LINN. Syst. Nat., Ed. 13, **1**:1045. – T e r r a t y p i c a : „Surinam".
1835 *Chelonura temminckii* TROOST in HARLAN, Med. phys. Res.:158. – T e r r a t y p i c a : Nebenfluß des Mississippi oberhalb Memphis, Tennessee.
1855 *Macroclemys temminckii* – GRAY, Cat. Shield Rept. Coll. brit. Mus., **1** (Testud.):48; Taf. 38, Fig. 2; Taf. 39; Taf. 40, Fig. 1.
1889 *Macroclemmys temminckii* – BOULENGER, Cat. Chelon. Rhynchoceph. Crocod. brit. Mus. (nat. Hist.):25; Abb. 5–7.
1961 *Macroclemys temminckii* – WERMUTH & MERTENS, Schildkr. Krokod. Brückenechs.:6; Abb. 3.

V e r b r e i t u n g : Südöstliche USA (im Norden: von Südost-Kansas ostwärts bis Südwest-Indiana; im Süden: von Südost-Texas ostwärts bis Nord-Florida und Georgia).

Familie K i n o s t e r n i d a e

Claudius COPE

Unterfamilie Staurotypinae

1865 *Claudius* COPE, Proc. Acad. nat. Sci. Philadelphia, **1865**:187. – S p e c i e s t y p i c a (durch Monotypie): *Claudius angustatus* COPE.
1961 *Claudinus* BATTERSBY (error typographicus), Zool. Record, London, **95** (Sect. 16B, Rept. 1958):88.

V e r b r e i t u n g : Mittleres Amerika.

Claudius angustatus COPE

1865 *Claudius angustatus* COPE, Proc. Acad. nat. Sci. Philadelphia, **1865**:187. – T e r r a t y p i c a : Tabasco.
1868 *Claudius megalocephalus* BOCOURT, Ann. Sci. nat., Paris, (5) **10**:122. – T e r r a t y p i c a r e s t r i c t a (SMITH & TAYLOR 1950): Tabasco.
1889 *Claudius angustatus* – BOULENGER, Cat. Chelon. Rhynchoceph. Crocod. brit. Mus. (nat. Hist.):33.
1961 *Claudius angustatus* – WERMUTH & MERTENS, Schildkr. Krokod. Brückenechs.:8; Abb. 4.

V e r b r e i t u n g : Östliches Mexico (von Veracruz ostwärts bis Campeche), Guatemala und Britisch-Honduras.

Kinosternon SPIX

Unterfamilie Kinosterninae

1815 *Monoclida* RAFINESQUE (nomen nudum), Analyse Nat.:75.
1824 *Kinosternon* SPIX, Anim. nov. sive Spec. nov. Testud.:17. – S p e c i e s t y p i c a (FITZINGER 1843): *Kinosternon longicaudatum* SPIX = *Kinosternon scorpioides* (LINNAEUS).
1825 *Kinosternom* GRAY (ex errore pro *Kinosternon* SPIX), Ann. Philos., London, (2) **10**:211.
1826 *Kynosternon* FITZINGER (ex errore pro *Kinosternon* SPIX), Neue Classif. Rept.:6.
*1830 *Kinosternum* BONAPARTE (nomen substitutum pro *Kinosternon* SPIX), Ann. Mus. civ. Stor. nat. Genova, **4**:382.

1830 *Cinosternon* WAGLER (nomen substitutum pro *Kinosternon* SPIX), Natürl. Syst. Amphib.: 137.
1832 *Uronyx* RAFINESQUE, Atlant. J. Friend Knowl., Philadelphia, 1:64. – Species typica restricta (hoc loco): *Testudo scorpioides* LINNAEUS.
1832 *Monoclida* RAFINESQUE, Atlant. J. Friend Knowl., Philadelphia, 1:64. – Species typica (durch Monotypie): *Testudo retziana* RAFINESQUE = *Kinosternon scorpioides* (LINNAEUS).
1844 *Swanka* GRAY, Cat. Tort. Crocod. Amphisb. Coll. brit. Mus.: 32. – Species typica (durch Monotypie): *Testudo scorpioides* LINNAEUS.
1857 *Cinosternum* AGASSIZ (nomen substitutum pro *Kinosternon* SPIX 1824), Contrib. nat. Hist. U.S.A., 1:426.
1857 *Thyrosternum* AGASSIZ, Contrib. nat. Hist. U.S.A., 1:427. – Species typica (LINDHOLM 1929): *Thyrosternum pennsylvanicum* – AGASSIZ = *Kinosternon subrubrum* (LACÉPÈDE).
1857 *Platythyra* AGASSIZ, Contrib. nat. Hist. U.S.A., 1:429. – Species typica (durch Monotypie): *Platythyra flavescens* AGASSIZ.

Verbreitung: Vom mittleren Nord-Amerika an südwärts bis zum nördlichen Süd-Amerika.

Kinosternon abaxillare Baur

1925 *Kinosternon abaxillare* BAUR in STEJNEGER, J. Washington Acad. Sci., **15**:462. – Terra typica: Tuxtla, Chiapas.
1961 *Kinosternon abaxillare* – WERMUTH & MERTENS, Schildkr. Krokod. Brückenechs.: 10; Abb. 5.

Verbreitung: Südliches Mexico (Chiapas).

Kinosternon acutum Gray

1831 *Kinosternon scorpioides* var. *acuta* GRAY, Synops. Rept. **1** (Cataphracta): 34; Taf. 7, Fig. 1. – Terra typica designata (SMITH & TAYLOR 1950): Cosamaloapam, Veracruz, Mexico.
1865 *Cinosternum berendtianum* COPE, Proc. Acad. nat. Sci. Philadelphia, **1865**:189. – Terra typica: Tabasco, Mexico.
1873 *Cinosternon effeldtii* PETERS, M.Ber. k. preuß. Akad. Wiss. Berlin, **1873**:603; Taf. 5. – Terra typica restricta (SMITH & TAYLOR 1950): Cosamaloapam, Veracruz, Mexico.
1889 *Cinosternum berendtianum* – BOULENGER, Cat. Chelon. Rhynchoceph. Crocod. brit. Mus. (nat. Hist.): 43.
1941 *Kinosternon acutum* – STEJNEGER, Proc. U.S. nation. Mus., Washington, **90**:457.
1961 *Kinosternon acutum* – WERMUTH & MERTENS, Schildkr. Krokod. Brückenechs.: 11; Abb. 6.

Verbreitung: Östliches Mexico (von Veracruz ostwärts bis Campeche), Britisch-Honduras und Guatemala.

Kinosternon angustipons Legler

1965 *Kinosternon angustipons* LEGLER, Univ. Kansas Publ., Mus. nat. Hist., Lawrence, **15**:617; Abb. 1A–1D; Abb. 2A–2E; Taf. 26–28. – Terra typica: Los Diamantes, Provinz Limón, Costa Rica.

Verbreitung: Mittel-Amerika (von der Grenze zwischen Nicaragua und Costa Rica südwärts bis Almirante, Bocas del Toro, Panama).

Kinosternon baurii GARMAN

Kinosternon baurii baurii GARMAN

1891 *Cinosternum baurii* GARMAN, Bull. Essex Inst., Salem, **23**:141. – Terra typica: Key West Island, Florida.
1917 *Kinosternon baurii* – STEJNEGER & BARBOUR, Check List north amer. Amph. Rept., Ed. **1**:111.
1939 *Kinosternon baurii baurii* – STEJNEGER & BARBOUR, Check List north amer. Amph. Rept., Ed. **4**:155.
1961 *Kinosternon baurii baurii* – WERMUTH & MERTENS, Schildkr. Krokod. Brückenechs.:12; Abb. 7.

Verbreitung: Südöstliche U.S.A. (Lower Florida Keys).

Kinosternon baurii palmarum STEJNEGER

1925 *Kinosternon bauri palmarum* STEJNEGER, J. Washington Acad. Sci., **15**:463. – Terra typica: Royal Palm State Park, Dade County, Florida.
1961 *Kinosternon baurii palmarum* – WERMUTH & MERTENS, Schildkr. Krokod. Brückenechs.:13.

Verbreitung: Südöstliche U.S.A. (Halbinsel Florida und Upper Florida Keys).

Kinosternon creaseri HARTWEG

1934 *Kinosternon creaseri* HARTWEG, Occ. Pap. Mus. Zool. Univ. Michigan, Ann. Arbor, **277**:1. – Terra typica: 1 Meile südlich der Hacienda Chichen Itzá, Yucatan.
1961 *Kinosternon creaseri* – WERMUTH & MERTENS, Schildkr. Krokod. Brückenechs.: 14; Abb. 8a–c.

Verbreitung: Östliches Mexico (Yucatan).

Kinosternon cruentatum DUMÉRIL, BIBRON & DUMÉRIL

1851 *Cinosternon cruentatum* DUMÉRIL, BIBRON & DUMÉRIL, Cat. méthod. Coll. Rept.:16. – Terra typica designata (SMITH & TAYLOR 1950): San Mateo del Mar, Oaxaca.
1854 *Kinosternum mexicanum* LE CONTE, Proc. Acad. nat. Sci. Philadelphia, **1854**: 182. – Terra typica restricta (SMITH & TAYLOR 1950): San Mateo del Mar, Oaxaca.
1860 *Kinosternum triliratum* LE CONTE, Proc. Acad. nat. Sci. Philadelphia, **1859**:6. – Terra typica restricta (SMITH & TAYLOR 1950): San Mateo del Mar, Oaxaca.
1889 *Cinosternum cruentatum* – BOULENGER, Cat. Chelon. Rhynchoceph. Crocod. brit. Mus. (nat. Hist.):44.
1941 *Kinosternon cruentatum consors* STEJNEGER, Proc. U.S. nation. Mus., Washington, **90**:458. – Terra typica: Cozumel Island, Yucatan.
1961 *Kinosternon cruentatum cruentatum* – WERMUTH & MERTENS, Schildkr. Krokod. Brückenechs.:16; Abb. 9a–c.
1961 *Kinosternon cruentatum consors* – WERMUTH & MERTENS, Schildkr. Krokod. Brückenechs.:16.
1965 *Kinosternon cruentatum* – DUELLMAN, Univ. Kansas Publ., Mus. nat. Hist., Lawrence, **15**:591.

Verbreitung: Südliches Mexico (von Oaxaca ostwärts bis Yucatan und Quintana Roo) und nördliches Mittel-Amerika (Guatemala und El Salvador).

Kinosternon dunni SCHMIDT

1947 *Kinosternon dunni* K. P. SCHMIDT, Fieldiana, Zool., Chicago, 31:109. – Terra typica: Puerto Pizarro, Choco, Columbien.
1961 *Kinosternon dunni* – WERMUTH & MERTENS, Schildkr. Krokod. Brückenechs.:16; Abb. 10a–c.

Verbreitung: Westliches Columbien (Flußgebiete des Rio San Juan und vermutlich auch des Rio Atrato [fide MEDEM 1961]).

Kinosternon flavescens (AGASSIZ)

Kinosternon flavescens flavescens (AGASSIZ)

1857 *Platythyra flavescens* AGASSIZ, Contrib. nat. Hist. U.S.A., 1:430; Taf. 5, Fig. 12–15. – Terra typica restricta (K. P. SCHMIDT 1953): Waco, Texas.
1875 *Cinosternum flavescens* – COPE, Check List north amer. Amphib. Rept.:52.
1889 *Cinosternum flavescens* – BOULENGER, Cat. Chelon. Rhynchoceph. Crocod. brit. Mus. (nat. Hist.):40.
1938 *Kinosternon flavescens flavescens* – HARTWEG, Occ. Pap. Mus. Zool. Univ. Michigan, Ann Arbor, 371:2.
1961 *Kinosternon flavescens flavescens* – WERMUTH & MERTENS, Schildkr. Krokod. Bückenechs.:16; Abb. 11a–c.

Verbreitung: Mittlere und südliche U.S.A. (vom östlichen Colorado, vom südlichen Nebraska und von Kansas an südwärts bis zum südöstlichen Arizona, New Mexico und Texas) sowie angrenzendes nördliches und nordöstliches Mexico.

Kinosternon flavescens spooneri SMITH

1951 *Kinosternon flavescens spooneri* P. W. SMITH, Bull. Chicago Acad. Sci., 9:195; Taf. 2. – Terra typica: Henderson County State Forest, 7 Meilen nördlich von Oquawka, Illinois.
1961 *Kinosternon flavescens spooneri* – WERMUTH & MERTENS, Schildkr. Krokod. Brückenechs.:17.

Verbreitung: Mittlere U.S.A. (Illinois sowie angrenzende Gebiete von Iowa und Missouri).

Kinosternon flavescens stejnegeri HARTWEG

1938 *Kinosternon flavescens stejnegeri* HARTWEG, Occ. Pap. Mus. Zool. Univ. Michigan, Ann Arbor, 371:1. – Terra typica: Llano, Sonora: zwischen Nogales und Hermosillo.
1961 *Kinosternon flavescens stejnegeri* – WERMUTH & MERTENS, Schildkr. Krokod. Brückenechs.:18.

Verbreitung: Nördliches Mexico (Sonora und Durango; südliches Coahuila?).

Kinosternon herrerai STEJNEGER

1925 *Kinosternon herrerai* STEJNEGER, J. Washington Acad. Sci., **15**:462. – Terra typica designata (SMITH & TAYLOR 1950): La Laja, Veracruz.
1961 *Kinosternon herrerai* – WERMUTH & MERTENS, Schildkr. Krokod. Brückenechs.:18; Abb. 12a–c.

Verbreitung: Südliches Mexico (Veracruz).

Kinosternon hirtipes WAGLER

Kinosternon hirtipes hirtipes WAGLER

1830 *Cinosternon hirtipes* WAGLER, Natürl. Syst. Amphib.:137; Taf. 5, Fig. 29, 30. – Terra typica restricta (SMITH & TAYLOR 1950): Seen bei Mexico City.
1889 *Cinosternum hirtipes* – BOULENGER, Cat. Chelon. Rhynchoceph. Crocod. brit. Mus. (nat. Hist.):38.
1953 *Kinosternon hirtipes* [*hirtipes*] – K. P. SCHMIDT, Check List north amer. Amphib. Rept., Ed. **6**:89.
1961 *Kinosternon hirtipes hirtipes* – WERMUTH & MERTENS, Schildkr. Krokod. Brückenechs.:20; Abb. 13a–c.

Verbreitung: Mittleres und westliches Mexico (von Chihuahua an südwärts bis zum Staat Mexico).

Kinosternon hirtipes murrayi GLASS & HARTWEG

1951 *Kinosternon murrayi* GLASS & HARTWEG, Copeia, Ann Arbor &c., **1951**:50; Abb. 1. – Terra typica: Harper Ranch, 37 Meilen südlich von Marfa, Presidio County, Texas.
1953 *Kinosternon hirtipes murrayi* – K. P. SCHMIDT, Check List north amer. Amphib. Rept., Ed. **6**:89.
1961 *Kinosternon hirtipes murrayi* – WERMUTH & MERTENS, Schildkr. Krokod. Brückenechs.:21.

Verbreitung: Südliche U.S.A. (südwestliches Texas).

Kinosternon leucostomum DUMÉRIL, BIBRON & DUMÉRIL

1851 *Cinosternon leucostomum* DUMÉRIL, BIBRON & DUMÉRIL, Cat. méthod. Coll. Rept.:17. – Terra typica restricta (SMITH & TAYLOR 1950): Cosamaloapam, Veracruz.
1869 *Swanka maculata* GRAY, Proc. zool. Soc. London, **1869**:182. – Terra typica restricta (SMITH & TAYLOR 1950): Cosamaloapam, Veracruz.
1885 *Cinosternum brevigulare* GÜNTHER (non *Cinosternum brevigulare* COPE 1885 = *Kinosternon postinguinale* COPE), Biol. centr.-amer., Rept. Batr.:17; Taf. 18, Fig. a. – Terra typica: Playa Vicente, Mexico.
1885 *Cinosternum cobanum* GÜNTHER, Biol. centr.-amer., Rept. Batr.:18; Taf. 18, Fig. b. – Terra typica restricta (SMITH & TAYLOR 1950): Cobán, Guatemala.
1889 *Cinosternum leucostomum* – BOULENGER, Cat. Chelon. Rhynchoceph. Crocod. brit. Mus. (nat. Hist.):42; Abb. 11, 12.
1961 *Kinosternon leucostomum* – WERMUTH & MERTENS, Schildkr. Krokod. Brückenechs.:22; Abb. 14a–d.

V e r b r e i t u n g : Östliches Mexico (östliches Veracruz, Tabasco, Campeche und Chiapas), Mittel-Amerika (von Guatemala an südwärts bis Panama) und nördliches Süd-Amerika.

Kinosternon mopanum NEILL

1965 *Kinosternon mopanum* NEILL, Bull. Florida State Mus., Gainesville, **9**:117; Abb. 6 [rechts oben und unten], 7. – T e r r a t y p i c a : Waha Leaf Creek, südlicher Stann Creek District, Britisch-Honduras.

V e r b r e i t u n g : Britisch-Honduras (Waha Leaf Creek und Maskasa Creek, 9 Meilen nordwestlich von Punta Gorda).

Kinosternon postinguinale COPE

1885 *Cinosternum brevigulare* COPE (non *Cinosternum brevigulare* GÜNTHER 1885 = *Kinosternon leucostomum* DUMÉRIL, BIBRON & DUMÉRIL), Proc. amer. philos. Soc., Philadelphia, **22**:389. – T e r r a t y p i c a : Sipurio, Ostküste von Costa Rica.
1887 *Cinosternum postinguinale* COPE (nomen novum pro *Cinosternum brevigulare* COPE), Bull. U.S. nation. Mus., Washington, **32**:23.
1961 *Kinosternon postinguinale* – WERMUTH & MERTENS, Schildkr. Krokod. Brückenechs.:22; Abb. 15a–c.

V e r b r e i t u n g : Südliches Mittel-Amerika (Panama).

Kinosternon scorpioides (LINNAEUS)

K i n o s t e r n o n s c o r p i o i d e s s c o r p i o i d e s (LINNAEUS)

1766 *Testudo scorpioides* LINNAEUS, Syst. Nat., Ed. 12, **1**:352. – T e r r a t y p i c a : Surinam.
1792 *Testudo tricarinata* SCHOEPFF [non *Testudo tricarinata* BORY 1804 = *Geoemyda spengleri* (GMELIN)], Hist. Testud.:9, Taf. 2. – T e r r a t y p i c a : unbekannt.
1802 *Testudo retzii* DAUDIN, Hist. nat. gén. part. Rept., **2**:174. – T e r r a t y p i c a : unbekannt.
1824 *Kinosternon longicaudatum* SPIX, Anim. nova s. Spec. nov. Testud. Brasil.:17; Taf. 12. – T e r r a t y p i c a : Brasilien.
1824 *Kinosternon brevicaudatum* SPIX, Anim. nova s. Spec. nov. Testud. Brasil.:18; Taf. 13. – T e r r a t y p i c a : Rio Solimoes.
1825 *Kinosternon shawianum* BELL, Zool. J., London, **2**:302. – T e r r a t y p i c a : unbekannt.
1831 *Kinosternon scorpioides* – GRAY, Synops. Rept., 1 (Cataphracta):34.
1832 *Monoclida retziana* RAFINESQUE (nomen substitutum pro *Testudo retzii* DAUDIN), Atlant. J. Friend Knowl., Philadelphia, **1**:64.
1889 *Cinosternum scorpioides* – BOULENGER, Cat. Chelon. Rhynchoceph. Crocod. brit. Mus. (nat. Hist.):41.
1907 *Cinosternum scorpioides scorpioides* – SIEBENROCK, S.Ber. Akad. Wiss. Wien, math.-naturwiss. Kl., Abt. 1, **116**:576.
1907 *Cinosternum scorpioides integrum* forma *brasiliana* SIEBENROCK (nomen illegitimum), S.Ber. Akad. Wiss. Wien, math.-naturwiss. Kl., Abt. 1, **116**:579. – Brasilien.
1961 *Kinosternon scorpioides scorpioides* – WERMUTH & MERTENS, Schildkr. Krokod. Brückenechs.:23, 25; Abb. 16a–d.

V e r b r e i t u n g : Nördliches und mittleres Süd-Amerika (von Columbien, Venezuela und den Guayana-Staaten an südwärts bis zum nördlichen Brasilien).

Kinosternon scorpioides albogulare DUMÉRIL & BOCOURT

1870 *Cinosternon albogulare* DUMÉRIL & BOCOURT, Miss. sci. Mexique, Zool., **3**:24. – Terra typica: San José, Costa Rica.
1950 *Kinosternon scorpioides albogulare* – DUNN & SAXE, Proc. Acad. nat. Sci. Philadelphia, **102**:145.
1961 *Kinosternon scorpioides albogulare* – WERMUTH & MERTENS, Schildkr. Krokod. Brückenechs.:25.

Verbreitung: Mittleres Mittel-Amerika (Costa Rica sowie die Inseln San Andrés und Cañas).

Kinosternon scorpioides integrum LE CONTE

1854 *Kinosternum integrum* LE CONTE, Proc. Acad. nat. Sci. Philadelphia, **1854**:183. – Terra typica restricta (SMITH & TAYLOR 1950): Acapulco, Guerrero.
1876 *Cinosternon rostellum* BOCOURT, J. Zool., Paris, **5**:391. – Terra typica: Guanajuato, Mexico.
*1888 *Cinosternon guanajuatense* DUGÈS, La Naturaleza, Mexico, (2) **1**:107. – Terra typica: Valle de México [fide H. M. SMITH 1969].
1889 *Cinosternum integrum* – BOULENGER, Cat. Chelon. Rhynchoceph. Crocod. brit. Mus. (nat. Hist.):42.
1906 *Cinosternum scorpioides integrum* – SIEBENROCK, Zool. Anz., Leipzig, **30**:96.
1907 *Cinosternum scorpioides integrum* forma *mexicana* SIEBENROCK (nomen illegitimum), S.Ber. Akad. Wiss. Wien, math.-naturwiss. Kl., Abt. 1, **116**:579. – Patria: Mexico.
1961 *Kinosternon scorpioides integrum* – WERMUTH & MERTENS, Schildkr. Krokod. Brückenechs.:25, Abb. 17a–c.

Verbreitung: Westliches und südöstliches Mexico (von Sonora an südostwärts bis Oaxaca und Veracruz).

Kinosternon scorpioides pachyurum MÜLLER & HELLMICH

1936 *Kinosternon scorpioides pachyurum* L. MÜLLER & HELLMICH, Wiss. Ergebn. dtsch. Gran-Chaco-Exped., Amphib. Rept., **1**:100. – Terra typica: Villa Montes, Bolivien.
1961 *Kinosternon scorpioides pachyurum* – WERMUTH & MERTENS, Schildkr. Krokod. Brückenechs.:25.

Verbreitung: Mittleres Süd-Amerika (Bolivien).

Kinosternon scorpioides panamense SCHMIDT

1946 *Kinosternon panamensis* K. P. SCHMIDT, Smithson. misc. Coll., Washington, **106** 8:5. – Terra typica: Panama Railroad, Canal Zone, Panama.
1955 *Kinosternon scorpioides panamense* – MERTENS & WERMUTH, Zool. Jb., Syst., Jena, **83**:338.
1961 *Kinosternon scorpioides panamense* – WERMUTH & MERTENS, Schildkr. Krokod. Brückenechs.:26.

Verbreitung: Südliches Mittel-Amerika (Panama).

Kinosternon scorpioides seriei FREIBERG

1936 *Kinosternon scorpioides seriei* FREIBERG, Physis, Buenos Aires, **12**:169; Abb.; Taf. – Terra typica: El Tabacal, Salta, Argentinien.
1961 *Kinosternon scorpioides seriei* – WERMUTH & MERTENS, Schildkr. Krokod. Brückenechs.:26.

Verbreitung: Mittleres Süd-Amerika (nördliches Argentinien).

Kinosternon sonoriense LE CONTE

1854 *Kinosternon sonoriense* LE CONTE, Proc. Acad. nat. Sci. Philadelphia, **1854**:184. – Terra typica: Tucson, Arizona.
1860 *Kinosternum henrici* LE CONTE, Proc. Acad. nat. Sci. Philadelphia, **1859**:4. – Terra typica restricta (K. P. SCHMIDT 1953): Umgebung von Las Cruces, New Mexico.
1889 *Cinosternum henrici* – BOULENGER, Cat. Chelon. Rhynchoceph. Crocod. brit. Mus. (nat. Hist.):40.
1961 *Kinosternon sonoriense* – WERMUTH & MERTENS, Schildkr. Krokod. Brückenechs.:27; Abb. 18a–c.

Verbreitung: Südwestliche U.S.A. (vom südöstlichen California an ostwärts bis zum südwestlichen Texas) und nördliches Mexico (von Sonora und Chihuahua an südwärts bis Durango).

Kinosternon spurrelli BOULENGER

1913 *Cinosternum spurrelli* BOULENGER, Proc. zool. Soc. London, **1913**:1030; Taf. 105, 106. – Terra typica: Peña Lisa, westliches Columbien.
1961 *Kinosternon spurrelli* – WERMUTH & MERTENS, Schildkr. Krokod. Brückenechs.: 28; Abb. 19a, b.

Verbreitung: Nordwestliches Süd-Amerika (westliches Columbien).

Kinosternon subrubrum (LACÉPÈDE)

Kinosternon subrubrum subrubrum (LACÉPÈDE)

1788 *Testudo subrubra* LACÉPÈDE, Hist. nat. Quadrup. ovip., Synops. méthod.:132. – Terra typica restricta (K. P. SCHMIDT 1953): Umgebung von Philadelphia, Pennsylvania.
1789 *Testudo pensilvanica* GMELIN, LINN. Syst. Nat., Ed. 13, **1**:1042. – Terra typica restricta (K. P. SCHMIDT 1953): Umgebung von Philadelphia, Pennsylvania.
1844 *Kinosternon oblongum* GRAY, Cat. Tort. Crocod. Amphisb. Coll. brit. Mus.:33. – Terra typica restricta (K. P. SCHMIDT 1953): Umgebung von Philadelphia, Pennsylvania.
1844 *Kinosternon doubledayii* GRAY, Cat. Tort. Crocod. Amphisb. Coll. brit. Mus.:33. – Terra typica restricta (K. P. SCHMIDT 1953): Umgebung von Philadelphia, Pennsylvania.
1855 *Kinosternon punctatum* GRAY, Cat. Shield Rept. Coll. brit. Mus., **1** (Testud.):45. – Terra typica: östliches Florida.
1870 *Swanka fasciata* GRAY, Suppl. Cat. Shield Rept. Coll. brit. Mus., **1** (Testud.):68. – Terra typica designata (K. P. SCHMIDT 1953): Umgebung von Philadelphia, Pennsylvania.
1889 *Cinosternum pensylvanicum* BOULENGER (nomen substitutum pro *Testudo pensilvanica* GMELIN), Cat. Chelon. Rhynchoceph. Crocod. brit. Mus. (nat. Hist.):39.

1917 *Kinosternon subrubrum subrubrum* – STEJNEGER & BARBOUR, Check List north amer. Amphib. Rept., Ed. **1**:112.
1961 *Kinosternon subrubrum subrubrum* – WERMUTH & MERTENS, Schildkr. Krokod. Brückenechs.:30; Abb. 20 a–c.

Verbreitung: Östliche und südöstliche U.S.A. (im Norden: vom östlichen Illinois ostwärts [unter Ausschluß von Ohio] bis Connecticut; im Süden: von Mississippi ostwärts bis zum nördlichen Florida).

Kinosternon subrubrum hippocrepis GRAY

1856 *Kinosternon hippocrepis* GRAY, Proc. zool. Soc. London, **1855**:198. – Terra typica: New Orleans, Louisiana.
1893 *Kinosternon louisianae* BAUR, Amer. Natural., New York, **27**:676. – Terra typica: New Orleans, Louisiana.
1917 *Kinosternon subrubrum hippocrepis* – STEJNEGER & BARBOUR, Check List north amer. Amphib. Rept., Ed. **1**:112.
1961 *Kinosternon subrubrum hippocrepis* – WERMUTH & MERTENS, Schildkr. Krokod. Brückenechs.:30.

Verbreitung: Südöstliche U.S.A. (im Norden: vom östlichen Oklahoma ostwärts bis zum südöstlichen Missouri; im Süden: vom östlichen Texas ostwärts bis zum westlichen Mississippi).

Kinosternon subrubrum steindachneri SIEBENROCK

1906 *Cinosternum steindachneri* SIEBENROCK, Zool. Anz., Leipzig, **30**:727; Abb. – Terra typica: Orlando, Florida.
1940 *Kinosternon subrubrum steindachneri* – CARR, Univ. Florida Publ., Gainesville, (biol. Sci.) **3** 1:99.
1961 *Kinosternon subrubrum steindachneri* – WERMUTH & MERTENS, Schildkr. Krokod. Brückenechs.:30; Abb. 21 a–c.

Verbreitung: Südöstliche U.S.A. (Halbinsel Florida).

Staurotypus WAGLER

Unterfamilie Staurotypinae

1830 *Staurotypus* WAGLER, Natürl. Syst. Amphib.:137. – Species typica (FITZINGER 1843): *Terrapene triporcata* WIEGMANN.
1864 *Stauremys* GRAY, Proc. zool. Soc. London, **1864**:127. – Species typica (durch Monotypie): *Staurotypus (Stauremys) salvinii* GRAY.

Verbreitung: Südliches Mexico und nördliches Mittel-Amerika.

Staurotypus salvinii GRAY

1864 *Staurotypus (Stauremys) salvinii* GRAY, Proc. zool. Soc. London, **1864**:127. – Terra typica: Huamuchil, Guatemala.
1872 *Staurotypus marmoratus* FISCHER, Arch. Naturgesch., Berlin, **38**:265; Taf. 10. – Terra typica restricta (SMITH & TAYLOR 1950): Santa Efigenia, Oaxaca, Mexico.
1872 *Claudius severus* COPE, Proc. Acad. nat. Sci. Philadelphia, **1872**:24. – Terra typica: Santa Efigenia, Oaxaca, Mexico.
1889 *Staurotypus salvinii* – BOULENGER, Cat. Chelon. Rhynchoceph. Crocod. brit. Mus. (nat. Hist.):32; Abb. 9, 10.

1905 *Staurotypus biporcatus* GADOW (nomen nudum), Proc. zool. Soc. London, **1905** 2: 209.
1961 *Staurotypus salvinii* – WERMUTH & MERTENS, Schildkr. Krokod. Brückenechs.: 31; Abb. 22a–d.

Verbreitung: Südliches Mexico (östliches Oaxaca), südliches Guatemala und El Salvador.

Staurotypus triporcatus (WIEGMANN)

1828 *Terrapene triporcata* WIEGMANN, Isis (OKEN), Leipzig, **21**:364. – Terra typica: Rio Alvarado, Veracruz, Mexico.
1830 *Staurotypus triporcatus* – WAGLER, Natürl. Syst. Amphib.: Taf. 5, Fig. 44, 45.
1872 *Claudius pictus* COPE, Proc. Acad. nat. Sci. Philadelphia, **1872**:26. – Terra typica restricta (SMITH & TAYLOR 1950): Alta Verapaz, Guatemala.
1889 *Staurotypus triporcatus* – BOULENGER, Cat. Chelon. Rhynchoceph. Crocod. brit. Mus. (nat. Hist.): 31.
1961 *Staurotypus triporcatus* – WERMUTH & MERTENS, Schildkr. Krokod. Brückenechs.: 33; Abb. 23a–c.

Verbreitung: Südöstliches Mexico (Veracruz und Tabasco), Britisch-Honduras und Guatemala.

Sternotherus GRAY

Unterfamilie Kinosterninae

1825 *Sternotherus* GRAY, Ann. Philos., London, (2) **10**:211. – Species typica (fide K. P. SCHMIDT 1953): *Testudo odorata* LATREILLE.
1825 *Sternothaerus* BELL, Zool. J., London, **2**:305. – Species typica (FITZINGER 1843): *Testudo odorata* LATREILLE.
*1829 *Sternoteirus* GRAVENHORST (ex errore pro *Sternotherus* GRAY), Rept. Mus. zool. vratislav. Recens. Descr.: 17.
1831 *Sternotheros* GRAY (ex errore pro *Sternotherus* GRAY) in GRIFFITH, Anim. Kingd. CUVIER, **9** (Synops. Spec.): 13.
*1831 *Stenothaerus* SHERBORN (ex errore pro *Sternothaerus* BELL), Index Anim., Sect. 2, Fasc. **25**:6142.
1832 *Didicla* RAFINESQUE (partim), Atlant. J. Friend Knowl., Philadelphia, **1**:64. – Species typicae: *Testudo clausa* GMELIN [= *Terrapene carolina* (LINNAEUS)], *Testudo odorata* LATREILLE &c.
1855 *Aromochelys* GRAY, Cat. Shield Rept. brit. Mus., **1** (Testud.): 46. – Species typica (LINDHOLM 1929): *Testudo odorata* LATREILLE.
1857 *Goniochelys* AGASSIZ, Contrib. nat. Hist. U.S.A., **1**:423. – Species typica (LINDHOLM 1929): *Goniochelys triquetra* AGASSIZ = *Sternotherus carinatus* (GRAY).
1857 *Ozotheca* AGASSIZ, Contrib. nat. Hist. U.S.A., **1**:424. – Species typica (LINDHOLM 1929): *Testudo odorata* LATREILLE.
1889 *Diclida* BOULENGER (partim; ex errore pro *Didicla* RAFINESQUE 1832), Cat. Chelon. Rhynchoceph. Crocod. brit. Mus. (nat. Hist.): 33, 114.

Verbreitung: Vom südöstlichen Canada südwärts bis zu den südöstlichen Vereinigten Staaten von Amerika.

Sternotherus carinatus (GRAY)

1856 *Aromochelys carinata* GRAY, Proc. zool. Soc. London, **1855**:199. – Terra typica restricta (K. P. SCHMIDT 1953): Umgebung von New Orleans, Louisiana, U.S.A.

1857 *Goniochelys triquetra* AGASSIZ, Contrib. nat. Hist. U.S.A., 1:423. – Terra typica: Lake Concordia, Louisiana, U.S.A.
1889 *Cinosternum carinatum* – BOULENGER (partim), Cat. Chelon. Rhynchoceph. Crocod. brit. Mus. (nat. Hist.):38.
1923 *Sternotherus carinatus* – STEJNEGER, Proc. U.S. nation. Mus., Washington, **62** (6): 2.
1961 *Sternotherus carinatus* – WERMUTH & MERTENS, Schildkr. Krokod. Brückenechs.: 34; Abb. 24a–c.

Verbreitung: Südliche U.S.A. (vom östlichen Oklahoma und Texas ostwärts bis Mississippi).

Sternotherus minor (AGASSIZ)

Sternotherus minor minor (AGASSIZ)

1857 *Goniochelys minor* AGASSIZ, Contrib. nat. Hist. U.S.A., 1:424. – Terra typica restricta (K. P. SCHMIDT 1953): Columbus, Georgia, U.S.A.
1923 *Sternotherus minor* – STEJNEGER, Proc. U.S. nation. Mus., Washington, **62** (6):2.
1955 *Sternotherus minor minor* – TINKLE & WEBB, Tulane Stud. Zool., New Orleans, 3:64.
1961 *Sternotherus minor minor* – WERMUTH & MERTENS, Schildkr. Krokod. Brückenechs.:34; Abb. 25a–c.

Verbreitung: Südöstliche U.S.A. (vom südlichen Tennessee, Alabama und Georgia südwärts bis zum mittleren Florida).

Sternotherus minor depressus TINKLE & WEBB

1955 *Sternotherus depressus* TINKLE & WEBB, Tulane Stud. Zool., New Orleans, 3:53; Abb. 1, 2, 3 [oben rechts und unten]. – Terra typica: Mulberry Fork, Black Warrior River, 9 Meilen östlich von Jasper, Walker County, Alabama, U.S.A.; in der Nähe der Brücke über den U.S. Highway 78.
1961 *Sternotherus minor depressus* – WERMUTH & MERTENS, Schildkr. Krokod. Brückenechs.:35.

Verbreitung: Südöstliche U.S.A. (System des Black Warrior River, Walker County, nördliches Alabama; ? Tennessee).

Sternotherus minor peltifer SMITH & GLASS

1947 *Sternotherus peltifer* H. M. SMITH & GLASS, J. Washington Acad. Sci., **37**:22. – Terra typica: Bassfield, Jefferson Davis County, Mississippi, U.S.A.; 30 Meilen westlich von Hattisburg.
1955 *Sternotherus minor peltifer* – TINKLE & WEBB, Tulane Stud. Zool., New Orleans, 3:64; Abb. 3 [oben links] – 6.
1961 *Sternotherus minor peltifer* – WERMUTH & MERTENS, Schildkr. Krokod. Brückenechs.:36.

Verbreitung: Südöstliche U.S.A. (vom östlichen Tennessee südwärts bis zum östlichen Mississippi und Alabama).

Sternotherus odoratus (LATREILLE)

1801 *Testudo odorata* LATREILLE, Hist. nat. Rept., 1:122. – Terra typica restricta (K. P. SCHMIDT 1953): Umgebung von Charleston, Süd-Carolina, U.S.A.

1802 *Testudo glutinata* DAUDIN, Hist. nat. gén. part. Rept., **2**:194. – Terra typica restricta (K. P. SCHMIDT 1953): Umgebung von Lancaster, Pennsylvania, U.S.A.
1820 *Terrapene boscii* MERREM, Tent. Syst. Amphib.:27. – Terra typica restricta (K. P. SCHMIDT 1953): Umgebung von Philadelphia, Pennsylvania, U.S.A.
1825 *Sternothaerus odoratus* – BELL, Zool. J., London, **2**:307.
1854 *Kinosternum guttatum* LE CONTE, Proc. Acad. nat. Sci. Philadelphia, **1854**:185. – Terra typica restricta (K. P. SCHMIDT 1953): Umgebung von Philadelphia, Pennsylvania, U.S.A.
1857 *Ozotheca tristycha* AGASSIZ, Contrib. nat. Hist. U.S.A., **1**:425; **2**: Taf. 5, Fig. 20–22. – Terra typica restricta (K. P. SCHMIDT 1953): San Antonio, Texas, U.S.A.
1889 *Cinosternum odoratum* – BOULENGER, Cat. Chelon, Rhynchoceph. Crocod. brit. Mus. (nat. Hist.):37.
1961 *Sternotherus odoratus* – WERMUTH & MERTENS, Schildkr. Krokod. Brückenechs.: 37; Abb. 26a–c.
1974 *Sternotherus oderatus* DADD (ex errore pro *S. odoratus*), Zool. Record, London, **108** (1971, Sect. 17, Rept.):87.

Verbreitung: Südöstliches Canada (Ontario und südliches Quebec), östliche und südöstliche U.S.A. (im Norden: von Minnesota ostwärts bis New England; im Süden: vom südöstlichen Texas ostwärts bis Georgia und Florida einschließlich der Halbinsel Florida).

Familie Dermatemydidae

Dermatemys GRAY

1847 *Dermatemys* GRAY, Proc. zool. Soc. London, **1847**:55. – Species typica (durch Monotypie): *Dermatemys mawii* GRAY.
1870 *Chloremys* GRAY, Suppl. Cat. Shield Rept. Coll. brit. Mus., **1** (Testud.):50. – Species typica (durch Monotypie): *Dermatemys abnormis* COPE = *Dermatemys mawii* GRAY.
1901 *Limnochelone* WERNER, Zool. Anz., Leipzig, **24**:297. – Species typica (durch Monotypie): *Limnochelone micrura* WERNER = *Dermatemys mawii* GRAY.

Verbreitung: Südliches Mexico und nördliches Mittel-Amerika.

Dermatemys mawii GRAY

1847 *Dermatemys mawii* GRAY, Proc. zool. Soc. London, **1847**:55. – Terra typica designata (SMITH & TAYLOR 1950): Alvarado, Veracruz.
1851 *Emys berardii* DUMÉRIL, BIBRON & DUMÉRIL, Cat. méthod. Coll. Rept.:11. – Terra typica: Gebiet von Veracruz.
1868 *Dermatemys mavei* COPE (nomen substitutum pro *Dermatemys mawii* GRAY), Proc. Acad. nat. Sci. Philadelphia, **1868**:119.
1868 *Dermatemys abnormis* COPE, Proc. Acad. nat. Sci. Philadelphia, **1868**:120. – Terra typica: Belize River, Britisch-Honduras.
1870 *Dermatemys salvinii* GRAY, Proc. zool. Soc. London, **1870**:715. – Terra typica: Guatemala.
1888 *Emys dermatemys* DUMÉRIL & BOCOURT (ex errore) Miss. sci. Mexique, **3** Atlas: Taf. 7.
1889 *Dermatemys mawii* – BOULENGER, Cat. Chelon. Rhynchoceph. Crocod. brit. Mus. (nat. Hist.):28; Abb. 8.
1901 *Limnochelone micrura* WERNER, Zool. Anz., Leipzig, **24**:298. – Terra typica restricta (SMITH & TAYLOR 1950): Alvarado, Veracruz.

1906 *Dermatemys maiori* BOULENGER (ex errore), Zool. Record, London, **1905** (4, Rept. Batr.):34.
1961 *Dermatemys mawii* – WERMUTH & MERTENS, Schildkr. Krokod. Brückenechs.:38; Abb. 27a–d.

Verbreitung: Südliches und südöstliches Mexico (von Veracruz und Oaxaca ostwärts bis Yucatan), Guatemala und Honduras.

Familie Platysternidae

Platysternon GRAY

1831 *Platysternon* GRAY, Proc. zool. Soc. London, **1831**:106. – Species typica (durch Monotypie): *Platysternon megacephalum* GRAY.
1846 *P[laty]sternum* AGASSIZ (nomen substitutum pro *Platysternon* GRAY 1831), Nomencl. zool., Index: 297.

Verbreitung: Südöstliches Asien (von Hinter-Indien ostwärts bis zum südlichen China).

Platysternon megacephalum GRAY

Platysternon megacephalum megacephalum GRAY

1831 *Platysternon megacephalum* GRAY, Proc. zool. Soc. London, **1831**:107. – Terra typica: Süd-China.
1889 *Platysternum megacephalum* – BOULENGER, Cat. Chelon. Rhynchoceph. Crocod. brit. Mus. (nat. Hist.):46; Abb. 13, 14.
1959 *Platysternon platycephalum* MERTENS (ex errore), Vie Amphib. Rept.: Taf. 25 [Legende].
1959 *Platysternum megalocephalum* STANEK (ex errore) Die Drachensippschaft:12; Abb.
1960 *Platysternon megacephalum megacephalum* – WERMUTH, Zool. Beitr., Berlin, (n. F.) **5**:480; Abb. 2, 4.
1961 *Platysternon megacephalum megacephalum* – WERMUTH & MERTENS, Schildkr. Krokod. Brückenechs.:39, 40; Abb. 28a–d.

Verbreitung: Südliches China (von Kwangsi und Kwangtung an nordostwärts längs der Küste bis Futschau; Insel Hainan).

Platysternon megacephalum peguense GRAY

1870 *Platysternon peguense* GRAY, Suppl. Cat. Shield Rept. Coll. brit. Mus., **1** (Testud.): 70. – Terra typica: Pegu.
1960 *Platysternon megacephalum peguense* – WERMUTH, Zool. Beitr., Berlin, (n. F.) **5**:481; Abb. 1, 3, 5, 7.
1961 *Platysternon megacephalum peguense* – WERMUTH & MERTENS, Schildkr. Krokod. Brückenechs.:40.

Verbreitung: Südliches Burma, Thailand mit Ausnahme des Nordwestens, Indo-China.

Platysternon megacephalum vogeli WERMUTH

1969 *Platysternon megacephalum vogeli* WERMUTH, D. Aqu.- u. Terr.-Z. [DATZ], Stuttgart, **22**:372; Abb. [zweite Reihe sowie unten Mitte]. – Terra typica: Provinz Chiang Mai, nordwestliches Thailand.

Verbreitung: Nordwestliches Thailand (bisher nur von der Terra typica bekannt).

Familie Emydidae

Batagur GRAY

Unterfamilie Batagurinae

?1831 *Tetraonyx* GRAY (non *Tetraonyx* LATREILLE 1809 = Coleoptera) in GRIFFITH, Anim. Kingd. CUVIER, **9** (Synops Spec. Class. Rept.): 19. – Species typica (durch Monotypie): *Trionyx (Tetraonyx) cuvieri* GRAY 1831 = ? *Batagur baska* (GRAY).
1832 *Tetronyx* LESSON*) (nomen oblitum), Illustr. Zool.: Taf. 7 [Text]. – Species typica (durch Monotypie): *Tetronyx longicollis* LESSON = *Batagur baska* (GRAY).
1855 *Batagur* GRAY, Cat. Shield Rept. Coll. brit. Mus., **1** (Testud.):35. – Species typica (durch Tautonymie): *Emys batagur* GRAY = *Batagur baska* (GRAY).
1870 *Cantorella* GRAY (partim), Suppl. Cat. Shield Rept. Coll. brit. Mus., **1** (Testud.):58. – Species typica (LINDHOLM 1929): *Tetraonyx affinis* CANTOR = *Batagur baska* (GRAY) [partim] + *Callagur borneoensis* (SCHLEGEL & MÜLLER) [partim].

Verbreitung: Östliches Vorder-Indien, Hinter-Indien und Indo-Australischer Archipel.

Batagur baska (GRAY)

1831 *Emys baska* GRAY, Illustr. ind. Zool., **1**: Taf. 75. – Terra typica: Indien.
1831 *Emys batagur* GRAY, Synops. Rept., **1** (Cataphracta):23. – Terra typica: Indien.
?1831 *Trionyx cuvieri* GRAY, Synops. Rept., **1** (Cataphracta):50. – Terra typica: unbekannt.
1832 *Tetraonyx longicollis* LESSON, Illustr. Zool.: Taf. 7. – Terra typica: Fluß Irawadi in Pegu.
1833 *Emys tetraonyx* TEMMINCK & SCHLEGEL (nomen substitutum pro *Tetronyx longicollis* LESSON) in SIEBOLD, Fauna japon., Rept.:43.

* LESSON verwendet an der zitierten Stelle die beiden Namen Tétraonyx und *Tetronyx*. Im Gegensatz zur Ansicht von M. A. SMITH (Fauna of British India, Rept. Amph., **1**:134, 1931) ist Tétraonyx lediglich ein Trivial-Name, wie schon der Accent aigu erkennen läßt. Als wissenschaftlicher Name muß vielmehr *Tetronyx* gelten, denn nur diese Form des Namens erscheint in den kursiv gedruckten Binomina, die die im einzelnen aufgeführten Arten bezeichnen. Aus dem Text ist nicht zu ersehen, daß LESSON den älteren Namen *Tetraonyx* GRAY 1831 gekannt hat. Daher ist *Tetronyx* LESSON 1832 nicht als eine Emendation zu *Tetraonyx* GRAY 1831 aufzufassen, das heißt als ein Nomen substitutum ohne Prioritäts-Rechte gegenüber jüngeren Namen, sofern sie keine Homonyma darstellen. Vielmehr muß *Tetronyx* LESSON 1832 als ein legitim eingeführter und nicht präokkupierter Gattungs-Name gelten, dem alle nomenklatorischen Rechte zustehen. In dieser Eigenschaft besitzt er die Priorität vor dem Namen *Batagur* GRAY 1855 und droht, diesen seit weit über 50 Jahren ausschließlich gebräuchlichen Namen zu verdrängen. Um das zu verhindern, sei *Tetronyx* LESSON 1832 als Nomen oblitum aufgefaßt.

1835 *Tetraonyx lessonii* DUMÉRIL & BIBRON (nomen substitutum pro *Emys batagur* GRAY et *Tetraonyx longicollis* LESSON), Erpétol. gén., Hist. nat. Rept., **2**:338; Taf. 17, Fig. 1, 1a.
1847 *Tetraonyx affinis* CANTOR (partim), Cat. Rept. malay. Penins.:6. – Terra typica: See bei Pinang.
1855 *Batagur baska* – GRAY, Cat. Shield Rept. Coll. brit. Mus., **1** (Testud.):35; Taf. 16.
1889 *Batagur baska* – BOULENGER, Cat. Chelon. Rhynchoceph. Crocod. brit. Mus. (nat. Hist.):61; Abb. 17.
1961 *Batagur baska* – WERMUTH & MERTENS, Schildkr. Krokod. Brückenechs.:47; Abb. 30a–d.

Verbreitung: Bengal, Burma, Thailand, Cambodja, Vietnam (Cochinchina) und Malayische Halbinsel; Sumatra.

Callagur GRAY

Unterfamilie Batagurinae

1870 *Callagur* GRAY, Suppl. Cat. Shield Rept. Coll. brit. Mus., **1** (Testud.):53. – Species typica (durch Monotypie): *Batagur picta* GRAY = *Callagur borneoensis* (SCHLEGEL & S. MÜLLER).
1870 *Cantorella* GRAY (partim), Suppl. Cat. Shield Rept. Coll. brit. Mus., **1** (Testud.):58. – Species typica (LINDHOLM 1929): *Tetraonyx affinis* CANTOR = *Batagur baska* (GRAY) [partim] + *Callagur borneoensis* (SCHLEGEL & MÜLLER) [partim].
1949 *Callugur* BATTERSBY (ex errore pro *Callagur* GRAY 1870), Zool. Record, London, **84** (1947, Amphib. Rept.):85.

Verbreitung: Südliches Hinter-Indien und Indo-Australischer Archipel.

Callagur borneoensis (SCHLEGEL & MÜLLER)

1844 *Emys borneoensis* SCHLEGEL & S. MÜLLER in TEMMINCK, Verh. nat. Gesch. nederl. Bezitt., Schildp.:30. – Terra typica: Borneo.
1847 *Tetraonyx affinis* CANTOR (partim), Cat. Rept. malay. Penins.:6. – Terra typica: Pinang.
1862 *Batagur picta* GRAY, Proc. zool. Soc. London, **1862**:264. – Terra typica: Sarawak, Borneo.
1873 *Kachuga major* GRAY, Ann. Mag. nat. Hist., London, (4) **11**:300. – Terra typica: „Indien?“.
1889 *Callagur picta* – BOULENGER, Cat. Chelon. Rhynchoceph. Crocod. brit. Mus. (nat. Hist.):60.
*1895 *Kachuga brookei* BARTLETT, Sarawak-Gazette, 1. II. 1895:29. – Terra typica: Borneo.
1915 *Callagur borneensis* DE ROOIJ (Nomen substitutum pro *borneoensis*), Rept. indo-austral. Archipel., **1**:289; Abb. 105.
1961 *Callagur borneoensis* – WERMUTH & MERTENS, Schildkr. Krokod. Brückenechs.:48; Abb. 31a–c.

Verbreitung: Malayische Halbinsel und Sunda-Archipel (Sumatra und Borneo).

Chinemys SMITH

Unterfamilie Batagurinae

1931 *Chinemys* M. A. SMITH, Fauna brit. India, Rept. Amphib., **1**:116. – Species typica (durch Monotypie): *Emys reevesii* GRAY.

Verbreitung: Südöstliches und östliches Asien.

Chinemys kwangtungensis (POPE)

1934 *Geoclemys kwangtungensis* POPE, Amer. Mus. Novit., New York, **691**:1. – Terra typica: Lofaoshan, Kwangtung.
1938 *Clemmys kuangtungensis* MELL (ex errore), Arch. Naturgesch., Berlin, (n. F.) 7:411.
1941 *Chinemys kwangtungensis* – BOURRET, Tort. Indochine:140.
1961 *Chinemys kwangtungensis* –WERMUTH & MERTENS, Schildkr. Krokod. Brückenechs.:50; Abb. 32a–c.

Verbreitung: Nördliches Indochina [Vietnam: Tonkin] und südliches China (Kwangtung).

Chinemys megalocephala FANG

1934 *Chinemys megalocephala* FANG, Sinensia, Nanking, **4** 7:158; Abb. 6, 7. – Terra typica: Hügel bei der Stadt Nanking.
1961 *Chinemys megalocephala* – WERMUTH & MERTENS, Schildkr. Krokod. Brückenechs.:51; Abb. 33a–d.

Verbreitung: Östliches China (Bereich von Nanking).

Chinemys reevesii (GRAY)

1831 *Emys reevesii* GRAY, Synops. Rept., **1** (Cataphracta):73. – Terra typica: China.
1844 *Emys vulgaris picta* SCHLEGEL, Abbild. Amphib., Text:127; Taf. 41, Fig. 1–3; Taf. 42. – Terra typica: Japan.
1851 *Emys japonica* DUMÉRIL, BIBRON & DUMÉRIL (nomen substitutum pro *Emys vulgaris picta* SCHLEGEL), Cat. méthod. Coll. Rept.:8.
1873 *Damonia unicolor* GRAY, Ann. Mag. nat. Hist., London, (4) **12**:78. – Terra typica: „Shanghai?“
1889 *Damonia reevesii* – BOULENGER, Cat. Chelon. Rhynchoceph. Crocod. brit. Mus. (nat. Hist.):95.
1889 *Damonia reevesii* var. *unicolor* – BOULENGER, Cat. Chelon. Rhynchoceph. Crocod. brit. Mus. (nat. Hist.):96.
1927 *Geoclemys grangeri* K. P. SCHMIDT, Bull. amer. Mus. nat. Hist., New York, **54**:471; Abb. 1, 2. – Terra typica: Yenchingkao, Wanshien, Szetschwan.
1929 *Geoclemys paracaretta* CHANG, Contr. biol. Labor. sci. Soc. China, Nanking, (Zool.) **5** 1:1; Abb. – Terra typica: Foochow.
1931 *Chinemys reevesii* – M. A. SMITH, Fauna brit. Ind., Rept. Amphib., **1**:117; Taf. 2, Fig. 3.
1934 *Geoclemys papacaretta* FANG (ex errore), Sinensia, Nanking, **4**:151.
1961 *Chinemys reevesii* – WERMUTH & MERTENS, Schildkr. Krokod. Brückenechs.:51; Abb. 34a–e.

Verbreitung: Mittleres China (von Szetschwan ostwärts bis Kiangsu; natürliches Vorkommen im Süden ungewiß) und Japan (hier auf vielen Inseln eingeführt).

Chrysemys GRAY

Unterfamilie Emydinae

1844 *Chrysemys* GRAY, Cat. Tort. Crocod. Amphisb. Coll. brit. Mus.:27. – Species typica (STEJNEGER & BARBOUR 1917): *Testudo picta* SCHNEIDER.
1956 *Chrysemis* BATTERSBY (ex errore pro *Chrysemys* GRAY), Zool. Record, London, **91** (Rept., 1954):80.

1966 *Chrysema* RHODES (ex errore pro *Chrysemys* GRAY), Zool. Record, London, **101** (Rept., 1964):54.

Verbreitung: Südliches Canada und U.S.A.

Chrysemys picta (SCHNEIDER)

Chrysemys picta picta (SCHNEIDER)

1783 *Testudo picta* SCHNEIDER, Allgem. Naturgesch. Schildkr.:348. – Terra typica designata (MITTLEMAN 1945): Lancaster, Philadelphia.
1789 *Testudo cinerea* BONNATERRE, Tabl. encyclop. méthod. trois Règn. Nat., Erpétol.: 25. – Terra typica designata (K. P. SCHMIDT 1953): Umgebung von Philadelphia, Pennsylvania.
1855 *Chrysemys picta* – GRAY, Cat. Shield Rept. Coll. brit. Mus., **1** (Testud.):32.
1889 *Chrysemys picta* – BOULENGER, Cat. Chelon. Rhynchoceph. Crocod. brit. Mus. (nat. Hist.):72.
1889 *Chrysemys cinerea* – BOULENGER, Cat. Chelon. Rhynchoceph. Crocod. brit. Mus. (nat. Hist.):73.
1931 *Chrysemys picta picta* – BISHOP & K. P. SCHMIDT, Field Mus. nat. Hist., Zool., Chicago, **18**:136; Abb. 1, 2.
1961 *Chrysemys picta picta* – WERMUTH & MERTENS, Schildkr. Krokod. Brückenechs.: 51, 55; Abb. 36.

Verbreitung: Vom südöstlichen Canada (südöstliches Quebec und New Brunswick) an über die östlichen U.S.A. südwärts bis zum nördlichen Alabama und zum nördlichen Georgia.

Chrysemys picta bellii (GRAY)

1831 *Emys bellii* GRAY, Synops. Rept., **1** (Cataphracta):31. – Terra typica designata (K. P. SCHMIDT 1953): Manhattan, Kansas.
1837 *Emys oregoniensis* HARLAN, Amer. J. Sci., New Haven, **31**:382; Taf. – Terra typica: „Oregon oder Columbia River".
1857 *Chrysemys nuttallii* AGASSIZ (nomen substitutum pro *Emys oregoniensis* HARLAN), Contrib. nat. Hist. U.S.A., **2**:642.
1873 *Chrysemys pulchra* GRAY, Ann. Mag. nat. Hist., London, (4) **11**:147. – Terra typica restricta (K. P. SCHMIDT 1953): Mississippi River.
1889 *Chrysemys cinerea* var. *bellii* – BOULENGER, Cat. Chelon. Rhynchoceph. Crocod. brit. Mus. (nat. Hist.):74.
1911 *Chrysemys treleasei* HURTER, Transact. Acad. Sci. St. Louis, **20**:235; Taf. 24. – Terra typica: St. Clair und Madison County, Illinois.
1931 *Chrysemys picta bellii* – BISHOP & K. P. SCHMIDT, Field Mus. nat. Hist., Zool., Chicago, **18**:136; Abb. 27.
1961 *Chrysemys picta bellii* – WERMUTH & MERTENS, Schildkr. Krokod. Brückenechs.: 55; Abb. 35a–c.

Verbreitung: Südliches Canada (Süden von Britisch-Columbia ostwärts bis zum südlichen Ontario), westliche und mittlere U.S.A. (im Norden: von Washington an ostwärts bis zum nördlichen Wisconsin; im Süden: von Oregon an südostwärts bis Kansas und Missouri).

Chrysemys picta dorsalis AGASSIZ

1857 *Chrysemys dorsalis* AGASSIZ, Contrib. nat. Hist. U.S.A., **1**:440. – Terra typica restricta (K. P. SCHMIDT 1953): Umgebung von New Orleans, Louisiana.

1889 *Chrysemys cinerea* var. *dorsalis* – BOULENGER, Cat. Chelon. Rhynchoceph. Crocod. brit. Mus. (nat. Hist.):74.
1931 *Chrysemys picta dorsalis* – BISHOP & K. P. SCHMIDT, Field Mus. nat. Hist., Zool., Chicago, **18**:136.
1961 *Chrysemys picta dorsalis* – WERMUTH & MERTENS, Schildkr. Krokod. Brückenechs.:56.

V e r b r e i t u n g : Südöstliche U.S.A. (Mississippi-Becken vom südlichen Illinois an südwärts bis zur Mündung).

Chrysemys picta marginata AGASSIZ

1857 *Chrysemys marginata* AGASSIZ, Contrib. nat. Hist. U.S.A., **1**:439; **2**: Taf. 1, Fig. 6; Taf. 5, Fig. 1–4. – T e r r a t y p i c a r e s t r i c t a (K. P. SCHMIDT 1953): nördliches Indiana.
1931 *Chrysemys picta marginata* – BISHOP & K. P. SCHMIDT, Field Mus. nat. Hist., Zool., Chicago, **18**:136; Abb. 25.
1961 *Chrysemys picta marginata* – WERMUTH & MERTENS, Schildkr. Krokod. Brückenechs.:56.

V e r b r e i t u n g : Südöstliches Canada und östliche U.S.A. (im Norden: vom südöstlichen Wisconsin an ostwärts bis New York, südwärts bis zum nördlichen Alabama).

Clemmys RITGEN

Unterfamilie Emydinae

1828 *Clemmys* RITGEN, Nova Acta Acad. caes. leop.-carol., Halle, **14**:270. – S p e c i e s t y p i c a (STEJNEGER 1907): *Testudo punctata* SCHOEPFF = *Clemmys guttata* (SCHNEIDER).
1832 *Chelopus* RAFINESQUE (non *Chelopus* BILLBERG 1820 [nomen nudum] = Arachnida), Atlant. J. Friend Knowl., Philadelphia, **1**:64. – S p e c i e s t y p i c a (durch Monotypie): *Testudo punctata* SCHOEPFF „&c" = *Clemmys guttata* (SCHNEIDER).
1857 *Nanemys* AGASSIZ, Contrib. nat. Hist. U.S.A., **1**:442. – S p e c i e s t y p i c a (durch Monotypie): *Testudo guttata* SCHNEIDER.
1857 *Calemys* AGASSIZ, Contrib. nat. Hist. U.S.A., **1**:443. – S p e c i e s t y p i c a (durch Monotypie): *Testudo muhlenbergii* SCHOEPFF.
1857 *Glyptemys* AGASSIZ, Contrib. nat. Hist. U.S.A., **1**:443. – S p e c i e s t y p i c a (durch Monotypie): *Testudo insculpta* LE CONTE.
1857 *Actinemys* AGASSIZ, Contrib. nat. Hist. U.S.A., **1**:444. – S p e c i e s t y p i c a (durch Monotypie): *Emys marmorata* BAIRD & GIRARD.
*1919 *Melanemys* SHUFELDT, Aquatic Life, Philadelphia, 1919 (8):155. – S p e c i e s t y p i c a : *Clemmys guttata* (SCHNEIDER), *Clemmys muhlenbergii* (SCHOEPFF), *Clemmys marmorata* (BAIRD & GIRARD).

V e r b r e i t u n g : Vom südlichen Canada an über das gesamte Gebiet der U.S.A., südwestwärts bis zum Norden von Baja California.

Clemmys guttata (SCHNEIDER)

1792 *Testudo guttata* SCHNEIDER, Schr. Ges. naturf. Freunde Berlin, **10**:264. – T e r r a t y p i c a d e s i g n a t a (MITTLEMAN 1945): Umgebung von Philadelphia, Pennsylvania.
1792 *Testudo anonyma* SCHNEIDER (nomen nudum) in SCHOEPFF, Hist. Testud. Icon. illustr.: 25; Taf. 5. – T e r r a t y p i c a : Nord-Amerika.
1792 *Testudo punctata* SCHOEPFF (non *Testudo punctata* LACÉPÈDE 1788), Hist. Testud. Icon. illust.:25; Taf. 5. – T e r r a t y p i c a : Nord-Amerika.

1862 *Clemmys guttata* – STRAUCH, Mém. Acad. imp. Sci., St. Pétersbourg, (7) **5** 7:107.
1889 *Clemmys guttata* – BOULENGER, Cat. Chelon, Rhynchoceph. Crocod. brit. Mus. (nat. Hist.):109.
1961 *Clemmys guttata* – WERMUTH & MERTENS, Schildkr. Krokod. Brückenechs.:60; Abb. 39a, b.
1964 *Clemmys guttata* – MCDOWELL, Proc. zool. Soc. London, **143**:276.

Verbreitung: Nordöstliche und östliche U.S.A. (im Norden: vom südöstlichen Illinois ostwärts bis Maine, südwärts bis Georgia).

Clemmys insculpta (LE CONTE)

1830 *Testudo insculpta* LE CONTE, Ann. Lyc. nat. Hist. New York, **3**:112. – Terra typica restricta (K. P. SCHMIDT 1953): Umgebung der Stadt New York.
1831 *Emys speciosa* GRAY, Synops. Rept. **1** (Cataphracta):26. – Terra typica: New Jersey.
1831 *Emys speciosa* var. *levigata* GRAY, Synops. Rept., **1** (Cataphracta):26. – Terra typica: unbekannt.
1831 *Emys inscripta* GRAY (ex errore), Synops. Rept., **1** (Cataphracta):26.
1835 *Clemmys insculpta* – FITZINGER, Ann. wien. Mus. Naturgesch., **1**:124.
1889 *Clemmys insculpta* – BOULENGER, Cat. Chelon. Rhynchoceph. Crocod. brit. Mus. (nat. Hist.):107; Abb. 29.
1961 *Clemmys insculpta* – WERMUTH & MERTENS, Schildkr. Krokod. Brückenechs.:60; Abb. 40a–d.
1964 *Clemmys insculpta* – MCDOWELL, Proc. zool. Soc. London, **143**:276.

Verbreitung: Nordöstliches Nord-Amerika (vom südöstlichen Minnesota und vom nordöstlichen Iowa an nordostwärts bis New Scotia, südostwärts bis Virginia).

Clemmys marmorata (BAIRD & GIRARD)

Clemmys marmorata marmorata (BAIRD & GIRARD)

1852 *Emys marmorata* BAIRD & GIRARD, Proc. Acad. nat. Sci. Philadelphia, **1852**:177. – Terra typica: Puget Sound, Washington.
1854 *Emys nigra* HALLOWELL (non *Emys nigra* BLYTH 1855), Proc. Acad. nat. Sci. Philadelphia, **1854**:91. – Terra typica; Pose Creek, Kern County, California.
1862 *Clemmys marmorata* – STRAUCH, Mém. Acad. imp. Sci. St. Pétersbourg, (7) **5** 7:108.
1862 *Clemmys wosnessenskyi* STRAUCH, Mém. Acad. imp. Sci. St. Pétersbourg, (7) **5** 7:114; Taf. – Terra typica: Rio Sacramento, California.
1889 *Clemmys marmorata* – BOULENGER, Cat. Chelon. Rhynchoceph. Crocod. brit. Mus. (nat. Hist.):110.
1945 *Clemmys marmorata marmorata* – SEELIGER, Copeia, Ann Arbor &c., **1945**:158; Abb. 5 [oben].
1961 *Clemmys marmorata marmorata* – WERMUTH & MERTENS, Schildkr. Krokod. Brückenechs.:64, 65; Abb. 42a–c.
1964 *Clemmys marmorata* – MCDOWELL, Proc. zool. Soc. London, **143**:276.

Verbreitung: Südwestliches Canada (Britisch-Columbia) und westliche U.S.A. (pazifisches Küstengebiet, südwärts bis zum nördlichen California).

Clemmys marmorata pallida SEELIGER

1945 *Clemmys marmorata pallida* SEELIGER, Copeia, Ann Arbor &c., **1945**:158; Abb. 5 [unten]. – Terra typica: Lower Coyote Creek, bei Alamitos, Orange County, California.

1961 *Clemmys marmorata pallida* – WERMUTH & MERTENS, Schildkr. Krokod. Brückenechs.:65.

V e r b r e i t u n g: Südwestliche U.S.A. (pazifisches Küstengebiet vom nördlichen California an bis zum südlichen California) und nordwestliches Mexico (Norden von Baja California).

Clemmys muhlenbergii (SCHOEPFF)

1792 *Testudo muhlenbergii* SCHOEPFF, Hist. Testud. Icon. illustr.:132; Taf. 31. – T e r r a t y p i c a: Lancaster, Pennsylvania.
1824 *Emys biguttata* SAY, J. Acad. nat. Sci. Philadelphia, **4**:212. – T e r r a t y p i c a d e s i g n a t a (K. P. SCHMIDT 1953): Umgebung von Philadelphia, Pennsylvania.
1831 *Emys bipunctata* GRAY (ex errore pro *Emys biguttata* SAY), Synops. Rept., **1** (Cataphracta):25.
1831 *Emys fusca* GRAY (nomen nudum), Synops. Rept., **1** (Cataphracta):25.
1835 *Clemmys muhlenbergii* – FITZINGER, Ann. wien. Mus. Naturgesch., 1:124.
1870 *Geoclemmys muehlenburgii* GRAY (ex errore pro *T. muhlenbergii* SCHOEPFF), Suppl. Cat. Shield Rept. Coll. brit. Mus., 1 (Testud.):27.
1889 *Clemmys muhlenbergii* – BOULENGER, Cat. Chelon. Rhynchoceph. Crocod. brit. Mus. (nat. Hist.):108.
1917 *Clemmys nuchalis* DUNN, Bull. amer. Mus. nat. Hist., New York, **37**:624; Abb. 6, 7.
1961 *Clemmys muhlenbergii* – WERMUTH & MERTENS, Schildkr. Krokod. Brückenechs.: 65; Abb. 43a–c.
1964 *Clemmys muhlenbergi* – MCDOWELL, Proc. zool. Soc. London, **143**:276.

V e r b r e i t u n g: Nordöstliche und östliche U.S.A. (von New York, Connecticut und Rhode Island an südwärts bis zum westlichen Nord-Carolina).

Cuora GRAY

Unterfamilie Batagurinae

1855 *Cuora* GRAY, Cat. Shield Rept. Coll. brit. Mus., **1** (Testud.):41. – S p e c i e s t y p i c a (STEJNEGER 1907): *Testudo amboinensis* DAUDIN.
1863 *Cistoclemmys* GRAY, Proc. zool. Soc. London, **1863**:175. – S p e c i e s t y p i c a (durch Monotypie): *Cistoclemmys flavomarginata* GRAY.
1863 *Pyxiclemmys* GRAY, Proc. zool. Soc. London, **1863**:176. – S p e c i e s t y p i c a (durch Monotypie): *Sternothaerus trifasciatus* BELL.
1873 *Cystoclemmys* GRAY (nomen substitutum pro *Cistoclemmys* GRAY), Hand-List Spec. Shield Rept. brit. Mus.:19.

V e r b r e i t u n g: Südöstliches Asien mit Indo-Australischem Archipel.

Cuora amboinensis (DAUDIN)

1798 *Testudo fasciata* SUCKOW (partim; nomen oblitum; non *Testudo fasciata* DAUDIN 1802), Anfangsgr. Naturgesch. Thiere, **3**:40. – T e r r a t y p i c a: „Amboina und Virginia".
1802 *Testudo amboinensis* DAUDIN, Hist. nat. gén. part. Rept., **2**:309. – T e r r a t y p i c a: Amboina.
1802 *Testudo melanocephala* DAUDIN, Hist. nat. gén. part. Rept., **2**:128. – T e r r a t y p i c a: „Molukken oder Philippinen".
1812 *Emys cuoro* SCHWEIGGER, Königsberg. Arch. Naturwiss. Math., **1**:315. – T e r r a t y p i c a: Java.
1825 *Terrapene bicolor* BELL, Zool. J., London, **2**:485; Taf. 16. – T e r r a t y p i c a: „Nord-Amerika".

1831 *Emys couro* GRAY (ex errore pro *Emys cuoro* SCHWEIGGER) in GRIFFITH, Anim. Kingd. CUVIER, 9 Synops. Spec. Class Rept.:7.
1855 *Cuora amboinensis* – GRAY, Cat. Shield Rept. Coll. brit. Mus., 1 (Testud.):41.
1889 *Cyclemys amboinensis* – BOULENGER, Cat. Chelon. Rhynchoceph. Crocod. brit. Mus. (nat. Hist.):133; Abb. 36, 37.
1961 *Cuora amboinensis* – WERMUTH & MERTENS, Schildkr. Krokod. Brückenechs.:68; Abb. 45a–d.
1969 *Cuora ambionensis* GOLDSMITH, PROCTOR, COLE & DADD (ex errore pro *Cuora amboinensis*), Zool. Record, London, **104** (Sect. 17, Rept., 1967):81.

Verbreitung: Hinter-Indien (Tenasserim, Thailand, Cambodja, südliches Vietnam: Cochinchina und Malayische Halbinsel), Indo-Australischer Archipel (Inseln Simalur, Nias, Engano, Sumatra, Banka, Große Natuna-Insel, Borneo, Java, Sumbawa, Celebes, Buru, Amboina, Ceram, Batjan und Halmahera) und südliche Philippinen.

Cuora flavomarginata (GRAY)

1863 *Cistoclemmys flavomarginata* GRAY, Proc. zool. Soc. London, **1863**:175. – Terra typica restricta (MERTENS & WERMUTH 1955): Tamsuy, nordwestliches Formosa.
1864 *Cuora flavomarginata* – GÜNTHER, Rept. brit. India:13; Taf. 5, Fig. a.
1889 *Cyclemys flavomarginata* – BOULENGER, Cat. Chelon. Rhynchoceph. Crocod. brit. Mus. (nat. Hist.):135.
1930 *Cyclemys flavomarginata sinensis* HSÜ, Contrib. biol. Labor. sci. Soc. China, Nanking, (Zool.) **6**:3; Abb. 1–3. – Terra typica: See Tungting, Insel Künshan, China.
*1958 *Cyclemys flavomarginata hainanensis* LI, Chin. J. Zool., Nanking, **2** 4:234–239.
1961 *Cuora flavomarginata* – WERMUTH & MERTENS, Schildkr. Krokod. Brückenechs.: 70; Abb. 46a–c.

Verbreitung: Südliches China (Tungting-See), Formosa und Riu-Kiu-Inseln (Ishigaki Shima).

Cuora galbinifrons BOURRET

1939 *Cuora galbinifrons* BOURRET, Bull. Instruct. publ. Hanoi, **4**:11; Abb. 2. – Terra typica: Tam-Dao (Tonkin), Bach-Na (Annam) und Linh-Can (Ha-Tinh, Annam).
1961 *Cuora galbinifrons* – WERMUTH & MERTENS, Schildkr. Krokod. Brückenechs.:71; Abb. 47a–d.

Verbreitung: Hinter-Indien (Vietnam: Tonkin, südwärts bis Annam; bisher nur von der Terra typica bekannt).

Cuora trifasciata (BELL)

1825 *Sternothaerus trifasciatus* BELL, Zool. J., London, **2**:305; Taf. 14. – Terra typica: unbekannt.
1855 *Cuora trifasciata* – GRAY, Cat. Shield Rept. Coll. brit. Mus., 1 (Testud.):42.
1889 *Cyclemys trifasciata* – BOULENGER, Cat. Chelon. Rhynchoceph. Crocod. brit. Mus. (nat. Hist.):133.
1961 *Cuora trifasciata* – WERMUTH & MERTENS, Schildkr. Krokod. Brückenechs.:72; Abb. 48a–g.

Verbreitung: Hinter-Indien (nördliches Vietnam: Tonkin) und südliches China (Kwangsi und Kwangtung sowie Insel Hainan).

Cuora yunnanensis (BOULENGER)

1906 *Cyclemys yunnanensis* BOULENGER, Ann. Mag. nat. Hist., London, (7) **17**:567. – Terra typica: Yunnan-Fu und Tongchuan-Fu.
1907 *Cyclemys yannanensis* BOULENGER (error typographicus pro *C. yunnanensis* BOULENGER), Zool. Record, London, **1906** (Sect. 16, Rept.):35.
1931 *Cuora yunnanensis* – M. A. SMITH, Fauna brit. India, Rept. Amphib., **1**:88; Taf. 2, Fig. 5.
1961 *Cuora yunnanensis* – WERMUTH & MERTENS, Schildkr. Krokod. Brückenechs.:72.

Verbreitung: Südliches China (Yunnan; bisher nur von der Terra typica bekannt).

Cyclemys BELL

Unterfamilie Batagurinae

1834 *Cyclemys* BELL, Proc. zool. Soc. London, **1834**:17. – Species typica (durch Monotypie): *Cyclemys orbiculata* BELL = *Cyclemys dentata* (GRAY).

Verbreitung: Südliches und südöstliches Asien.

Cyclemys dentata (GRAY)

1831 *Emys dhor* GRAY (partim), Synops. Rept., **1** (Cataphracta):20. – Terra typica: Bengal und Java.
1831 *Emys dentata* GRAY, Synops. Rept., **1** (Cataphracta): Errata; Taf. 8, 9. – Terra typica: Java.
1831 *Emys hasselti* BOIE (nomen nudum) in GRAY, Synops. Rept., **1** (Cataphracta):20.
1834 *Cyclemys orbiculata* BELL, Proc. zool. Soc. London, **1834**:17. – Terra typica: Indien.
1835 *Cistudo diardii* DUMÉRIL & BIBRON (nomen substitutum pro *Emys dhor* GRAY), Erpétol. gén., Hist. nat. Rept., **2**:227.
1855 *Cyclemys dentata* – GRAY, Cat. Shield Rept. Coll. brit. Mus., **1** (Testud.):42; Taf. 19.
1863 *Cyclemys oldhami* GRAY, Proc. zool. Soc. London, **1863**:178. – Terra typica restricta (M. A. SMITH 1931): Mergui.
1863 *Cyclemys ovata* GRAY, Proc. zool. Soc. London, **1863**:178; Abb. – Terra typica: Sarawak, Borneo.
1863 *Cyclemys bellii* GRAY, Proc. zool. Soc. London, **1863**:179. – Terra typica: „Madras oder Bombay?"
1889 *Cyclemys dhor* – BOULENGER, Cat. Chelon. Rhynchoceph. Crocod. brit. Mus. (nat. Hist.):131.
1918 *Cyclemys dhor shanensis* ANNANDALE, Rec. ind. Mus., Calcutta, **14**:67; Taf. 20, Fig. 1–2a. – Terra typica: Inlé-See, Burma.
1939 *Geoemyda tcheponensis* BOURRET (syn. fide MCDOWELL 1964), Bull. Instruct. publ. Hanoi, **6**:7; Abb. 1. – Terra typica: Se-Bang-Hién und Dong-Tam-Vé, mittleres Annam.
1961 *Cyclemys dentata* – WERMUTH & MERTENS, Schildkr. Krokod. Brückenechs.:72; Abb. 49a–c.
1961 *Geoemyda tcheponensis* – WERMUTH & MERTENS, Schildkr. Krokod. Brückenechs.:98; Abb. 70a–d.
1964 *Cyclemys dentata* – MCDOWELL, Proc. zool. Soc. London, **143**:267.

Verbreitung: Hinter-Indien (Burma, Tenasserim, Thailand, Cambodja, Vietnam und Malayische Halbinsel), westlicher Indo-Australischer Archipel und Philippinen.

Deirochelys AGASSIZ

Unterfamilie Emydinae

1857 *Deirochelys* AGASSIZ, Contrib. nat. Hist. U.S.A., 1:441. – Species typica (durch Monotypie): *Testudo reticularia* LATREILLE.
1891 *Dirochelys* BOULENGER (nomen substitutum pro *Deirochelys* AGASSIZ 1857), Zool. Record, London, 27 (1890, Rept. Batr.): 20.

Verbreitung: Südöstliche U.S.A. (südöstliches Oklahoma, östliches Texas, Arkansas und Louisiana; Küstengebiete von Mississippi und Alabama; von Florida nordwärts bis Nord-Carolina).

Deirochelys reticularia (LATREILLE)

Deirochelys reticularia reticularia (LATREILLE)

1801 *Testudo reticularia* LATREILLE, Hist. nat. Rept., 1:124. – Terra typica restricta (K. P. SCHMIDT 1953): Umgebung von Charleston, Süd-Carolina.
1802 *Testudo reticulata* DAUDIN (nomen substitutum pro *Testudo reticularia* LATREILLE), Hist. nat. gén. part Rept., 2:144; Taf. 21, Fig. 1, 2.
1870 *Deirochelys reticularia* – GRAY, Suppl. Cat. Shield Rept. Coll. brit. Mus., 1 (Testud.): 39.
1889 *Chrysemys reticulata* – BOULENGER, Cat. Chelon. Rhynchoceph. Crocod. brit. Mus. (nat. Hist.):39.
1956 *Deirochelys reticularia reticularia* – SCHWARTZ, Fieldiana, Zool., Chicago, 34:465; Abb. 103, 104.
1961 *Deirochelys reticularia reticularia* – WERMUTH & MERTENS, Schildkr. Krokod. Brückenechs.:75; Abb. 51 a–c.

Verbreitung: Südöstliche U.S.A. (vom östlichen Louisiana an ostwärts bis zum mittleren Nord-Carolina, ausschließlich der Halbinsel Florida).

Deirochelys reticularia chrysea SCHWARTZ

1956 *Deirochelys reticularia chrysea* SCHWARTZ, Fieldiana, Zool. Chicago, 34:475; Abb. 105, 106. – Terra typica: 5,8 Meilen östlich der Monroe Station, Collier County, Florida.
1961 *Deirochelys reticularia chrysea* – WERMUTH & MERTENS, Schildkr. Krokod. Brückenechs.:77.

Verbreitung: Südöstliche U.S.A. (Halbinsel Florida).

Deirochelys reticularia miaria SCHWARTZ

1956 *Deirochelys reticularia miaria* SCHWARTZ, Fieldiana, Zool., Chicago, 34:486; Abb. 107, 108. – Terra typica: College Station, Brazos County, Texas.
1961 *Deirochelys reticularia miaria* – WERMUTH & MERTENS, Schildkr. Krokod. Brükkenechs.:77.

Verbreitung: Südöstliche U.S.A. (südöstliches Oklahoma, südliches und östliches Arkansas, östliches New Mexico und Louisiana ausschließlich des Ostens).

Emydoidea GRAY

Unterfamilie Emydinae

1870 *Emydoidea* GRAY, Suppl. Cat. Shield Rept. Coll. brit. Mus., **1** (Testud.):19. – Species typica (durch Monotypie): *Cistudo blandingii* HOLBROOK.
1929 *Neoemys* LINDHOLM (nomen substitutum pro *Emydoidea* GRAY), Zool. Anz., Leipzig, **81**:282.

Verbreitung: Südliches Canada sowie nördliche und mittlere Teile der U.S.A.

Emydoidea blandingii (HOLBROOK)

1788 *Testudo flava* LACÉPÈDE (nomen suppressum: Opinion 660, 1963, ICZN), Hist. nat. Quadrup. ovip., **1** (Synops méthod.):135; Taf. 6. – Terra typica restricta (WERMUTH 1956): Amerika.
1793 *Testudo meleagris* SHAW (nomen suppressum: Opinion 660, 1963, ICZN), Natural. Misc., **4**:–; Taf. 144. – Terra typica: Amerika.
1838 *Cistudo blandingii* HOLBROOK, North amer. Herpetol., Ed. 1, **3**:35; Taf. 5. – Terra typica: Fox River, Illinois.
1870 *Emydoidea blandingii* – GRAY, Suppl. Cat. Shield Rept. Coll. brit. Mus., **1** (Testud.): 19.
1889 *Emys blandingii* – BOULENGER, Cat. Chelon. Rhynchoceph. Crocod. brit. Mus. (nat. Hist.):114.
1961 *Emys blandingii* – WERMUTH & MERTENS, Schildkr. Krokod. Brückenechs.:79; Abb. 52a–c.
1970 *Emys handingi* COLE (error typographicus pro *E. blandingii*), Zool. Record, London, **105** (Sect. 17, Rept. 1968):58.

Verbreitung: Südliches Canada (südöstliches Ontario) sowie nördliche und mittlere U.S.A. (im Norden: von Minnesota an ostwärts bis Neu-Schottland; im Süden: vom östlichen Nebraska an ostwärts bis zum nordwestlichen Pennsylvania).

Emys DUMÉRIL

Unterfamilie Emydinae

1806 *Emys* A. DUMÉRIL (non *Emys* AGASSIZ 1846 = Coleoptera), Zool. analyt.:76. – Species typica (FITZINGER 1843): *Testudo europaea* SCHNEIDER = *Emys orbicularis* (LINNAEUS).
*1814 *Hydrone* RAFINESQUE, Specchio Sci. Palermo, **2**:66. – Species typica (LOVERIDGE & WILLIAMS 1957): *Emys orbicularis* (LINNAEUS).
1832 *Emyda* RAFINESQUE (nomen substitutum pro *Emys* A. DUMERIL; non *Emyda* GRAY 1831), Atlant. J. Friend Knowl., Philadelphia, **1**:64.
1844 *Lutremys* GRAY, Cat. Tort. Crocod. Amphisb. Coll. brit. Mus.:31. – Species typica (durch Monotypie): *Testudo europaea* SCHNEIDER = *Emys orbicularis* (LINNAEUS).

Verbreitung: Europa (mit Ausnahme des Nordens) und angrenzende Gebiete des westlichen Asien und nordwestlichen Afrika.

Emys orbicularis (LINNAEUS)

1758 *Testudo orbicularis* LINNAEUS, Syst. Nat., Ed. 10, **1**:198. – Terra typica: südliches Europa.

1758 *Testudo lutaria* LINNAEUS, Syst. nat., Ed. 10, **1**:198. – Terra typica: Italien und Orient.
1783 *Testudo europaea* SCHNEIDER, Allgem. Naturgesch. Schildkr.:323. – Terra typica: Europa.
1792 *Testudo punctata* GOTTWALD (nomen nudum; non *Testudo punctata* LACÉPÈDE 1788; non *Testudo punctata* SCHOEPFF 1792:25) in SCHOEPFF, Hist. Testud. Icon. illustr.:1.
1792 *Testudo pulchella* SCHOEPFF, Hist. Testud. Icon. illustr.:113; Taf. 26. – Terra typica: unbekannt.
1820 *Testudo rotunda* MERREM, Tent. Syst. Amphib.:32. – Terra typica designata (MERTENS & WERMUTH 1955): Süd-Europa.
1831 *Testudo lutraria* GRAY (ex errore pro *T. lutaria* LINNAEUS), Synops. Rept., **1** (Cataphracta):19.
1832 *Cistuda hellenica* VALENCIENNES in BIBRON & BORY, Expéd. sci. Morée, Zool., **3**:61; Taf. 8. – Terra typica: Ebene von Nisi am Pamisos-Fluß, Zentral-Messina.
1832 *Emys iberica* VALENCIENNES (nomen nudum) in BIBRON & BORY, Expéd. sci. Morée, **3**:61. – Patria: Morea = Peloponnes.
1833 *Emys antiquorum* VALENCIENNES in BIBRON & BORY, Expéd. sci. Morée, Atlas: Taf. 9, Fig. 1. – Terra typica: Morea = Peloponnes, Griechenland.
1836 *Emys hofmanni* FITZINGER (nomen substitutum pro *Cistuda hellenica* VALENCIENNES), Ann. wien. Mus. Naturgesch., **1**:123.
1876 *Emys orbicularis* – BLANFORD, Eastern Persia, Zool., **2**:308.
1889 *Emys orbicularis* – BOULENGER, Cat. Chelon. Rhynchoceph. Crocod. brit. Mus. (nat. Hist.):112; Abb. 31.
1890 *Emys lutaria taurica* MEHNERT, Morphol. Jb., Leipzig, **16**:535; Taf. 20. – Terra typica restricta (WERMUTH & MERTENS 1961): einige Meilen oberhalb der Dnjepr-Mündung.
1897 *Emys tigris* SALVATOR (nomen nudum), Balearen, **2**:280. – Patria: Mercadal, Insel Menorca.
1897 *Emys europaea* var. *sparsa* DÜRIGEN, Deutschl. Amphib. Rept.:14. – Terra typica: Deutschland.
1897 *Emys europaea* var. *punctata* DÜRIGEN, Deutschl. Amphib. Rept.:15. – Terra typica: Deutschland.
1897 *Emys europaea* var. *maculosa* DÜRIGEN, Deutschl. Amphib. Rept.:15. – Terra typica: Deutschland.
1897 *Emys europaea* var. *concolor* DÜRIGEN, Deutschl. Amphib. Rept.:15. – Terra typica: Deutschland.
1915 *Emys orbicularis aralensis* NIKOLSKIJ, Fauna Russii sopred Stran, **1**:24; Taf. – Terra typica: Aral-See.
1961 *Emys orbicularis* – WERMUTH & MERTENS, Schildkr. Krokod. Brückenechs.:79; Abb. 53a–d.

Verbreitung: Der größte Teil Europas (mit Ausnahme der nördlichen Gebiete), das angrenzende westliche und südwestliche Asien sowie das nordwestliche Afrika.

Geoclemys GRAY

Unterfamilie Batagurinae

1855 *Geoclemys* GRAY, Cat. Shield Rept. Coll. brit. Mus., **1** (Testud.):17. – Species typica (STEJNEGER 1907): *Emys hamiltonii* GRAY.
1865 *Geoclemmys* COPE (nomen substitutum pro *Geoclemys* GRAY), Proc. Acad. nat. Sci. Philadelphia, **1865**:186.
1955 *Geodemys* SCORTECCI (ex errore pro *Geoclemys* GRAY), Animali (Milano), **4**:1025.

Verbreitung: Südwestliches und südliches Asien.

Geoclemys hamiltonii (GRAY)

1831 *Emys hamiltonii* GRAY, Synops. Rept., 1 (Cataphracta):21. – Terra typica: Indien.
1831 *Emys picquotii* LESSON, Bull. Sci. nat., Paris, **25** 2:120. – Terra typica: Ganges.
1832 *Emys guttata* GRAY, Illustr. ind. Zool., 1: Taf. 76, Fig. 1. – Terra typica: Indien.
1855 *Geoclemys hamiltonii* – GRAY, Cat. Shield Rept. Coll. brit. Mus., 1 (Testud.):17.
1884 *Melanochelys picta* MURRAY, Ann. Mag. nat. Hist., London, (5) **14**:107. – Terra typica: „Doro", Kushmore Talooka, Upper Sind.
1889 *Damonia hamiltonii* – BOULENGER, Cat. Chelon. Rhynchoceph. Crocod. brit. Mus. (nat. Hist.):93.
1961 *Geoclemys hamiltonii* – WERMUTH & MERTENS, Schildkr. Krokod. Brückenechs.: 81; Abb. 54a [„b"]–c.

Verbreitung: Pakistan (Sind) und nördliches Vorder-Indien (ostwärts bis Bengal).

Geoemyda GRAY

Unterfamilie Batagurinae

1834 *Geoemyda* GRAY, Proc. zool. Soc. London, **1834**:100. – Species typica (LINDHOLM 1929): *Testudo spengleri* GMELIN = *Geoemyda (Geoemyda) spengleri* (GMELIN).
1835 *Rhinoclemmys* FITZINGER*, Ann. wien. Mus. Naturgesch., 1:108, 115. – Species typica (LINDHOLM 1929): *Emys dorsata* SCHWEIGGER = *Geoemyda (Rhinoclemmys) punctularia* (DAUDIN).
1835 *Rhinnoclemmys* FITZINGER (error typographicus pro *Rhinoclemmys* FITZINGER), Ann. wien. Mus. Naturgesch., 1:124.
1836 *Geoemys* BONAPARTE (ex errore pro *Geoemyda* GRAY), Chelon. Tab. analyt.:6.
*1844 *Geomys* AGASSIZ (ex errore pro *Geoemyda* GRAY; non *Geomys* RAFINESQUE 1817 = Mammalia), Nomencl. zool., Rept.:19.
1855 *Nicoria* GRAY, Cat. Shield Rept. Coll. brit. Mus., 1 (Testud.):17. – Species typica (durch Monotypie): *Testudo spengleri* GMELIN = *Geoemyda (Geoemyda) spengleri* (GMELIN).
*1863 *Rhinoclemys* GRAY (nomen substitutum pro *Rhinoclemmys* FITZINGER), Ann. Mag. nat. Hist., London, (3) **12**:182.
1869 *Melanochelys* GRAY, Proc. zool. Soc. London, **1869**:187. – Species typica (durch Monotypie): *Emys trijuga* SCHWEIGGER = *Geoemyda (Melanochelys) trijuga* (SCHWEIGGER).
1876 *Chaibassia* THEOBALD, Cat. Rept. brit. India:6. – Species typica (durch Monotypie): *Geoemyda tricarinata* BLYTH = *Geoemyda (Melanochelys) tricarinata* BLYTH.
1902 *Heosemys* STEJNEGER, Proc. biol. Soc. Washington, **15**:238. – Species typica (designatione auctoris): *Emys spinosa* GRAY = *Geoemyda (Heosemys) spinosa* (GRAY).
*1902 *Geodemmys* WATERHOUSE (ex errore pro *Geoemyda* GRAY?), Index zool., 1:413.
1914 *Gesemyda* BOULENGER (error typographicus pro *Geoemyda* GRAY), Zool. Record, London, **50** (1913, Rept. Batr.):27.
1949 *Geomysa* KRUMBIEGEL (ex errore pro *Geoemyda* GRAY), Wie füttere ich gefangene Tiere, Ed. 2:70.

* MCDOWELL (1964) faßt die neuweltlichen Arten des *Geoemyda*-Komplexes als Angehörige einer eigenen Gattung auf, für die er den Namen *Rhinoclemys* GRAY wählt. Dieser Name stellt jedoch nur einen Ersatznamen für *Rhinoclemmys* FITZINGER 1835 dar.

V e r b r e i t u n g: Südliches, südöstliches und östliches Asien, Indo-Australischer Archipel, Philippinen; Mexico, Mittel-Amerika und nördliches Süd-Amerika.

Geoemyda annulata (GRAY)

Untergattung *Rhinoclemmys*

1860 *Geoclemmys annulata* GRAY, Proc. zool. Soc. London, **1860**:231; Taf. 29. – T e r r a t y p i c a: Esmeraldas, Ecuador.
1876 *Chelopus gabbii* COPE, J. Acad. nat. Sci. Philadelphia, (2) 8:153. – T e r r a t y p i c a: Sipurio, Costa Rica.
1889 *Nicoria annulata* – BOULENGER, Cat. Chelon. Rhynchoceph. Crocod. brit. Mus. (nat. Hist.):126.
1889 *Nicoria gabbii* – BOULENGER, Cat. Chelon. Rhynchoceph. Crocod. brit. Mus. (nat. Hist.):126.
1909 *Geoemyda annulata* – SIEBENROCK, Zool. Jb., Syst., Jena, Suppl. **10**:499.
1961 *Geoemyda annulata* – WERMUTH & MERTENS, Schildkr. Krokod. Brückenechs.:83; Abb. 55a–c.
1964 *Rhinoclemys annulata* – MCDOWELL, Proc. zool. Soc. London, **143**:267.

V e r b r e i t u n g: Mittel-Amerika (Costa Rica; Honduras?) sowie nördliches und westliches Süd-Amerika (Columbien, Venezuela und Ecuador).

Geoemyda areolata (DUMÉRIL, BIBRON & DUMÉRIL)

Untergattung *Rhinoclemmys*

1851 *Emys areolata* DUMÉRIL, BIBRON & DUMÉRIL, Cat. méthod. Coll. Rept.:10. – T e r r a t y p i c a r e s t r i c t a (SMITH & TAYLOR 1950): La Libertad, Guatemala.
1889 *Nicoria punctularia* var. *areolata* – BOULENGER, Cat. Chelon. Rhynchoceph. Crocod. brit. Mus. (nat. Hist.):124.
1934 *Geoemyda areolata* – WETTSTEIN, S.Ber. Akad. Wiss. Wien, math.-naturwiss. Kl., Abt. 1, **143**:18.
1961 *Geoemyda areolata* – WERMUTH & MERTENS, Schildkr. Krokod. Brückenechs.:83; Abb. 56a–c.
1964 *Rhinoclemys areolata* – MCDOWELL, Proc. zool. Soc. London, **143**:267.

V e r b r e i t u n g: Südöstliches Mexico (von Veracruz ostwärts bis Quintana Roo), nördliches Guatemala und Britisch-Honduras.

Geoemyda depressa ANDERSON

Untergattung *Heosemys*

1875 *Geoemyda depressa* ANDERSON, Ann. Mag. nat. Hist., London, (4) **16**:284. – T e r r a t y p i c a: Akyab bei Arakan, Burma.
1876 *Geoemyda arakana* THEOBALD, Cat. Rept. brit. India, Addenda:6. – T e r r a t y p i c a: Akyab bei Arakan, Burma.
1889 *Geoemyda depressa* – BOULENGER, Cat. Chelon. Rhynchoceph. Crocod. brit. Mus. (nat. Hist.):139.
1961 *Geoemyda depressa* – WERMUTH & MERTENS, Schildkr. Krokod. Brückenechs.:84; Abb. 57a–d.
1964 *Heosemys depressa* – MCDOWELL, Proc. zool. Soc. London, **143**:272.

V e r b r e i t u n g: Hinter-Indien (Arakan).

Geoemyda funerea (COPE)

Untergattung *Rhinoclemmys*

1876 *Chelopus funereus* COPE, J. Acad. nat. Sci. Philadelphia, (2) **8**:154. – Terra typica: Limon, Costa Rica.
1930 *Geoemyda funerea* – DUNN, Proc. New England zool. Club, Boston, **12**:31.
1930 *Geoemyda costaricensis* KANBERG, Zool. Anz., Leipzig, **88**:161. – Terra typica: Costa Rica.
1961 *Geoemyda funerea* – WERMUTH & MERTENS, Schildkr. Krokod. Brückenechs.:85; Abb. 58a–c.
1964 *Rhinoclemys funerea* – MCDOWELL, Proc. zool. Soc. London, **143**:267.

Verbreitung: Mittel-Amerika (Costa Rica).

Geoemyda grandis GRAY

Untergattung *Heosemys*

1860 *Geoemyda grandis* GRAY, Ann. Mag. nat. Hist., London, (3) **6**:218. – Terra typica: Camboja.
1889 *Geoemyda grandis* – BOULENGER, Cat. Chelon. Rhynchoceph. Crocod. brit. Mus. (nat. Hist.):138; Abb. 38, 39.
1961 *Geoemyda grandis* – WERMUTH & MERTENS, Schildkr. Krokod. Brückenechs.:87; Abb. 59a–d.
1964 *Heosemys grandis* – MCDOWELL, Proc. zool. Soc. London, **143**:272.

Verbreitung: Südliches Hinter-Indien (südliches Burma, Thailand, Cambodja, Vietnam: Cochinchina und Malayische Halbinsel).

Geomyda leytensis (TAYLOR)

Untergattung *Heosemys*

1920 *Heosemys leytensis* TAYLOR, Philipp. J. Sci., Manila, **16**:131; Taf. 1, Fig. 3, 4; Taf. 3, Fig. 1. – Terra typica: Cabalian, Süden der Insel Leyte, Philippinen.
1934 *Geoemyda leytensis* – MERTENS, L. MÜLLER & RUST, Bl. Aqu.- u. Terr.-Kunde, Stuttgart, **45**:62.
1961 *Geoemyda leytensis* – WERMUTH & MERTENS, Schildkr. Krokod. Brückenechs.:89; Abb. 60a, b.
1964 *Heosemys leytensis* – MCDOWELL, Proc. zool. Soc. London, **143**:272.

Verbreitung: Philippinen (Insel Leyte; bisher nur von der Terra typica bekannt).

Geoemyda pulcherrima (GRAY)

Untergattung *Rhinoclemmys*

Geoemyda pulcherrima pulcherrima (GRAY)

1855 *Emys pulcherrima* GRAY, Cat. Shield Rept. Coll. brit. Mus., **1** (Testud.):25; Taf. 25, Fig. 12. – Terra typica restricta (SMITH & TAYLOR 1950): Presidio de Mazatlán, Sinaloa, Mexico.
1873 *Rhinoclemmys frontalis* GRAY, Ann. Mag. nat. Hist., London, (4) **11**:144. – Terra typica: tropisches Amerika.
1873 *Rhinoclemmys bocourti* GRAY, Ann. Mag. nat. Hist., London, (4) **12**:111. – Terra typica: Mittel-Amerika?
1889 *Nicoria punctularia* var. *pulcherrima* – BOULENGER, Cat. Chelon. Rhynchoceph. Crocod. brit. Mus. (nat. Hist.):125.

1934 *Geoemyda pulcherrima pulcherrima* – WETTSTEIN, S.Ber. Akad. Wiss. Wien, math.-naturwiss. Kl., Abt. 1, **143**:18.
1961 *Geoemyda pulcherrima pulcherrima* – WERMUTH & MERTENS, Schildkr. Krokod. Brückenechs.: 89, 91; Abb. 61a–c.
1964 *Rhinoclemys pulcherrima* – MCDOWELL, Proc. zool. Soc. London, **143**:267.

Verbreitung: Westliches und südliches Mexico (vom südlichen Sonora südostwärts bis Guerrero oder bis zum westlichen Oaxaca).

Geoemyda pulcherrima incisa (BOCOURT)

1868 *Emys incisa* BOCOURT, Ann. Sci. nat., Paris, (5) **10**:121. – Terra typica: La Union, El Salvador.
1889 *Nicoria punctularia* var. *incisa* – BOULENGER, Cat. Chelon. Rhynchoceph. Crocod. brit. Mus. (nat. Hist.):125.
1934 *Geoemyda pulcherrima incisa* – WETTSTEIN, S.Ber. Akad. Wiss. Wien, math.-naturwiss. Kl., Abt. 1, **143**:18.
1961 *Geoemyda pulcherrima incisa* – WERMUTH & MERTENS, Schildkr. Krokod. Brükkenechs.:91; Abb. 62a, b.

Verbreitung: Südliches Mexico (östliches Oaxaca und Chiapas), südliches Guatemala und El Salvador.

Geoemyda pulcherrima manni DUNN

1930 *Geoemyda manni* DUNN, Proc. New England zool. Club, Boston, **12**:33. – Terra typica: San José, Costa Rica.
1934 *Geoemyda pulcherrima manni* – WETTSTEIN, S.Ber. Akad. Wiss. Wien, math.-naturwiss. Kl., Abt. 1, **143**:15.
1961 *Geoemyda pulcherrima manni* – WERMUTH & MERTENS, Schildkr. Krokod. Brükkenechs.:92.

Verbreitung: Costa Rica.

Geoemyda punctularia (DAUDIN)

Untergattung *Rhinoclemmys*

Geoemyda punctularia punctularia (DAUDIN)

1782 *Testudo verrucosa* WALBAUM (nomen illegitimum quia in opere non binominale; non *Testudo ferox verrucosa* SCHOEPFF 1795), Chelonogr.:116.
1798 *Testudo verrucosa* SUCKOW (non *Testudo verrucosa* SCHOEPFF 1795), Anfangsgr. Naturgesch. Thiere, **3**:40. – Terra typica: unbekannt.
1801 *Testudo dorsata* SCHOEPFF (nomen suppressum: Opinion 660 ICZN, 1963), Naturgesch. Schildkr.:158; Taf. 34. – Terra typica: unbekannt.
1802 *Testudo punctularia* DAUDIN (nomen conservandum: Opinion 660 ICZN, 1963), Hist. nat. gén. part. Rept., **2**:249. – Terra typica: Cayenne.
1824 *Emys dorsualis* SPIX, Anim. nova s. Spec. nov. Testud. Brasil.:11; Taf. 9, Fig. 1, 2. – Terra typica: Rio Solimoes.
1863 *Rhinoclemys bellii* GRAY, Ann. Mag. nat. Hist., London, (3) **12**:183. – Terra typica: tropisches Amerika.
1863 *Geoclemys callocephalus* GRAY, Proc. zool. Soc. London, **1863**:254; Abb. – Terra typica: Süd-Amerika.
1889 *Nicoria punctularia* – BOULENGER, Cat. Chelon. Rhynchoceph. Crocod. brit. Mus. (nat. Hist.):123.

1934 *Geoemyda punctularia punctularia* – WETTSTEIN, S.Ber. Akad. Wiss. Wien, math.-naturwiss. Kl., Abt. 1, **143**:19.
1961 *Geoemyda punctularia punctularia* – WERMUTH & MERTENS, Schildkr. Krokod. Brückenechs.:93, 94; Abb. 63a–d.
1964 *Rhinoclemys punctularia* – MCDOWELL, Proc. zool. Soc. London, **143**:267.

Verbreitung: Nördliches Süd-Amerika (Trinidad, Französisch-Guayana und nördliches Brasilien.

Geoemyda punctularia diademata MERTENS

1954 *Geoemyda punctularia diademata* MERTENS, Senckenb. biol., Frankfurt am Main, **35**:4; Abb. 4–6. – Terra typica: Maracay, Venezuela.
1961 *Geoemyda punctularia diademata* – WERMUTH & MERTENS, Schildkr. Krokod. Brückenechs.:94; Abb. 64.

Verbreitung: Nördliches Süd-Amerika (Venezuela).

Geoemyda punctularia lunata (GRAY)

1873 *Rhinoclemmys lunata* GRAY, Ann. Mag. nat. Hist., London, (4) **11**:144. – Terra typica: Niederländisch-Guayana.
1873 *Rhinoclemmys ventricosa* GRAY, Ann. Mag. nat. Hist., (4) **11**:145. – Terra typica: Niederländisch-Guayana.
1954 *Geoemyda punctularia lunata* – MERTENS, Senckenb. biol., Frankfurt am Main, **35**:6; Abb. 3.
1961 *Geoemyda punctularia lunata* – WERMUTH & MERTENS, Schildkr. Krokod. Brückenechs.:94; Abb. 65.

Verbreitung: Nordöstliches Süd-Amerika (Niederländisch-Guayana).

Geoemyda punctularia melanosterna (GRAY)

1861 *Geoclemmys melanosterna* GRAY, Proc. zool. Soc. London, **1861**:205. – Terra typica: Cherunha, Golf von Darien [= Punta Charambirá, Delta des Rio San Juan, Choco], Columbien.
1889 *Nicoria punctularia* var. *melanosternum* – BOULENGER, Cat. Chelon. Rhynchoceph. Crocod. brit. Mus. (nat. Hist.):124.
1909 *Geoemyda punctularia melanosternum* – SIEBENROCK, Zool. Jb., Syst., Jena, Suppl. **10**:498.
1961 *Geoemyda punctularia melanosterna* – WERMUTH & MERTENS, Schildkr. Krokod. Brückenechs.:94.

Verbreitung: Nordwestliches Süd-Amerika (Columbien, Ecuador und Panama).

Geoemyda punctularia nasuta (BOULENGER)

1902 *Nicoria nasuta* BOULENGER, Ann. Mag. nat. Hist., London, (7) **9**:53. – Terra typica: Bulún und Rio Durango, nordwestliches Ecuador.
1909 *Geoemyda nasuta* – SIEBENROCK, Zool. Jb., Syst., Jena, Suppl. **10**:499.
1954 *Geoemyda punctularia nasuta* – MERTENS, Senckenb. biol., Frankfurt am Main, **35**:3.
1961 *Geoemyda punctularia nasuta* – WERMUTH & MERTENS, Schildkr. Krokod. Brükkenechs.:95.

Verbreitung: Nordwestliches Süd-Amerika (Ecuador).

Geoemyda rubida (COPE)

Untergattung *Rhinoclemmys*

Geoemyda rubida rubida (COPE)

1870 *Chelopus rubidus* COPE, Proc. amer. philos. Soc., Philadelphia, **11**:148. – Terra typica: Juchitán, Tehuantepec, Oaxaca, Mexico.
1870 *Rhinoclemmys mexicana* GRAY, Proc. zool. Soc. London, **1870**:659; Abb. – Terra typica: San Juan del Rio.
1889 *Nicoria rubida* – BOULENGER, Cat. Chelon. Rhynchoceph. Crocod. brit. Mus. (nat. Hist.):127.
1909 *Geoemyda rubida* – SIEBENROCK, Zool. Jb., Syst., Jena, Suppl. **10**:500.
1953 *Geoemyda rubida rubida* – MOSIMANN & RABB, Occ. Pap. Mus. Zool. Univ. Michigan, Ann Arbor, **548**:1; Abb.; Taf. 1 [rechts].
1961 *Geoemyda rubida rubida* – WERMUTH & MERTENS, Schildkr. Krokod. Brückenechs. 95, 96; Abb. 66a–c.

Verbreitung: Südliches Mexico (Oaxaca).

Geoemyda rubida perixantha MOSIMANN & RABB

1953 *Geoemyda rubida perixantha* MOSIMANN & RABB, Occ. Pap. Mus. Zool. Univ. Michigan, Ann Arbor, **548**:1; Abb.; Taf. 1 [links]. – Terra typica: 8 Meilen südlich von Tecoman, Colima, Mexico.
1961 *Geoemyda rubida perixantha* – WERMUTH & MERTENS, Schildkr. Krokod. Brückenechs.:96.

Verbreitung: Südwestliches Mexico (Colima und Michoacan).

Geoemyda silvatica HENDERSON

Untergattung *Heosemys*

1912 *Geoemyda silvatica* HENDERSON, Rec. ind. Mus., Calcutta, 7:217. – Terra typica: bei Kavalei, Cochin State Forest, südliches Indien.
1961 *Geoemyda silvatica* – WERMUTH & MERTENS, Schildkr. Krokod. Brückenechs.:96; Abb. 67a, b.
1964 *Heosemys silvatica* – MCDOWELL, Proc. zool. Soc. London, **143**:272.

Verbreitung: Südwestliches Vorder-Indien (Cochin).

Geoemyda spengleri (GMELIN)

Untergattung *Geoemyda*

Geoemyda spengleri spengleri (GMELIN)

1789 *Testudo spengleri* GMELIN, LINN. Syst. Nat., Ed. 13, **1**:1043. – Terra typica: unbekannt.
1804 *Testudo tricarinata* BORY (non *Testudo tricarinata* SCHOEPFF 1792), Voy. quatr. Iles d'Afr., **2**:308; Atlas: Taf. 36, Fig. 1. – Terra typica: „la mare d'Arzule".
1834 *Geoemyda spengleri* – GRAY, Proc. zool. Soc. London, **1834**:100.
1889 *Nicoria spengleri* – BOULENGER, Cat. Chelon. Rhynchoceph. Crocod. brit. Mus. (nat. Hist.):120.
1931 *Geoemyda spengleri sinensis* FAN, Bull. Dep. Biol. Sun Yatsen Univ., Canton, **11**:146. – Terra typica: Loshiang und Kutchen, Kwangsi.
1934 *Geoemyda spengleri spengleri* – POPE, Nat. Hist. Centr. Asia, **10** (Rept. China):35; Taf. 2, Fig. a, b.

1961 *Geoemyda spengleri spengleri* – WERMUTH & MERTENS, Schildkr. Krokod. Brükkenechs.:97, 98; Abb. 68a–d.

Verbreitung: Südöstliches Hinter-Indien (Vietnam, Laos?, Cambodja?), südliches China (Kwangsi und Kwangtung) und Indo-Australischer Archipel (Batu-Inseln, Sumatra und Borneo).

Geoemyda spengleri japonica FAN

1931 *Geoemyda spengleri japonica* FAN, Bull. Dep. Biol. Sun Yatsen Univ., Canton, **11**: 148. – Terra typica: Japan.
1961 *Geoemyda spengleri japonica* –WERMUTH & MERTENS, Schildkr. Krokod. Brükkenechs.:98.

Verbreitung: Japan (Riu-Kiu-Inseln).

Geoemyda spinosa (GRAY)

Untergattung *Heosemys*

1831 *Emys spinosa* GRAY, Synops. Rept., 1 (Cataphracta):20. – Terra typica: Penang.
1834 *Geoemyda spinosa* – GRAY, Proc. zool. Soc. London, **1834**:100.
1889 *Geoemyda spinosa* – BOULENGER, Cat. Chelon. Rhynchoceph. Crocod. brit. Mus. (nat. Hist.):137.
1961 *Geoemyda spinosa* – WERMUTH & MERTENS, Schildkr. Krokod. Brückenechs.:98; Abb. 69a–d.
1964 *Heosemys spinosa* – MCDOWELL, Proc. zool. Soc. London, **143**:272.

Verbreitung: Hinter-Indien (Tenasserim, Halbinsel Thailand und Malayische Halbinsel) sowie Indo-Australischer Archipel (Sumatra, Borneo und Natuna-Inseln).

Geoemyda tricarinata BLYTH

Untergattung *Melanochelys*

1856 *Geoemyda tricarinata* BLYTH, J. asiat. Soc. Bengal, Calcutta, **24**:714. – Terra typica: Chaibasa District, Chota Nagpur.
1878 *Chaibassia theobaldi* ANDERSON, Zool. Res. W. Yunnan:718. – Terra typica: Bishnat Plain, nördliches Assam.
1889 *Chaibassia tricarinata* – BOULENGER, Cat. Chelon. Rhynchoceph. Crocod. brit. Mus. (nat. Hist.):139.
1889 *Chaibassia theobaldi* – BOULENGER, Cat. Chelon. Rhynchoceph. Crocod. brit. Mus. (nat. Hist.):140.
1961 *Geoemyda tricarinata* – WERMUTH & MERTENS, Schildkr. Krokod. Brückenechs.: 98; Abb. 71a–c.
1964 *Melanochelys tricarinata* – MCDOWELL, Proc. zool. Soc. London, **143**:268.

Verbreitung: Vorder-Indien (von Chota Nagpur an ostwärts bis nach Assam).

Geoemyda trijuga (SCHWEIGGER)
Untergattung *Melanochelys*

Geoemyda trijuga trijuga (SCHWEIGGER)

?1758 *Testudo scabra* LINNAEUS, Syst. Nat., Ed. 10, **1**:198. – Terra typica: Indien.
1812 *Emys trijuga* SCHWEIGGER, Königsberg. Arch. Naturwiss. Math., **1**:310. – Terra typica: „Java".
1834 *Emys belangeri* LESSON in BÉLANGER, Voy. Ind.-Orient., Zool.:291; Taf. 1. – Terra typica restricta (M. A. SMITH 1931): Bengal.
1879 *Emys trijuga* var. *maderaspatana* ANDERSON, Zool. Res. W. Yunnan:729. – Terra typica: Madras.
1889 *Nicoria trijuga* – BOULENGER, Cat. Chelon. Rhynchoceph. Crocod. brit. Mus. (nat. Hist.):121; Abb. 34, 35.
1909 *Geoemyda trijuga* – SIEBENROCK, Zool. Jb., Syst., Jena, Suppl. **10**:495.
1915 *Geoemyda trijuga plumbea* ANNANDALE, Rec. ind. Mus., Calcutta, **11**:192. – Terra typica: Coorg, Ostseite der Western Ghats, südöstlich des Madras District, südliches Indien.
1934 *Geoemyda trijuga trijuga* – MERTENS, L. MÜLLER & RUST, Bl. Aqu.- u. Terr.-Kunde, Stuttgart, **45**:62.
1961 *Geoemyda trijuga trijuga* – WERMUTH & MERTENS, Schildkr. Krokod. Brückenechs.:101–104; Abb. 72a–e.
1964 *Melanochelys trijuga* – MCDOWELL, Proc. zool. Soc. London, **143**:268.

Verbreitung: Vorder-Indien (Bombay und Madras Presidency sowie Mysore).

Geoemyda trijuga coronata ANDERSON

1878 *Emys trijuga* var. *coronata* ANDERSON, Zool. Res. W. Yunnan:729. – Terra typica: Travancore.
1909 *Geoemyda trijuga coronata* – SIEBENROCK, Zool. Jb., Syst., Jena, Suppl. **10**:496.
1961 *Geoemyda trijuga coronata* – WERMUTH & MERTENS, Schildkr. Krokod. Brükkenechs.:104; Abb. 73.

Verbreitung: Südwestliches Vorder-Indien (Travancore, Cochin).

Geoemyda trijuga edeniana (THEOBALD)

1876 *Melanochelys edeniana* THEOBALD, Cat. Rept. brit. Ind.:12. – Terra typica: Tounghu, Burma.
1878 *Emys trijuga* var. *burmana* ANDERSON (nomen substitutum pro *Melanochelys edeniana* THEOBALD), Zool. Res. W. Yunnan:723; Taf. 57, 58.
1889 *Nicoria trijuga* var. *edeniana* – BOULENGER, Cat. Chelon. Rhynchoceph. Crocod. brit. Mus. (nat. Hist.):123.
1909 *Geoemyda trijuga edeniana* – SIEBENROCK, Zool. Jb., Syst., Jena, Suppl. **10**:496.
1961 *Geoemyda trijuga edeniana* – WERMUTH & MERTENS, Schildkr. Krokod. Brükkenechs.:104; Abb. 74.

Verbreitung: Hinter-Indien (Burma).

Geoemyda trijuga indopeninsularis ANNANDALE

1913 *Geoemyda indopeninsularis* ANNANDALE, Rec. ind. Mus., Calcutta, **9**:71; Taf. 5, Fig. 1, 2. – Terra typica: Singhbhum District, Chota Nagpur.

1931 *Geoemyda trijuga indopeninsularis* – M. A. SMITH, Fauna brit. India, Rept. Amphib., 1:99.
1961 *Geoemyda trijuga indopeninsularis* – WERMUTH & MERTENS, Schildkr. Krokod. Brückenechs.:104, 105; Abb. 75.

Verbreitung: Östliches Vorder-Indien (von Chota Nagpur an ostwärts bis zum nördlichen Bengal).

Geoemyda trijuga parkeri (DERANIYAGALA)

1939 *Melanochelys trijuga parkeri* DERANIYAGALA, Tetrapod. Rept. Ceylon, **1**:269; Taf. 16, Fig. 1, 2. – Terra typica: Polonnaruva, Ceylon.
1961 *Geoemyda trijuga parkeri* – WERMUTH & MERTENS, Schildkr. Krokod. Brückenechs.:105.

Verbreitung: Trockene Gebiete der Küstenregion und im nördlichen Teil von Ceylon (= Sri Lanka).

Geoemyda trijuga thermalis (LESSON)

1830 *Emys thermalis* LESSON, Centur. zool.:86; Taf. 29. – Terra typica: Thermen von Cannia bei Trinquemale, Ceylon.
1831 *Emys sebae* GRAY, Synops. Rept., **1** (Cataphracta):75. – Terra typica: Ceylon.
1889 *Nicoria trijuga* var. *thermalis* – BOULENGER, Cat. Chelon. Rhynchoceph. Crocod. brit. Mus. (nat. Hist.):122.
1909 *Geoemyda trijuga thermalis* – SIEBENROCK, Zool. Jb., Syst., Jena, Suppl. **10**:496.
1961 *Geoemyda trijuga thermalis* – WERMUTH & MERTENS, Schildkr. Krokod. Brückenechs.:105; Abb. 76 a, b.

Verbreitung: Feuchte Höhengebiete von Ceylon (= Sri Lanka).

Graptemys AGASSIZ

Unterfamilie Emydinae

1857 *Graptemys* AGASSIZ, Contrib. nat. Hist. U.S.A., **1**:436. – Species typica (STEJNEGER & BARBOUR 1917): *Testudo geographica* LE SUEUR.

Verbreitung: Nord-Amerika östlich der Rocky Mountains.

Graptemys barbouri CARR & MARCHAND

1942 *Graptemys barbouri* CARR & MARCHAND, Proc. New England zool. Club, Boston, **20**:98; Taf. 14, 15. – Terra typica: Chipola River bei Marianna, Jackson County, Florida.
1961 *Graptemys barbouri* – WERMUTH & MERTENS, Schildkr. Krokod. Brückenechs.: 107; Abb. 77a–c.

Verbreitung: Südöstliche U.S.A. (südöstliches Alabama, südwestliches Georgia und westliches Florida).

Graptemys caglei HAYNES & MCKOWN

1974 *Graptemys caglei* HAYNES & MCKOWN, Tulane Stud. Zool. Bot., New Orleans, **18**: 143; Abb. 2, 3 [links], 4 [links], 5 [links oben], 6 [links], 7 [links], 8. – Terra typica: Guadalupe River, 8 km NW Cuero, De Witt County, Texas.

Verbreitung: Südliche U.S.A. (Flußsysteme des Guadalupe River und San Antonio River im südlichen Texas).

Graptemys flavimaculata CAGLE

1954 *Graptemys flavimaculata* CAGLE, Tulane Stud. Zool., New Orleans, **1**:167; Abb. 2, 3, 5, 7, 11, 15. – Terra typica: Pascagoula River, 13 Meilen südwestlich von Lucedale, George County, Mississippi.
1955 *Graptemys oculifer flavimaculata* – MERTENS & WERMUTH, Zool. Jb., Syst., Jena, **83**:355.
1961 *Graptemys oculifera flavimaculata* – WERMUTH & MERTENS, Schildkr. Krokod. Brückenechs.:110; Abb. 80a–c.
1969 *Graptemys flavimaculata* – FOLKERTS & MOUNT, Copeia, New York & c., **1969**: 677.

Verbreitung: Südöstliche U.S.A. (Flußsystem des Pascagoula River in Mississippi).

Graptemys geographica (LE SUEUR)

1817 *Testudo geographica* LE SUEUR, J. Acad. nat. Sci. Philadelphia, **1**:86; Taf. 5. – Terra typica: Sumpf am Ufer des Erie-Sees.
1831 *Emys lesueuri* GRAY (partim), Synops. Rept., **1** (Cataphracta):31. – Terra typica: Nord-Amerika.
1857 *Graptemys geographica* – AGASSIZ, Contrib. nat. Hist. U.S.A. **1**:436; Taf. 2, Fig. 7–9.
1889 *Malacoclemmys geographica* – BOULENGER, Cat. Chelon. Rhynchoceph. Crocod. brit. Mus. (nat. Hist.):90.
1961 *Graptemys geographica* – WERMUTH & MERTENS, Schildkr. Krokod. Brückenechs.:107; Abb. 78a–c.

Verbreitung: Südöstliches Canada (südöstliches Ontario) und nördliche U.S.A. (im Norden: vom östlichen Minnesota an ostwärts bis Maine; im Süden: vom östlichen Kansas und östlichen Oklahoma ostwärts bis zum nordwestlichen Georgia).

Graptemys kohnii (BAUR)

1890 *Malacoclemmys kohnii* BAUR, Science, New York, (1) **16**:263. – Terra typica: Bayou Lafourche, Bayou Teche und St. Martinsville, Louisiana.
1917 *Graptemys pseudogeographica kohnii* – STEJNEGER & BARBOUR, Check List north amer. Amph. Rept., Ed. 1:117.
1953 *Graptemys kohni* – CAGLE, Occ. Pap. Mus. Zool. Univ. Michigan, Ann Arbor, **546**:16.
1961 *Graptemys kohnii* – WERMUTH & MERTENS, Schildkr. Krokod. Brückenechs.:108; Abb. 79a–c.

Verbreitung: Mittlere und südliche U.S.A. (vom südöstlichen Nebraska, vom südwestlichen Iowa und vom westlichen Illinois an südwärts bis zum östlichen Texas, Louisiana und ?Alabama).

Graptemys nigrinoda Cagle

Graptemys nigrinoda nigrinoda Cagle

1954 *Graptemys nigrinoda* CAGLE, Tulane Stud. Zool., New Orleans, **1**:173; Abb. 1, 4, 6, 8, 10, 12, 14. – Terra typica: Black Warrior River, oberhalb Lock 9; 17,5 Meilen südwestlich von Tuscaloosa, Tuscaloosa County, Alabama.
1955 *Graptemys oculifera nigrinoda* – MERTENS & WERMUTH, Zool. Jb., Syst., Jena, **83**:356.
1961 *Graptemys oculifera nigrinoda* – WERMUTH & MERTENS, Schildkr. Krokod. Brükkenechs.:111; Abb. 81.
1969 *Graptemys nigrinoda nigrinoda* – FOLKERTS & MOUNT, Copeia, New York &c., **1969**:679; Abb. 3.

Verbreitung: Südöstliche U.S.A. (Flußsysteme des Black Warrior River und des Alabama River in Alabama, mit Ausnahme des im äußersten Süden von Alabama gelegenen Verbreitungsgebietes von *G. n. delticola*).

Graptemys nigrinoda delticola Folkerts & Mount

1969 *Graptemys nigrinoda delticola* FOLKERTS & MOUNT, Copeia, New York &c., **1969**: 677; Abb. 2, 4, 5. – Terra typica: Hubbard's Landing on Tensaw Lake, 2,6 air miles SW of Latham, Baldwin County, Alabama.

Verbreitung: Südliches Alabama (Fluß- und Seen-Systeme der Zuflüsse im Delta der Mobile Bay, Baldwin und Mobile County).

Graptemys oculifera (Baur)

1890 *Malacoclemmys oculifera* BAUR, Science, New York, (1) **16**:262. – Terra typica: Mandeville, Louisiana.
1893 *Graptemys oculifera* – BAUR, Amer. Naturalist, New York, **27**:675.
1933 *Graptemys pseudogeographica oculifera* – STEJNEGER & BARBOUR, Check List north amer. Amph. Rept., Ed. **3**:145.
1955 *Graptemys oculifera oculifera* – MERTENS & WERMUTH, Zool. Jb., Syst., Jena, **83**:355.
1961 *Graptemys oculifera oculifera* – WERMUTH & MERTENS, Schildkr. Krokod. Brükkenechs.:110.
1969 *Graptemys oculifera* – FOLKERTS & MOUNT, Copeia, New York &c., **1969**:677

Verbreitung: Südöstliche U.S.A. (Flußsystem des Pearl River in Louisiana und Mississippi).

Graptemys pseudogeographica (Gray)

Graptemys pseudogeographica pseudogeographica (Gray)

1831 *Emys pseudogeographica* GRAY, Synops. Rept., **1** (Cataphracta):31. – Terra typica: Wabash River, New Harmony, Indiana.
1831 *Emys lesueuri* GRAY (partim), Synops. Rept., **1** (Cataphracta):31. – Terra typica: Nord-Amerika.
1863 *Graptemys pseudogeographica* – GRAY, Ann. Mag. nat. Hist., London, (3) **12**:180.
1889 *Malacoclemmys lesueurii* – BOULENGER, Cat. Chelon. Rhynchoceph. Crocod. brit. Mus. (nat. Hist.):91.

1917 *Graptemys pseudogeographica pseudogeographica* – STEJNEGER & BARBOUR, Check List north amer. Amph. Rept., Ed. 1:117.
1961 *Graptemys pseudogeographica pseudogeographica* – WERMUTH & MERTENS, Schildkr. Krokod. Brückenechs.:112; Abb. 82a, b.

Verbreitung: Nördliche und mittlere U.S.A. (vom südlichen Minnesota und vom südwestlichen Wisconsin an südwärts etwa bis zum südlichen Illinois; hier stark mit *G. p. ouachitensis* verbastardiert).

Graptemys pseudogeographica ouachitensis CAGLE

1953 *Graptemys pseudogeographica ouachitensis* CAGLE, Occ. Pap. Mus. Zool. Univ. Michigan, Ann Arbor, **546**:10; Abb. 2, Fig. a–d; Abb. 3, Fig. b–d. – Terra typica: Ouachita River, 4 Meilen nordöstlich von Harrisonburg, Louisiana.
1961 *Graptemys pseudogeographica ouachitensis* – WERMUTH & MERTENS, Schildkr. Krokod. Brückenechs.:113.

Verbreitung: Mittlere U.S.A. (etwa von Kansas, Missouri und Kentucky an südwärts bis zum nördlichen Louisiana; im Norden stark mit *G. p. pseudogeographica* verbastardiert).

Graptemys pseudogeographica sabinensis CAGLE

1953 *Graptemys pseudogeographica sabinensis* CAGLE, Occ. Pap. Mus. Zool. Univ. Michigan, Ann Arbor, **546**:2; Abb. 1, Fig. a–d; Abb. 2, Fig. a, e–f. – Terra typica: Sabine River, 8 Meilen südwestlich von Negreet, Louisiana.
1961 *Graptemys pseudogeographica sabinensis* – WERMUTH & MERTENS, Schildkr. Krokod. Brückenechs.:113.

Verbreitung: Südliche U.S.A. (östliches Texas und westliches Louisiana).

Graptemys pseudogeographica versa STEJNEGER

1925 *Graptemys pseudogeographica versa* STEJNEGER, J. Washington Acad. Sci., **15**: 463. – Terra typica: Austin, Texas.
1953 *Graptemys pseudogeographica versa* – CAGLE, Occ. Pap. Mus. Zool. Univ. Michigan, **546**:16.
1961 *Graptemys pseudogeographica versa* – WERMUTH & MERTENS, Schildkr. Krokod. Brückenechs.:113.

Verbreitung: Südliche U.S.A. (mittleres und südöstliches Texas).

Graptemys pulchra BAUR

1893 *Graptemys pulchra* BAUR, Amer. Naturalist, New York, **27**:675. – Terra typica: See bei Montgomery, Alabama.
1961 *Graptemys pulchra* – WERMUTH & MERTENS, Schildkr. Krokod. Brückenechs.: 113; Abb. 83a–c.

Verbreitung: Südöstliche U.S.A. (vom östlichen Louisiana an ostwärts bis zum westlichen Florida).

Hardella GRAY

Unterfamilie *Batagurinae*

1870 *Hardella* GRAY, Suppl. Cat. Shield Rept. Coll. brit. Mus., **1** (Testud.):58. – Species typica (GÜNTHER 1871, fide LINDHOLM 1929): *Emys thurjii* GRAY.

Verbreitung: Südwestliches und südliches Asien.

Hardella thurjii (GRAY)

Hardella thurjii thurjii (GRAY)

1831 *Emys thurjii* GRAY, Synops. Rept., **1** (Cataphracta):22. – Terra typica: Indien. – Terra typica restricta (MCDOWELL 1964): Flußsysteme des Ganges und Brahmaputra.
1831 *Emys thuji* GRAY (ex errore pro *Emys thurjii* GRAY), Illustr. ind. Zool., **1**:Taf. 73.
1831 *Emys thuryi* GRAY (ex errore pro *Emys thurjii* GRAY) in GRIFFITH, Anim. Kingdom CUVIER, **9** (Synops. Spec.):8.
1831 *Emys flavonigra* LESSON, Bull. Sci. nat., Paris, **25** 2:120. – Terra typica: Ganges.
1869 *Kachuga oldhami* GRAY, Proc. zool. Soc. London, **1869**:200; Abb. 14. – Terra typica: Bengal.
1870 *Hardella thurgi* GRAY (ex errore pro *H. thurjii*), Cat. Shield Rept. Coll. brit. Mus., **1** (Testud.):58; Abb. 21.
1889 *Hardella thurgi* – BOULENGER (partim), Cat. Chelon. Rhynchoceph. Crocod. brit. Mus. (nat. Hist.):63; Abb. 18, 19.
1961 *Hardella thurjii* – WERMUTH & MERTENS (partim), Schildkr. Krokod. Brückenechs.:113; Abb. 84a–d.
1964 *Hardella thurgii* – MCDOWELL, Proc. zool. Soc. London, **143**:255.

Verbreitung: Südliches Asien (Flußsysteme des Ganges und Brahmaputra).

Hardella thurjii indi GRAY

1870 *Hardella indi* GRAY, Suppl. Cat. Shield Rept. Coll. brit. Mus., **1** (Testud.):58. – Terra typica: Indus.
1889 *Hardella thurgi* – BOULENGER (partim), Cat. Chelon. Rhynchoceph. Crocod. brit. Mus. (nat. Hist.):63; Abb. 18, 19.
1961 *Hardella thurjii* – WERMUTH & MERTENS (partim), Schildkr. Krokod. Brückenechs.:113; Abb. 84a–d.
1964 *Hardella indi* – MCDOWELL, Proc. zool. Soc. London, **143**:255.

Verbreitung: Südwestliches Asien (Flußsystem des Indus).

Hieremys SMITH

Unterfamilie *Batagurinae*

*1916 *Hieremys* M. A. SMITH, J. nat. Hist. Soc. Siam, Bangkok, **2**:50. – Species typica (durch Monotypie): *Cyclemys annandalei* BOULENGER.

Verbreitung: Südöstliches Asien.

Hieremys annandalii (BOULENGER)

1903 *Cyclemys annandalii* BOULENGER in ANNANDALE & ROBINSON, Fasc. malay., Zool., **1**:142; Taf. 7, 8. – Terra typica: Kampong Jalor, Patani, Malaya.

1916 *Hieremys annandalei* – M. A. SMITH, J. nat. Hist. Soc. Siam, Bangkok, **2**:50.
1961 *Hieremys annandalii* – WERMUTH & MERTENS, Schildkr. Krokod. Brückenechs.: 114; Abb. 85a–d.

Verbreitung: Hinter-Indien (Thailand, Cambodja, südliches Vietnam: Cochinchina und nördliche Malayische Halbinsel).

Kachuga GRAY

Unterfamilie Batagurinae

1855 *Kachuga* GRAY, Cat. Shield Rept. Coll. brit. Mus., **1** (Testud.):35. – Species typica (durch Tautonymie): *Emys kachuga* GRAY.
1869 *Batagurella* GRAY, Proc. zool. Soc. London, **1869**:200. – Species typica (durch Monotypie): *Kachuga peguensis* GRAY = *Kachuga trivittata* (DUMÉRIL & BIBRON).
1869 *Dongoka* GRAY, Proc. zool. Soc. London, **1869**:202. – Species typica (durch Monotypie und Tautonymie): *Kachuga hardwickii* GRAY = *Kachuga dhongoka* GRAY.
1869 *Pangshura* GRAY, Proc. zool. Soc. London, **1869**:204. – Species typica (LINDHOLM 1929): *Emys tecta* GRAY.
1870 *Dhongoka* GRAY (nomen substitutum pro *Dongoka* GRAY), Suppl. Cat. Shield Rept. Coll. brit. Mus., **1** (Testud.):57.
1870 *Cuchoa* GRAY, Suppl. Cat. Shield Rept. Coll. brit. Mus., **1** (Testud.):61. – Species typica (LINDHOLM 1929): *Emys tentoria* GRAY = *Kachuga tecta tentoria* (GRAY).
1870 *Jerdonella* GRAY, Suppl. Cat. Shield Rept. Coll. brit. Mus., **1** (Testud.):61. – Species typica (durch Monotypie): *Pangshura sylhetensis* JERDON.
1870 *Emia* GRAY, Suppl. Cat. Shield Rept. Coll. brit. Mus., **1** (Testud.):61. – Species typica (durch Monotypie): *Batagur smithii* GRAY.
1873 *Dhougoka* GRAY, Hand-List Spec. Shield Rept. brit. Mus.:52. – Species typica (durch Monotypie): *Kachuga hardwickii* GRAY = *Kachuga dhongoka* (GRAY).
*1889 *Cachuga* LYDEKKER (nomen substitutum pro *Kachuga* GRAY), Cat. foss. Rept. Amphib. brit. Mus. nat. Hist., **3**:123.
1890 *Kashuga* BOULENGER (ex errore pro *Kachuga* GRAY), Zool. Record, London, **26** (1889, Rept. Batr.):15.

Verbreitung: Südliches Asien.

Kachuga dhongoka (GRAY)

1834 *Emys dhongoka* GRAY, Illustr. ind. Zool., **2**:Taf. 60. – Terra typica restricta (M. A. SMITH 1931): Nördliches Indien.
1835 *Emys duvaucelii* DUMÉRIL & BIBRON, Erpétol. gén., Hist. nat. Rept., **2**:334. – Terra typica: Bengal.
1869 *Kachuga hardwickii* GRAY, Proc. zool. Soc. London, **1869**:202. – Terra typica: Nepal.
1889 *Kachuga dhongoka* – BOULENGER, Cat. Chelon. Rhynchoceph. Crocod. brit. Mus. (nat. Hist.):56.
1961 *Kachuga dhongoka* – WERMUTH & MERTENS, Schildkr. Krokod. Brückenechs.: 117; Abb. 86a–d.

Verbreitung: Vom südlichen Nepal und nordöstlichen Vorder-Indien über die Flußsysteme des Ganges und Brahmaputra von Allahabad ostwärts bis Assam.

Kachuga kachuga (GRAY)

1831 *Emys kachuga* GRAY, Illustr. ind. Zool., **1**:Taf. 74. – Terra typica restricta (M. A. SMITH 1931): Nördliches Indien.
1831 *Emys lineata* GRAY, Synops. Rept., **1** (Cataphracta):23. – Terra typica: Indien.
1862 *Batagur ellioti* GRAY, Proc. zool. Soc. London, **1862**:264. – Terra typica: Kistna River, südliches Indien.
1870 *Kachuga fusca* GRAY (partim), Suppl. Cat. Shield Rept. Coll. brit. Mus., **1** (Testud.): 56. – Terra typica: Nepal und Pegu.
1889 *Kachuga lineata* – BOULENGER, Cat. Chelon. Rhynchoceph. Crocod. brit. Mus. (nat. Hist.):54.
1931 *Kachuga kachuga* – M. A. SMITH, Fauna brit. India, Rept. Amphib., **1**:131.
1961 *Kachuga kachuga* – WERMUTH & MERTENS, Schildkr. Krokod. Brückenechs.:117; Abb. 87a–c.

Verbreitung: Südliches Nepal und nördliches Vorder-Indien (Flußsystem des Ganges ostwärts bis Bengal) und westliches Hinter-Indien (Burma).

Kachuga smithii (GRAY)

1863 *Batagur smithii* GRAY, Proc. zool. Soc. London, **1863**:253. – Terra typica: Chenab River, Punjab, nordwestliches Indien.
1889 *Kachuga smithii* – BOULENGER, Cat. Chelon. Rhynchoceph. Crocod. brit. Mus. (nat. Hist.):57; Taf. 1.
1961 *Kachuga smithii* – WERMUTH & MERTENS, Schildkr. Krokod. Brückenechs.:118; Abb. 88a–c.
1974 *Kachuga amithii* RUDLOFF (ex errore pro *Kachuga smithii*), Aqu. u. Terr., Berlin, **21**:423.

Verbreitung: Pakistan und nördliches Vorder-Indien (Flußsysteme des Indus und Ganges; ostwärts bis ?Bengal).

Kachuga sylhetensis (JERDON)

1870 *Pangshura sylhetensis* JERDON, Proc. asiat. Soc. Bengal, Calcutta, **1870**:69. – Terra typica: Sylhet River, Khasi Hills, Assam.
1889 *Kachuga sylhetensis* – BOULENGER, Cat. Chelon. Rhynchoceph. Crocod. brit. Mus. (nat. Hist.):57.
1961 *Kachuga sylhetensis* – WERMUTH & MERTENS, Schildkr. Krokod. Brückenechs.: 119; Abb. 89a, b.

Verbreitung: Nordöstliches Vorder-Indien (Assam).

Kachuga tecta (GRAY)

Kachuga tecta tecta (GRAY)

1831 *Emys tecta* GRAY, Synops. Rept., **1** (Cataphracta):23; Taf. 5. – Terra typica: Indien.
?1831 *Testudo dura* HAMILTON (nomen nudum) in GRAY, Synops. Rept., **1** (Cataphracta): 23.
1831 *Testudo katuya* HAMILTON (nomen nudum) in GRAY, Synops. Rept., **1** (Cataphracta):23.
1831 *Testudo khagraskata* HAMILTON (nomen nudum) in GRAY, Synops. Rept., **1** (Cataphracta):23.

1831 *Emys trigibbosa* LESSON, Bull. Sci. nat., Paris, **25** 2:120. – Terra typica: Ganges.
1864 *Pangshura flaviventer* GÜNTHER, Rept. brit. India:35; Abb. – Terra typica: Indien.
1869 *Pangshura dura* GRAY, Proc. zool. Soc. London, **1869**:205. – Terra typica: unbekannt.
1870 *Pangshura ventricosa* GRAY, Suppl. Cat. Shield Rept. Coll. brit. Mus., **1** (Testud.): 60. – Terra typica: Indien; Assam?
1889 *Kachuga tectum* – BOULENGER, Cat. Chelon. Rhynchoceph. Crocod. brit. Mus. (nat. Hist.):58.
1934 *Kachuga tecta tecta* – MERTENS, L. MÜLLER & RUST, Bl. Aqu.- u. Terr.-Kunde, Stuttgart, **45**:60.
1961 *Kachuga tecta tecta* – WERMUTH & MERTENS, Schildkr. Krokod. Brückenechs.: 120; Abb. 90a–c.

Verbreitung: Pakistan sowie nördliches Vorder- und Hinter-Indien (Flußsysteme des Indus, Ganges [mit Ausnahme des Verbreitungsgebietes von *K. t. circumdata*] und Brahmaputra).

Kachuga tecta circumdata MERTENS

1969 *Kachuga tecta circumdata* MERTENS, Senckenbergiana biol., Frankfurt am Main, **50**:24; Abb. 1a–b, 2. – Terra typica: Meerut, Indien.
1971 *K[achuga] t[ecta] circumbata* THELWALL (error typographicus pro *K. t. circumdata*), Zool. Record, London, **106** (17, Rept.):83.

Verbreitung: Meerut, Gebiet des oberen Ganges und seines Nebenflusses Yamuna.

Kachuga tecta tentoria (GRAY)

1834 *Emys tentoria* GRAY, Proc. zool. Soc. London, **1834**:54. – Terra typica restricta (M. A. SMITH 1931): Dhond, Poona District, Bombay.
1870 *Emys (Pangshura) tectum* var. *intermedia* BLANFORD, J. asiat. Soc. Bengal, Calcutta, **39**:339; Taf. 14. – Terra typica: Chappa und Korba, Hasdo River, Bilaspur, Central Provinces.
1870 *Pangshura leithii* GRAY, Suppl. Cat. Shield Rept. Coll. brit. Mus., **1** (Testud.):60. – Terra typica: Poonah River.
1889 *Kachuga intermedia* – BOULENGER, Cat. Chelon. Rhynchoceph. Crocod. brit. Mus. (nat. Hist.):58.
1931 *Kachuga tectum tentoria* – M. A. SMITH, Fauna brit. India, Rept. Amphib., **1**:128.
1961 *Kachuga tecta tentoria* – WERMUTH & MERTENS, Schildkr. Krokod. Brückenechs.: 123; Abb. 91.
1969 *Kachuga tecta tentoria* – MERTENS, Senckenbergiana biol., Frankfurt am Main, **50**: 23; Abb. 3.

Verbreitung: Mittleres Vorder-Indien (Flußsysteme des Mahanadi, Godavari und Kistna).

Kachuga trivittata (DUMÉRIL & BIBRON)

1835 *Emys trivittata* DUMÉRIL & BIBRON, Erpétol. gén., Hist. nat. Rept., **2**:331. – Terra typica: Bengal.
1869 *Kachuga peguensis* GRAY, Proc. zool. Soc. London, **1869**:200; Abb. 12. – Terra typica: Pegu, Indien.

1869 *Kachuga trilineata* GRAY, Proc. zool. Soc. London, **1869**:200; Abb. 13. – Terra typica: Pegu, Indien.
1870 *Kachuga fusca* GRAY (partim), Suppl. Cat. Shield Rept. Coll. brit. Mus., 1 (Testud.): 56. – Terra typica: Nepal und Pegu.
?1878 *Batagur iravadica* ANDERSON, Zool. Res. western Yunnan:736; Taf. 64; Taf. 65; Taf. 75b, Fig. 16–20. – Terra typica: Pegu und Bhamô, Upper Burma.
1889 *Kachuga trivittata* – BOULENGER, Cat. Chelon. Rhynchoceph. Crocod. brit. Mus. (nat. Hist.):55; Abb. 15, 16.
1961 *Kachuga trivittata* – WERMUTH & MERTENS, Schildkr. Krokod. Brückenechs.:123; Abb. 92a–d.

Verbreitung: Westliches Hinter-Indien (Tenasserim sowie Flußsysteme des Iravadi und Salveen in Burma).

Malaclemys GRAY

Unterfamilie Emydinae

*1840 *Malaclemys* GRAY (nomen nudum), Synops. Cont. brit. Mus., Ed. **42**:42.
1844 *Malaclemys* GRAY, Cat. Tort. Crocod. Amphisb. Coll. brit. Mus.:28. – Species typica (durch Monotypie): *Testudo concentrica* SHAW = *Malaclemys terrapin terrapin* (SCHOEPFF).
1857 *Malacoclemmys* AGASSIZ (nomen substitutum pro *Malaclemys* GRAY), Contrib. nat. Hist. U.S.A., 1:437.
1906 *Malaclemmys* FOWLER (nomen substitutum pro *Malaclemys* GRAY), Proc. Acad. nat. Sci. Philadelphia, **58**:112.

Verbreitung: Brackwasser-Seen längs der Atlantik-Küste von Nord-Amerika.

Malaclemys terrapin (SCHOEPFF)

Malaclemys terrapin terrapin (SCHOEPFF)

1793 *Testudo terrapin* SCHOEPFF, Hist. Testud. Icon. illustr.:64; Taf. 15. – Terra typica restricta (K. P. SCHMIDT 1953) Küstengewässer von Long Island, New York.
1802 *Testudo concentrica* SHAW, Gen. Zool., 3:43; Taf. 9, Fig. 2. – Terra typica: Märkte in Philadelphia.
1807 *Testudo ocellata* LINK, Naturhist. Samml. Rostock, 2:52. – Terra typica restricta (K. P. SCHMIDT 1953): Märkte in Philadelphia.
1820 *Testudo concentrata* KUHL (ex errore pro *T. concentrica*), Beitr. Zool., Amphib.:78.
1831 *Testudo concentrica* var. *polita* GRAY, Synops. Rept., 1 (Cataphracta):27. – Terra typica: unbekannt.
1844 *Emys macrocephalus* GRAY (non *Emys macrocephalus* SPIX 1824), Cat. Tort. Crocod. Amphisb. Coll. brit. Mus.:26. – Terra typica designata (K. P. SCHMIDT 1953): Märkte in Philadelphia.
1844 *Malaclemys tuberculifera* GRAY, Cat. Tort. Crocod. Amphisb. Coll. brit. Mus.:29. – Terra typica designata (K. P. SCHMIDT 1953): Märkte in Philadelphia.
1889 *Malacoclemmys terrapen* BOULENGER (ex errore pro *M. terrapin*; non *Pseudemys terrapen* [LACÉPÈDE]), Cat. Chelon. Rhynchoceph. Crocod. brit. Mus. (nat. Hist.): 89; Abb. 25.
1896 *Malaclemys terrapin* – BANGS, Proc. Boston Soc. nat. Hist., **27**:159.
1929 *Malaclemys terrapin terrapin* – LINDHOLM, Zool. Anz., Leipzig, **81**:294.
1961 *Malaclemys terrapin terrapin* – WERMUTH & MERTENS, Schildkr. Krokod. Brückenechs.:127; Abb. 93a–c.

Verbreitung: Nordöstliche U.S.A. (Atlantik-Küste von Massachusetts an südwärts bis Kap Hatteras in Nord-Carolina).

Malaclemys terrapin centrata (LATREILLE)

1802 *Testudo centrata* LATREILLE, Hist. nat. Rept., 1:145. – Terra typica restricta (K. P. SCHMIDT 1953): Umgebung von Charleston, Süd-Carolina.
1831 *Emys concentrica* var. *livida* GRAY, Synops. Rept., 1 (Cataphracta):27. – Terra typica restricta (K. P. SCHMIDT 1953): Umgebung von Charleston, Süd-Carolina.
1923 *Malaclemys centrata centrata* – STEJNEGER & BARBOUR, Check List north amer. Amphib. Rept., Ed. 2:131.
1945 *Malaclemys terrapin centrata* – MITTLEMAN, Copeia, New York &c., **1945**:234.
1961 *Malaclemys terrapin centrata* – WERMUTH & MERTENS, Schildkr. Krokod. Brükkenechs.:127; Abb. 94.

Verbreitung: Östliche U.S.A. (Atlantik-Küste von Kap Hatteras in Nord-Carolina an südwärts bis zur Ostküste der Halbinsel Florida, nördlich von Volusia County).

Malaclemys terrapin littoralis HAY

1904 *Malaclemmys littoralis* HAY, Bull. U.S. Bur. Fisher., Washington, **24**:18; Taf. 8; Taf. 9; Taf. 12, Fig. 2, 3. – Terra typica: Rockport, Texas.
1917 *Malaclemys pileata littoralis* – STEJNEGER & BARBOUR, Check List north amer. Amphib. Rept., Ed. 1:117.
1929 *Malaclemys terrapin littoralis* – LINDHOLM, Zool. Anz., Leipzig, **81**:294.
1961 *Malaclemys terrapin littoralis* – WERMUTH & MERTENS, Schildkr. Krokod. Brükkenechs.:127; Abb. 95.

Verbreitung: Südöstliche U.S.A. (Golf-Küste vom westlichen Louisiana an westwärts bis zum südlichen Texas und zum östlichen Mexico bis zur Halbinsel Yucatan).

Malaclemys terrapin macrospilota HAY

1904 *Malaclemmys macrospilota* HAY, Bull. U.S. Bur. Fisher., Washington, **24**:16; Taf. 6; Taf. 7; Taf. 11, Fig. 1. – Terra typica: Charlotte Harbor, Florida.
1917 *Malaclemys pileata macrospilota* – STEJNEGER & BARBOUR, Check List north amer. Amphib. Rept., Ed. 1:117.
1929 *Malaclemys terrapin macrospilota* – LINDHOLM, Zool. Anz., Leipzig, **81**:294.
1961 *Malaclemys terrapin macrospilota* – WERMUTH & MERTENS, Schildkr. Krokod. Brückenechs.:128; Abb. 96.

Verbreitung: Südöstliche U.S.A. (Süd- und Westküste von Florida).

Malaclemys terrapin pileata (WIED)

1865 *Emys pileata* WIED, Nova Acta Acad. caes. leop.-carol., Halle, **32**:17; Taf. 1, Fig. 2, 3. – Terra typica: New Orleans, Louisiana.
1904 *Malaclemmys pileata* – HAY, Bull. U.S. Bur. Fisher., Washington, **24**:17; Taf. 11, Fig. 2.
1917 *Malaclemys pileata pileata* – STEJNEGER & BARBOUR, Check List north amer. Amphib. Rept., Ed. 1:116.
1929 *Malaclemys terrapin pileata* – LINDHOLM, Zool. Anz., Leipzig, **81**:294.
1961 *Malaclemys terrapin pileata* – WERMUTH & MERTENS, Schildkr. Krokod. Brükkenechs.:129; Abb. 97.

Verbreitung: Südöstliche U.S.A. (Golf-Küste vom westlichen Florida an westwärts bis Louisiana).

M a l a c l e m y s   t e r r a p i n   t e q u e s t a SCHWARTZ

1955 *Malaclemys terrapin tequesta* SCHWARTZ, Proc. biol. Soc. Washington, **68**:158. – T e r r a   t y p i c a : Miami Beach, Dade County, Florida.
1961 *Malaclemys terrapin tequesta* – WERMUTH & MERTENS, Schildkr. Krokod. Brükkenechs.:129.

V e r b r e i t u n g : Südöstliche U.S.A. (Ostküste der Halbinsel Florida, von Valusia County an südwärts bis Dade County).

M a l a c l e m y s   t e r r a p i n   r h i z o p h o r a r u m FOWLER

1906 *Malaclemmys littoralis rhizophorarum* FOWLER, Proc. Acad. nat. Sci. Philadelphia, **58**:112; Taf. 4. – T e r r a   t y p i c a : Boca Grande Key, Lee County, Florida.
1946 *Malaclemys terrapin rhizophorarum* – CARR, Copeia, New York & c., **1946**:171; Abb. 1.
1961 *Malaclemys terrapin rhizophorarum* – WERMUTH & MERTENS, Schildkr. Krokod. Brückenechs.:129; Abb. 98.

V e r b r e i t u n g : Südöstliche U.S.A. (Florida Keys).

Malayemys LINDHOLM

Unterfamilie *Batagurinae*

1869 *Damonia* GRAY (non *Damonia* ROBINEAU-DESVOIDY 1847 = Diptera), Proc. zool. Soc. London, **1869**:193. – S p e c i e s   t y p i c a (durch Monotypie): *Geoclemys macrocephala* GRAY = *Malayemys subtrijuga* (SCHLEGEL & S. MÜLLER).
1931 *Malayemys* LINDHOLM (nomen novum pro *Damonia* GRAY 1869), Zool. Anz., Leipzig, **97**:30.

V e r b r e i t u n g : Südöstliches Asien.

Malayemys subtrijuga (SCHLEGEL & MÜLLER)

?1812 *Emys herrmanni* SCHWEIGGER, Königsberg. Arch. Naturwiss. Math., **1**:311. – T e r r a   t y p i c a : unbekannt.
1844 *Emys subtrijuga* SCHLEGEL & S. MÜLLER in TEMMINCK, Verh. nat. Gesch. nederl. Bezitt., Schildp.:30. – T e r r a   t y p i c a : Java.
1859 *Geoclemys macrocephala* GRAY, Proc. zool. Soc. London, **1859**:479; Taf. 21. – T e r r a   t y p i c a : Siam.
1863 *Emys nuchalis* BLYTH, J. asiat. Soc. Bengal, Calcutta, (1) **32**:82. – T e r r a   t y p i c a : Java.
1870 *Damonia*? *crassiceps* GRAY, Suppl. Cat. Shield Rept. Coll. brit. Mus., **1** (Testud.):43. – T e r r a   t y p i c a : „China".
1871 *Damonia oblonga* GRAY, Ann. Mag. nat. Hist., London, (4) **8**:367. – T e r r a   t y p i c a : Batavia.
1889 *Damonia subtrijuga* – BOULENGER, Cat. Chelon. Rhynchoceph. Crocod. brit. Mus. (nat. Hist.):94; Abb. 26.
1889 *Cistudo gibbosa* BLEEKER (nomen nudum) in BOULENGER, Cat. Chelon. Rhynchoceph. Crocod. brit. Mus. (nat. Hist.):95. – P a t r i a : Batavia.
1931 *Malayemys subtrijuga* – LINDHOLM, Zool. Anz., Leipzig, **97**:30.
1961 *Malayemys subtrijuga* – WERMUTH & MERTENS, Schildkr. Krokod. Brückenechs.:130; Abb. 99a–d.

V e r b r e i t u n g : Hinter-Indien (Thailand, Cambodja, südliches Vietnam: Cochinchina und Malayische Halbinsel) sowie Sunda-Archipel (Java).

Mauremys GRAY
Unterfamilie *Batagurinae*

1869 *Mauremys* GRAY, Proc. zool. Soc. London, **1869**:500. – Species typica (LINDHOLM 1929): *Emys fuliginosa* GRAY = *Mauremys* (*Mauremys*) *caspica leprosa* (SCHWEIGGER).
1870 *Sacalia* GRAY, Suppl. Cat. Shield Rept. Coll. brit. Mus., **1** (Testud.):35. – Species typica (durch Monotypie): *Cistuda bealei* GRAY = *Mauremys* (*Sacalia*) *bealei* (GRAY).
1870 *Emmenia* GRAY, Suppl. Cat. Shield Rept. Coll. brit. Mus., **1** (Testud.):38. – Species typica (durch Monotypie): *Emys grayi* GÜNTHER = *Mauremys* (*Mauremys*) *caspica* (GMELIN).
1870 *Eryma* GRAY (non *Eryma* MEYER 1840 = † Crustacea; non *Eryma* ALBERS 1854 = Gastropoda; non *Eryma* FÖRSTER 1868 = Hymenoptera), Suppl. Cat. Shield Rept. Coll. brit. Mus., **1** (Testud.):44. – Species typica (durch Monotypie): *Emys laticeps* GRAY = *Mauremys* (*Mauremys*) *caspica leprosa* (SCHWEIGGER).
1931 *Cathaiemys* LINDHOLM, Zool. Anz., Leipzig, **97**:29. – Species typica (durch Monotypie): *Emys muticus* CANTOR = *Mauremys* (*Mauremys*) *nigricans* (GRAY).
1931 *Pseudocadia* LINDHOLM, Zool. Anz., Leipzig, **97**:30. – Species typica (durch Monotypie): † *Testudo anyangensis* PING = *Mauremys* (*Mauremys*) *nigricans* (GRAY).
1940 *Annamemys* BOURRET, Annexe Bull. Instruct. publ., Hanoi, **4**:15. – Species typica (durch Monotypie): *Annamemys merkleni* BOURRET = *Mauremys* (*Mauremys*) *nigricans* (GRAY).

Verbreitung: Nordwestliches Afrika, südliches Europa und südwestliches bis östliches Asien.

Mauremys bealei (GRAY)
Untergattung *Sacalia*

1831 *Cistuda bealei* GRAY, Synops Rept., **1** (Cataphracta):71. – Terra typica: China.
1862 *Clemmys bealei* – STRAUCH, Mém. Acad. imp. Sci., St. Pétersbourg, (7) **5** 7:32.
1889 *Clemmys bealei* – BOULENGER, Cat. Chelon. Rhynchoceph. Crocod. brit. Mus. (nat. Hist.):107.
1903 *Clemmys bealii* var. *quadriocellata* SIEBENROCK, S.Ber. k. Akad. Wiss. Wien, math.-naturwiss. Kl., Abt. 1, **112**:336; Taf. 1. – Terra typica: Phuc-Son, Zentral-Annam.
*1958 *Cyclemys bealii quadriocellata* LI [non *Clemmys bealii quadriocellata* SIEBENROCK 1903?], Chin. J. Zool., Nanking, **2**:234–239. – Terra typica [?]: Insel Hainan.
1961 *Clemmys bealei* – WERMUTH & MERTENS, Schildkr. Krokod. Brückenechs.:57; Abb. 37a–d.
1962 *Clemmys bealei insulensis* ADLER (nomen novum pro *Clemmys bealei quadriocellata* LI 1958), Bull. nat. Hist. Soc. Siam, Bangkok, **20**:135.
1964 *Sacalia bealei* – MCDOWELL, Proc. zool. Soc. London, **143**:268.

Verbreitung: Östliches Hinter-Indien (Vietnam: Tonkin und Annam) und südliches China (im Norden bis Fukien, im Süden bis zur Insel Hainan).

Mauremys caspica (GMELIN)
Untergattung *Mauremys*

Mauremys caspica caspica (GMELIN)

1774 *Testudo caspica* GMELIN, Reise durch Rußland, **3**:59; Taf. 10; Taf. 11. – Terra typica: Bach Pusahat [= Pirsagat] bei Schamachie, Transkaukasien.

1830 *Clemmys caspica* – WAGLER, Descr. Icon. Amphib.:Taf. 24.
1831 *Emys caspia* RÜPPELL (nomen substitutum pro *Testudo caspica* GMELIN) in GRAY in GRIFFITH, Anim. Kingd. CUVIER, **9** (Synops. Spec.):9.
1869 *Emys grayi* GUNTHER (non *Emys grayi* BOCOURT 1868), Proc. zool. Soc. London, **1869**:504; Taf. 38. – Terra typica: Basrah.
1889 *Clemmys caspica* – BOULENGER, Cat. Chelon. Rhynchoceph. Crocod. brit. Mus. (nat. Hist.):103.
1934 *Clemmys caspica caspica* – MERTENS, L. MÜLLER & RUST, Bl. Aqu.- u. Terr.-Kunde, Stuttgart, **45**:61.
1961 *Clemmys caspica caspica* – WERMUTH & MERTENS, Schildkr. Krokod. Brückenechs.:58, 59.
1964 *Mauremys caspica* [*caspica*] – MCDOWELL, Proc. zool. Soc. London, **143**:269.

Verbreitung: Kaukasus-Länder und Vorder-Asien (mittleres und östliches Anatolien sowie Irak und Iran).

Mauremys caspica leprosa (SCHWEIGGER)

1812 *Emys leprosa* SCHWEIGGER, Königsberg. Arch. Naturwiss. Math., **1**:298. – Terra typica restricta (MERTENS & L. MÜLLER 1940): Süd-Spanien.
1824 *Emys marmorea* SPIX, Anim. nova s. Spec. nov. Testud. Brasil.: 13; Taf. 10. – Terra typica: Brasilien.
1829 *Clemmys sigriz* MICHAHELLES, Isis (OKEN), Leipzig, **1829**:1295. – Terra typica: Süd-Spanien.
1831 *Emys vulgaris* GRAY, Synops. Rept., **1** (Cataphracta):24; Taf. 4. – Terra typica: Süd-Europa.
1831 *Emys sigritzii* GRAY (ex errore pro *Clemmys sigriz* MICHAHELLES), Synops. Rept., **1** (Cataphracta):24.
1854 *Emys laticeps* GRAY, Proc. zool. Soc. London, **1852**:134. – Terra typica: „Gambia River, West-Afrika".
1860 *Emys fuliginosus* GRAY, Proc. zool. Soc. London, **1860**:232; Taf. 30. – Terra typica: „Ägypten".
1862 *Clemmys leprosa* – STRAUCH, Mém. Acad. imp. Sci., St. Pétersbourg, (7) **5** 7:122.
1869 *Mauremys laniaria* GRAY, Proc. zool. Soc. London, **1869**:499; Taf. 37. – Terra typica: unbekannt.
1869 *Emys flavipes* GRAY, Proc. zool. Soc. London, **1869**:643; Taf. 50. – Terra typica: unbekannt.
1869 *Emys fraseri* GRAY, Proc. zool. Soc. London, **1869**:643. – Terra typica: Nord-Afrika.
1873 *Emys lamaria* GRAY (error typographicus pro *M. laniaria* GRAY), Hand List. Spec. Shield Rept. brit. Mus.:36.
1874 *Emys caspica* var. *leprosa* – BOETTGER, Abh. senckenberg. naturf. Ges., Frankfurt am Main, **9**:126.
1889 *Clemmys leprosa* – BOULENGER, Cat. Chelon. Rhynchoceph. Crocod. brit. Mus. (nat. Hist.):105; Abb. 30.
1957 *Clemmys caspica leprosa* – LOVERIDGE & WILLIAMS, Bull. Mus. comp. Zool., Cambridge (Massachusetts), **115**:192; Abb. 5.
1961 *Clemmys caspica leprosa* – WERMUTH & MERTENS, Schildkr. Krokod. Brückenechs.:59; Abb. 38a–d.
1964 *Mauremys caspica* [leprosa] – MCDOWELL, Proc. zool. Soc. London, **143**:269.

Verbreitung: Südwestliches Europa (Pyrenäen-Halbinsel) und nordwestliches Afrika.

Mauremys caspica rivulata (VALENCIENNES)

1833 *Emys rivulata* VALENCIENNES (non *Emys rivulata* GRAY 1844) in BORY, Expéd. sci. Morée: Taf. 9, Fig. 2. – Terra typica restricta (MERTENS & L. MÜLLER 1928): Umgebung von Modon, Peloponnes, Griechenland.

1869 *Emys tristrami* GRAY, Proc. zool. Soc. London, **1869**:190. – Terra typica: Yarmuk River.
1870 *Emys caspica* var. *arabica* GRAY, Suppl. Cat. Shield Rept. Coll. brit. Mus., **1** (Testud.):36. – Terra typica: Mount Carmel.
1870 *Emys pannonica* GRAY, Suppl. Cat. Shield Rept. Coll. brit. Mus., **1** (Testud.):36. – Terra typica: Xantos.
1881 *Clemmys caspica orientalis* BEDRIAGA, Bull. Soc. Natural. Moscou, **56**:335. – Terra typica: Athen, Nauplia, Milo, Mykonos, Syra, Tinos, Siphnos und Seriphos.
1889 *Clemmys caspica* var. *rivulata* – BOULENGER, Cat. Chelon. Rhynchoceph. Crocod. brit. Mus. (nat. Hist.):104.
1909 *Clemmys caspica rivulata* – SIEBENROCK, Zool. Jb., Syst., Jena, Suppl. **10**:480.
1912 *Clemmys caspica* var. *obsoleta* SCHREIBER, Herpetol. europ., Ed. 2:946. – Terra typica restricta (WERMUTH & MERTENS 1961): Bocche di Cattaro, südliches Dalmatien.
1946 *Clemmys caspica cretica* MERTENS, Senckenbergiana, Frankfurt am Main, **27**:115; Abb. 1–3. – Terra typica: Rapaniana, Kreta.
1961 *Clemmys caspica rivulata* – WERMUTH & MERTENS, Schildkr. Krokod. Brückenechs.:60.
1964 *Mauremys caspica* [*rivulata*] – MCDOWELL, Proc. zool. Soc. London, **143**:269.

Verbreitung: Südöstliches Europa (südliches Jugoslawien, Albanien, südliches Bulgarien, Ionische Inseln und Cycladen) sowie Vorder-Asien (Türkei, westliches und südliches Anatolien; Syrien, Israel, Kreta und Cypern; Transjordanien?).

Mauremys japonica (TEMMINCK & SCHLEGEL)

Untergattung *Mauremys*

1833 *Emys vulgaris japonica* TEMMINCK & SCHLEGEL in SIEBOLD, Fauna japon., Rept.: 139; Taf. 8; Taf. 9. – Terra typica: Japan.
1862 *Clemmys japonica* – STRAUCH, Mém. Acad. imp. Sci., St. Pétersbourg, (7) **5** 7:32.
1889 *Clemmys japonica* – BOULENGER, Cat. Chelon. Rhynchoceph. Crocod. brit. Mus. (nat. Hist.):106.
1961 *Clemmys japonica* – WERMUTH & MERTENS, Schildkr. Krokod. Brückenechs.:63; Abb. 41a–c.
1964 *Mauremys japonica* – MCDOWELL, Proc. zool. Soc. London, **143**:269.

Verbreitung: Südliches Japan (nordwärts bis Tokio).

Mauremys nigricans (GRAY)

Untergattung *Mauremys*

1834 *Emys nigricans* GRAY, Proc. zool. Soc. London, **1834**:53. – Terra typica: Gegend von Canton.
1842 *Emys muticus* CANTOR, Ann. Mag. nat. Hist., London, (1) **9**:482. – Terra typica: Insel Chusan, China.
1855 *Emys nigracans* GRAY (ex errore pro *Emys nigricans* GRAY), Cat. Shield Rept. Coll. brit. Mus., **1** (Testud.):Taf. 6.
1862 *Clemmys nigricans* – STRAUCH, Mém. Acad. imp. Sci., St. Pétersbourg, (7) **5** 7:32.
1889 *Damonia nigricans* – BOULENGER, Cat. Chelon. Rhynchoceph. Crocod. brit. Mus. (nat. Hist.):97.
1889 *Damonia mutica* – BOULENGER, Cat. Chelon. Rhynchoceph. Crocod. brit. Mus. (nat. Hist.):96.
1894 *Clemmys schmackeri* BOETTGER, Ber. senckenberg. naturf. Ges., Frankfurt am Main, **1894**:129; Taf. 3, Fig. 1a, 1b. – Terra typica: China; Insel Hainan?

1903 *Cyclemys annamensis* SIEBENROCK (syn. fide MCDOWELL 1964], S.Ber. k. k. Akad. Wiss. Wien, math.-naturwiss. Kl., Abt. 1, **112**:341; Taf. 2. – Terra typica: Phuc-Son, Annam.
1939 *Annamemys merkleni* BOURRET, Bull. Instruct. publ. Hanoi, **4**:15; Abb. 4. – Terra typica: Fai-Fo, Zentral-Annam.
1953 *Annamemys annamensis* – SAVAGE, Ann. Mag. nat. Hist., London, (12) **6**:471.
1957 *Annamemys mekleni* TIEN (ex errore pro *Annamemys merkleni* BOURRET), Zool. J., Moskwa, **36**:1214.
1957 *Annamemys grochovskiae* TIEN, Zool. J., Moskwa, **36**:1214; Abb. – Terra typica: Wald bei Vinh-Linh, Provinz Kuang-Tri, Zentral-Vietnam; etwa 600 km von Hanoi entfernt.
1960 *Annamemys groeliovskiae* BATTERSBY (ex errore pro *Annamemys grochovskiae* TIEN), Zool. Record, London, **94** (1957, 16B): 88.
1961 *Annamemys annamensis* – WERMUTH & MERTENS, Schildkr. Krokod. Brückenechs.:45; Abb. 29a–d.
1961 *Clemmys nigricans* – WERMUTH & MERTENS, Schildkr. Krokod. Brückenechs.:65; Abb. 43a–c.
1964 *Mauremys mutica* – MCDOWELL, Proc. zool. Soc. London, **143**:269.

Verbreitung: Hinter-Indien (nördliches Vietnam) und südliches China (Kwangtung sowie die Inseln Formosa und Hainan).

Morenia GRAY

Unterfamilie *Batagurinae*

1870 *Morenia* GRAY (non *Morenia* AMEGHINO 1886 = † Mammalia, Rodentia), Suppl. Cat. Shield Rept. Coll. brit. Mus., **1** (Testud.):62. – Species typica (LINDHOLM 1929): *Emys berdmorei* BLYTH = *Morenia ocellata* (DUMÉRIL & BIBRON).

Verbreitung: Südliches Asien.

Morenia ocellata (DUMÉRIL & BIBRON)

1835 *Emys ocellata* DUMÉRIL & BIBRON, Erpétol. gén., Hist. nat. Rept., **2**:329; Taf. 15, Fig. 1, 1a. – Terra typica: Bengal.
1859 *Emys berdmorei* BLYTH, J. asiat. Soc. Bengal, Calcutta, **27**:281. – Terra typica: Burma; Sitang-Tal?, Pegu.
1889 *Morenia ocellata* – BOULENGER, Cat. Chelon. Rhynchoceph. Crocod. brit. Mus. (nat. Hist.):66; Abb. 20.
1961 *Morenia ocellata* – WERMUTH & MERTENS, Schildkr. Krokod. Brückenechs.:132; Abb. 100a–d.

Verbreitung: Hinter-Indien (südliches Burma und Tenasserim).

Morenia petersi (ANDERSON)

1879 *Batagur* (*Morenia*) *petersi* ANDERSON, Zool. Res. W-Yunnan:761; Taf. 59; Taf. 75b, Fig. 6–10. – Terra typica: Huzurapur (Jessore District), Furreedpore und Dacca.
1889 *Morenia petersi* – BOULENGER, Cat. Chelon. Rhynchoceph. Crocod. brit. Mus. (nat. Hist.):68.
1961 *Morenia petersi* – WERMUTH & MERTENS, Schildkr. Krokod. Brückenechs.:132; Abb. 101a–d.

Verbreitung: Östliches Vorder-Indien (Bengal).

Notochelys GRAY
Unterfamilie *Batagurinae*

1863 *Notochelys* GRAY (non *Notochelys* OWEN 1882 = † Testudines), Proc. zool. Soc. London, **1863**:177. – Species typica (durch Monotypie): *Emys platynota* GRAY.

Verbreitung: Südöstliches Asien.

Notochelys platynota (GRAY)

1834 *Emys platynota* GRAY, Proc. zool. Soc. London, **1834**:54. – Terra typica: Sumatra.
1863 *Notochelys platynota* – GRAY, Proc. zool. Soc. London, **1863**:177.
1881 *Cyclemys giebelii* HUBRECHT, Notes Leyden Mus., **3**:45. – Terra typica: Banka und Borneo.
1889 *Cyclemys platynota* – BOULENGER, Cat. Chelon. Rhynchoceph. Crocod. brit. Mus. (nat. Hist.):130.
1889 *Cistudo bankanensis* BLEEKER (nomen nudum) in BOULENGER, Cat. Chelon. Rhynchoceph. Crocod. brit. Mus. (nat. Hist.):131. – Patria: Banka.
1961 *Notochelys platynota* – WERMUTH & MERTENS, Schildkr. Krokod. Brückenechs.: 132; Abb. 102a–c.

Verbreitung: Hinter-Indien (südliches Vietnam: Chochinchina, und Malayische Halbinsel) sowie Sunda-Archipel (Inseln Sumatra, Banka und Borneo).

Ocadia GRAY
Unterfamilie *Batagurinae*

1870 *Ocadia* GRAY, Suppl. Cat. Shield Rept. Coll. brit. Mus., **1** (Testud.):35. – Species typica (durch Monotypie): *Emys sinensis* GRAY.

Verbreitung: Östliches und südöstliches Asien.

Ocadia sinensis (GRAY)

1834 *Emys sinensis* GRAY, Proc. zool. Soc. London, **1834**:53. – Terra typica: südliches China.
1844 *Emys bennettii* GRAY, Cat. Tort. Crocod. Amphisb. Coll. brit. Mus.:21. – Terra typica: „North America".
1870 *Ocadia sinensis* – GRAY, Suppl. Cat. Shield Rept. Coll. brit. Mus., **1** (Testud.):35.
1889 *Ocadia sinensis* – BOULENGER, Cat. Chelon. Rhynchoceph. Crocod. brit. Mus. (nat. Hist.):85; Abb. 23, 24.
1961 *Ocadia sinensis* – WERMUTH & MERTENS, Schildkr. Krokod. Brückenechs.:133; Abb. 103a–e.

Verbreitung: Östliches Hinter-Indien (Vietnam: von Tonkin südwärts bis Annam) und südliches China (Kwangtung sowie die Inseln Hainan und Formosa).

Orlitia GRAY
Unterfamilie *Batagurinae*

1873 *Orlitia* GRAY, Ann. Mag. nat. Hist., London, (4) **11**:156. – Species typica: (durch Monotypie): *Orlitia borneensis* GRAY.

1874 *Heteroclemmys* PETERS, M.Ber. k. preuß. Akad. Wiss. Berlin, **1874**:622. – Species typica (durch Monotypie): *Clemmys* (*Heteroclemmys*) *gibbera* PETERS = *Orlitia borneensis* GRAY.

*1896 *Brookeia* BARTLETT, Sarawak Gazette, **1896** (1. VI.) (fide M. A. SMITH 1931). – Species typica (durch Monotypie): *Hardella baileyi* BARTLETT 1895 = *Orlitia borneensis* GRAY.

1896 *Adelochelys* BAUR, Anatom. Anz., Jena, **12**:314. – Species typica (durch Monotypie): *Adelochelys crassa* BAUR = *Orlitia borneensis* GRAY.

1897 *Liemys* BOULENGER, Ann. Mag. nat. Hist., London, (6) **19**:468. – Species typica (durch Monotypie): *Liemys inornata* BOULENGER = *Orlitia borneensis* GRAY.

Verbreitung: Südöstliches Asien.

Orlitia borneensis GRAY

1873 *Orlitia borneensis* GRAY, Ann. Mag. nat. Hist., London, (4) **11**:157. – Terra typica: Borneo; Sistang?

1874 *Clemmys* (*Heteroclemmys*) *gibbera* PETERS, M.Ber. k. preuß. Akad. Wiss. Berlin, **1874**:622; Taf. 2. – Terra typica: Pulo Matjan, Borneo.

1889 *Bellia borneensis* – BOULENGER, Cat. Chelon. Rhynchoceph. Crocod. brit. Mus. (nat. Hist.):100.

*1895 *Hardella baileyi* BARTLETT, Sarawak Gazette, 1895 (1. V.):83. – Terra typica: Batang Lupar River, Borneo.

1896 *Adelochelys crassa* BAUR, Anat. Anz., Jena, **12**:319; Abb. 1–4. – Terra typica: unbekannt.

1897 *Liemys inornata* BOULENGER, Ann. Mag. nat. Hist., London, (6) **19**:469. – Terra typica: Lobuk Antu District, Sarawak, Borneo.

1961 *Orlitia borneensis* – WERMUTH & MERTENS, Schildkr. Krokod. Brückenechs.:135; Abb. 104a–c.

Verbreitung: Südliches Hinter-Indien (Malayische Halbinsel) und Sunda-Archipel (Inseln Sumatra und Borneo).

Pseudemys GRAY

Unterfamilie *Emydinae*

1855 *Pseudemys* GRAY, Cat. Shield Rept. Coll. brit. Mus., **1** (Testud.):33. – Species typica (STEJNEGER & BARBOUR 1917): *Testudo concinna* LE CONTE.

1857 *Ptychemys* AGASSIZ (non † *Ptychemys* POMEL [?], fide AGASSIZ 1857), Contrib. nat. Hist. U.S.A., **1**:431. – Species typica (LINDHOLM 1929): *Testudo concinna* LE CONTE.

1857 *Trachemys* AGASSIZ, Contrib. nat. Hist. U.S.A., **1**:434. – Species typica (LINDHOLM 1929): *Emys troostii* HOLBROOK = *Pseudemys scripta troostii* (HOLBROOK).

1857 *Nectemys* AGASSIZ (nomen novum pro *Ptychemys* AGASSIZ 1857), Contrib. nat. Hist. U.S.A., **2**:642.

*1863 *Callichelys* GRAY, Ann. Mag. nat. Hist., London, (3) **12**:181. – Species typica (LINDHOLM 1929): *Emys ornata* GRAY.

1870 *Redamia* GRAY, Suppl. Cat. Shield Rept. Coll. brit. Mus., **1** (Testud.):35. – Species typica (durch Monotypie): *Emys olivacea* GRAY = *Pseudemys terrapen stejnegeri* K. P. SCHMIDT.

Verbreitung: Nord-, Mittel- und Süd-Amerika.

Pseudemys concinna (LE CONTE)

Pseudemys concinnna concinna (LE CONTE)

1830 *Testudo concinna* LE CONTE, Ann. Lyc. nat. Hist., New York, **3**:106. – Terra typica restricta (K. P. SCHMIDT 1953): Columbia, Süd-Carolina.
1831 *Emys annulifera* GRAY, Synops. Rept., 1 (Cataphracta):32. – Terra typica restricta (K. P. SCHMIDT 1953): Columbia, Süd-Carolina.
1855 *Pseudemys concinna* – GRAY, Cat. Shield Rept. Coll. brit. Mus., 1 (Testud.):34.
1889 *Chrysemys concinna* – BOULENGER, Cat. Chelon. Rhynchoceph. Crocod. brit. Mus. (nat. Hist.):83.
1928 *Pseudemys elonae* BRIMLEY, J. Elisha Mitchell sci. Soc., Raleigh & Chapel Hill, **44**:67; Taf. 1; Taf. 2, Fig. 1. – Terra typica: Cape-Fear-Graben bei Elon College, Guilford County, Nord-Carolina.
1939 *Pseudemys concinna concinna* – STEJNEGER & BARBOUR, Check List north amer. Amphib. Rept., Ed **4**:163.
1961 *Pseudemys concinna concinna* – WERMUTH & MERTENS, Schildkr. Krokod. Brückenechs.:140; Abb. 105a, b.

Verbreitung: Südöstliche U.S.A. (vom östlichen Oklahoma an nordostwärts bis zum mittleren Virginia).

Pseudemys concinna hieroglyphica (HOLBROOK)

1836 *Emys hieroglyphica* HOLBROOK, North amer. Herpetol., Ed. 1, **1**:47; Taf. 2. – Terra typica: Cumberland River, Tennessee.
1851 *Emys labyrinthica* DUMÉRIL, BIBRON & DUMÉRIL, Cat. méthod. Coll. Rept.:13. – Terra typica: Wabash River, Indiana.
1889 *Chrysemys hieroglyphica* – BOULENGER, Cat. Chelon. Rhynchoceph. Crocod. brit. Mus. (nat. Hist.):76.
1939 *Pseudemys concinna hieroglyphica* – STEJNEGER & BARBOUR, Check List north amer. Amphib. Rept., Ed. **4**:164.
1961 *Pseudemys concinna hieroglyphica* – WERMUTH & MERTENS, Schildkr. Krokod. Brückenechs.:140; Abb. 106a–c.

Verbreitung: Südliche U.S.A. (im Norden: vom südöstlichen Kansas an ostwärts bis zum westlichen Kentucky; im Süden: vom östlichen Texas an ostwärts bis zum westlichen Alabama).

Pseudemys concinna hiltoni CARR

1942 *Pseudemys scripta hiltoni* CARR, Amer. Mus. Novit., New York, **1181**:1; Abb. 1–3. – Terra typica: Guirocoba, 28 Meilen südöstlich von Alamos, Sonora.
1961 *Pseudemys concinna hiltoni* – WERMUTH & MERTENS, Schildkr. Krokod. Brükkenechs.:141.

Verbreitung: Nordwestliches Mexico (südliches Sonora und nördliches Sinaloa).

Pseudemys concinna mobilensis (HOLBROOK)

1838 *Emys mobilensis* HOLBROOK, North amer. Herpetol., Ed. 1, **2**:53; Taf. 9. – Terra typica: Mobile, Alabama.
?1865 *Emys orthonyx* WIED, Nova Acta Acad. caesar. leop.-carol., Halle, **32**:23; Taf. 3. – Terra typica: Süden von New Orleans, Louisiana.

1889 *Chrysemys mobiliensis* BOULENGER (nomen substitutum pro *Ch. mobilensis*), Cat. Chelon. Rhynchoceph. Crocod. brit. Mus. (nat. Hist.):85.
1928 *Pseudemys vioscana* BRIMLEY, J. Elisha Mitchell sci. Soc., Raleigh & Chapel Hill, **44**:66; Taf. 2, Fig. 2. – Terra typica: Lake des Allemands, Louisiana.
1939 *Pseudemys concinna mobilensis* – STEJNEGER & BARBOUR, Check List north amer. Amphib. Rept., Ed. **4**:164.
1961 *Pseudemys concinna mobilensis* – WERMUTH & MERTENS, Schildkr. Krokod. Brückenechs.:141; Abb. 107a, b.

Verbreitung: Südöstliche U.S.A. (Küstengebiete vom südöstlichen Texas an ostwärts bis zum westlichen Florida).

Pseudemys concinna suwanniensis CARR

1937 *Pseudemys floridana suwanniensis* CARR, Occ. Pap. Mus. Zool. Univ. Michigan, Ann Arbor, **348**:4; Taf. 1, Fig. 1–4. – Terra typica: Suwannee River bei Manatee Springs, Levy Dixie County Line, Florida.
1939 *Pseudemys concinna suwanniensis* – STEJNEGER & BARBOUR, Check List north amer. Amphib. Rept., Ed. **4**:164.
1961 *Pseudemys concinna suwanniensis* – WERMUTH & MERTENS, Schildkr. Krokod. Brückenechs.:142.
1966 *Pseudemys concinna suuranniensis* RHODES (ex errore pro *P. s. suwanniensis*), Zool. Record, London, **101** (Rept., 17):55.
1974 *Pseudemys suenniensis* DADD (ex errore pro *P. suwanniensis*), Zool. Record, London, **108** (1971, Sect. 17, Rept.):86.

Verbreitung: Südöstliche U.S.A. (Suwannee River in Florida).

Pseudemys concinna texana BAUR

1893 *Pseudemys texana* BAUR, Proc. amer. philos. Soc., Philadelphia, **31**:223. – Terra typica: San Antonio, Texas.
1958 *Pseudemys concinna texana* – CONANT, Field Guide Rept. Amphib. U.S.:59; Taf. 12, Fig.
1961 *Pseudemys concinna texana* – WERMUTH & MERTENS, Schildkr. Krokod. Brükkenechs.:143.

Verbreitung: Südliche U.S.A. (mittleres und südwestliches Texas) sowie nordöstliches Mexico (Nuevo Leon).

Pseudemys dorbigni (DUMÉRIL & BIBRON)

Pseudemys dorbigni dorbigni (DUMÉRIL & BIBRON)

1835 *Emys dorbigni* DUMÉRIL & BIBRON, Erpétol. gén., Hist. nat. Rept., **2**:272. – Terra typica: Buenos Aires.
1889 *Chrysemys dorbignyi* BOULENGER (nomen substitutum pro *P. dorbigni*), Cat. Chelon. Rhynchoceph. Crocod. brit. Mus. (nat. Hist.):80.
1934 *Pseudemys dorbigni* – MERTENS, L. MÜLLER & RUST, Bl. Aqu.- u. Terr.-Kunde, Stuttgart, **45**:60.
1961 *Pseudemys dorbigni* – WERMUTH & MERTENS, Schildkr. Krokod. Brückenechs.: 143; Abb. 108a–c.
1969 *Pseudemys dorbignyi dorbignyi* – FREIBERG, Physis, Buenos Aires, **77**:308; Abb. 13–19.

Verbreitung: Nordöstliches Argentinien (Entre Rios) und Uruguay.

P s e u d e m y s d o r b i g n i b r a s i l i e n s i s FREIBERG

1969 *Pseudemys dorbignyi brasiliensis* FREIBERG, Physis, Buenos Aires, 77:308; Abb. 2–15. – T e r r a t y p i c a : Rio Guaíba, Rio Grande do Sul.

V e r b r e i t u n g : Südliches Brasilien (Rio Grande do Sul; bisher nur von der Terra typica bekannt).

Pseudemys floridana (LE CONTE)

P s e u d e m y s f l o r i d a n a f l o r i d a n a (LE CONTE)

1830 *Testudo floridana* LE CONTE, Ann. Lyc. nat. Hist., New York, 3:100. – T e r r a t y p i c a : St. John's River, östliches Florida.
1893 *Pseudemys floridana* – BAUR, Proc. amer. philos. Soc., Philadelphia, 31:223.
1935 *Pseudemys floridana floridana* – CARR, Copeia, New York &c., **1935**:147; Abb. 2.
?1957 *Pseudemys virginica* PASTEELS (ex errore?), Ann. Soc. Zool. Belgique, Bruxelles, 87:219.
1960 *Pseudemys floridiana* BATTERSBY (error typographicus pro *P. floridana*), Zool. Record, London, **94** (1957, 16B):92.
1961 *Pseudemys floridana floridana* – WERMUTH & MERTENS, Schildkr. Krokod. Brückenechs.:145; Abb. 109a–c.

V e r b r e i t u n g : Südöstliche U.S.A. (vom südöstlichen Alabama an längs der Küste nordostwärts über das nördliche Florida bis Maryland).

P s e u d e m y s f l o r i d a n a h o y i (AGASSIZ)

1857 *Ptychemys hoyi* AGASSIZ, Contrib. nat. Hist U.S.A., 1:433. – T e r r a t y p i c a r e s t r i c t a (K. P. SCHMIDT 1953): Umgebung von Springfield, Missouri.
1952 *Pseudemys floridana hoyi* – CARR, Handb. Turtl. U.S.:307; Abb. 19b; Abb. 20, Fig. a–d; Taf. 58, Fig. a–d.
1961 *Pseudemys floridana hoyi* – WERMUTH & MERTENS, Schildkr. Krokod. Brückenechs.:145.

V e r b r e i t u n g : Südliche U.S.A. (im Norden: von südöstlichen Kansas an ostwärts bis zum südlichen Illinois und zum westlichen Kentucky; im Süden: vom östlichen Texas an ostwärts bis zum südwestlichen Alabama).

P s e u d e m y s f l o r i d a n a p e n i n s u l a r i s CARR

1938 *Pseudemys floridana peninsularis* CARR, Copeia, New York & c., **1938**:105. – T e r r a t y p i c a : Crystal Springs, Pasco County, Florida.
1961 *Pseudemys floridana peninsularis* – WERMUTH & MERTENS, Schildkr. Krokod. Brückenechs.:145.

V e r b r e i t u n g : Südöstliche U.S.A. (Halbinsel Florida, mit Ausnahme des äußersten Nordens und Südens, sowie Florida Keys).

Pseudemys grayi (BOCOURT)

1868 *Emys grayi* BOCOURT (non *Emys grayi* GÜNTHER 1869), Ann. Sci. nat., Paris (5) **10**:121. – T e r r a t y p i c a : Rio Nagualate, Guatemala.
1876 *Emys umbra* BOCOURT („nomen novum" pro *Emys grayi* BOCOURT 1868), J. Zool., Paris, 5:411.

1889 *Chrysemys grayi* – BOULENGER, Cat. Chelon. Rhynchoceph. Crocod. brit. Mus. (nat. Hist.):82.
1938 *P[seudemys] grayi* – CARR, Herpetologica, Chicago, 1:132.
1961 *Pseudemys grayi* – WERMUTH & MERTENS, Schildkr. Krokod. Brückenechs.:145; Abb. 110a–c.

Verbreitung: Südliches Mexico (pazifisches Küstengebiet östlich des Isthmus' von Tehuantepec), Guatemala und El Salvador.

Pseudemys ornata (GRAY)

Pseudemys ornata ornata (GRAY)

1831 *Emys ornata* GRAY, Synops. Rept., 1 (Cataphracta):30. – Terra typica: Mazatlan, Sinaloa, Mexico.
1855 *Emys venusta* GRAY, Cat. Shield Rept. Coll. brit. Mus., 1 (Testud.):24; Taf. 12a. – Terra typica: Honduras.
?1855 *Emys ventricosa* GRAY, Cat. Shield Rept. Coll. brit. Mus., 1 (Testud.):28; Taf. 14. – Terra typica: unbekannt.
?1860 *Emys valida* LE CONTE, Proc. Acad. nat. Sci. Philadelphia, 1859:7. – Terra typica designata (SMITH & TAYLOR 1950): Honduras.
1876 *Pseudemys ornata* – COPE, J. Acad. nat. Sci. Philadelphia, (2) 8:153.
1885 *Emys salvini* GÜNTHER, Biol. centr.-amer., Rept.:4; Taf. 2, 3. – Terra typica: Guatemala.
1885 *Emys cataspila* GÜNTHER, Biol. centr.-amer., Rept.:4; Taf. 6, Fig. b. – Terra typica restricta (SMITH & TAYLOR 1950): Alvarado, Veracruz.
1889 *Chrysemys ornata* – BOULENGER, Cat. Chelon. Rhynchoceph. Crocod. brit. Mus. (nat. Hist.):80.
1889 *Chrysemys ornata* var. *cataspila* – BOULENGER, Cat. Chelon. Rhynchoceph. Crocod. brit. Mus. (nat. Hist.):82.
1934 *Pseudemys ornata ornata* – MERTENS, L. MÜLLER & RUST, Bl. Aqu.- u. Terr.-Kunde, Stuttgart, 45:60.
1961 *Pseudemys ornata ornata* – WERMUTH & MERTENS, Schildkr. Krokod. Brückenechs.:147; Abb. 111a–c.

Verbreitung: Südliches Mexico (von Sinaloa und Tamaulipas an südostwärts bis Chiapas, Tabasco, Campeche und Yucatan), Guatemala, Honduras, Nicaragua, Costa Rica und Panama.

Pseudemys ornata callirostris (GRAY)

1855 *Emys callirostris* GRAY, Cat. Shield Rept. Coll. brit. Mus., 1 (Testud.):25; Taf. 12b. – Terra typica restricta (L. MÜLLER 1940): Rio Magdalena, Columbien.
1855 *Emys callorostris* GRAY (ex errore pro *E. callirostris*), Cat. Shield Rept. Coll. brit. Mus., 1 (Testud.):Taf. 12b.
1887 *Pseudemys callirostris* – COPE, Bull. U.S. nation. Mus., Washington, 32:22.
1889 *Chrysemys ornata* var. *callirostris* – BOULENGER, Cat. Chelon. Rhynchoceph. Crocod. brit. Mus. (nat. Hist.):82.
1961 *Pseudemys ornata callirostris* – WERMUTH & MERTENS, Schildkr. Krokod. Brükkenechs.:148; Abb. 112a–c.

Verbreitung: Nördliches Süd-Amerika (von Columbien an ostwärts bis Venezuela).

Pseudemys ornata nebulosa (VAN DENBURGH)

1895 *Chrysemys nebulosa* VAN DENBURGH, Proc. californ. Acad. Sci., San Francisco, (2) **5**:84; Taf. 4–6. – Terra typica restricta (SMITH & TAYLOR 1950): Los Dolores, Baja California.
1917 *Pseudemys ornata nebulosa* – STEJNEGER & BARBOUR, Check List north amer. Amphib. Rept., Ed. **1**:120.
1961 *Pseudemys ornata nebulosa* – WERMUTH & MERTENS, Schildkr. Krokod. Brückenechs.:149.

Verbreitung: Nordwestliches Mexico (Süden von Baja California).

Pseudemys ornata yaquia LEGLER & WEBB

1970 *Pseudemys scripta yaquia* LEGLER & WEBB, Herpetologica, Lawrence, **26**:158; Abb. 1, 2. – Terra typica: Rio Mayo, Conicarist, Sonora, Mexico (27° 14′ N, 109° 06′ W).

Verbreitung: Rio Mayo, Rio Yaqui, Rio Sonora und Rio Chico in Sonora, Mexico.

Pseudemys rubriventris (LE CONTE)

Pseudemys rubriventris rubriventris (LE CONTE)

1830 *Testudo rubriventris* LE CONTE, Ann. Lyc. nat. Hist., New York, **3**:101. – Terra typica: Delaware River bei Trenton, New Jersey.
1835 *Emys irrigata* BELL in DUMÉRIL & BIBRON, Erpétol. gén., Hist. nat. Rept., **2**:276. – Terra typica restricta (K. P. SCHMIDT 1953): Umgebung von Trenton, New Jersey.
1844 *Emys rivulata* GRAY (non *Emys rivulata* VALENCIENNES 1833), Cat. Tort. Crocod. Amphisb. Coll. brit. Mus.:22. – Terra typica restricta (K. P. SCHMIDT 1953): Umgebung von Trenton, New Jersey.
1889 *Chrysemys rubriventris* – BOULENGER, Cat. Chelon. Rhynchoceph. Crocod. brit. Mus. (nat. Hist.):84.
1899 *Pseudemys rubriventris* – JORDAN, Man. vertebr. Anim. U.S., Ed. **8**:209.
1937 *Pseudemys rubriventris rubriventris* – BABCOCK, Occ. Pap. Boston Soc. nat. Hist., **8**:293.
1961 *Pseudemys rubriventris rubriventris* – WERMUTH & MERTENS, Schildkr. Krokod. Brückenechs.:149; Abb. 113a–d.

Verbreitung: Östliche U.S.A. (vom südlichen New Jersey an südwärts längs der Küste bis zum nordöstlichen Nord-Carolina).

Pseudemys rubriventris alabamensis BAUR

1893 *Pseudemys alabamensis* BAUR, Proc. amer. philos. Soc., Philadelphia, **31**:224. – Terra typica: Mobile Bay, Alabama.
1961 *Pseudemys rubriventris alabamensis* – WERMUTH & MERTENS, Schildkr. Krokod. Brückenechs.:149.

Verbreitung: Südöstliche U.S.A. (vom südlichen Alabama an längs der Küste ostwärts bis zum nordwestlichen Florida).

P s e u d e m y s r u b r i v e n t r i s b a n g s i BABCOCK

1937 *Pseudemys rubriventris bangsi* BABCOCK, Occ. Pap. Boston Soc. nat. Hist., 8:293. – Terra typica: Boot Pond, Plymouth County, Massachusetts.
1961 *Pseudemys rubriventris bangsi* – WERMUTH & MERTENS, Schildkr. Krokod. Brükkenechs.:151.

V e r b r e i t u n g: Nordöstliche U.S.A. (Küstengebiet von Massachusetts).

P s e u d e m y s r u b r i v e n t r i s n e l s o n i CARR

1938 *Pseudemys nelsoni* CARR, Occ. Pap. Boston Soc. nat. Hist., 8:307; Abb. 1. – Terra typica: Fellsmere, Indian River County, Florida.
1951 *Pseudemys rubriventris nelsoni* – MERTENS, Zw. Atlantik u. Pazifik:71; Abb. 36.
1961 *Pseudemys rubriventris nelsoni* – WERMUTH & MERTENS, Schildkr. Krokod. Brükkenechs.:151; Abb. 114a–c.

V e r b r e i t u n g: Südöstliche U.S.A. (Halbinsel Florida).

Pseudemys scripta (SCHOEPFF)

P s e u d e m y s s c r i p t a s c r i p t a (SCHOEPFF)

1792 *Testudo scripta* SCHOEPFF, Hist. Testud. Icon. illustr.:16; Taf. 3, Fig. 4, 5. – Terra typica designata (K. P. SCHMIDT 1953): Charleston, Süd-Carolina.
1802 *Testudo serrata* DAUDIN, Hist. nat. gén. part. Rept., 2:148. – Terra typica: Carolina.
1831 *Emys vittata* GRAY, Synops. Rept., 1 (Cataphracta):28. – Terra typica: Nord-Amerika.
1889 *Chrysemys scripta* – BOULENGER, Cat. Chelon. Rhynchoceph. Crocod. brit. Mus. (nat. Hist.):77; Abb. 21, 22.
1899 *Pseudemys scripta* – JORDAN, Man. vertebr. Anim. U.S., Ed. 8:209.
1937 *Pseudemys scripta scripta* – CARR, Herpetologica, Chicago, 1:76; Taf. 7, Fig. 1, 2.
1961 *Pseudemys scripta scripta* – WERMUTH & MERTENS, Schildkr. Krokod. Brückenechs.:151; Abb. 115.

V e r b r e i t u n g: Östliche und südöstliche U.S.A. (vom südwestlichen Virginia an südwärts bis zum nördlichen Florida).

P s e u d e m y s s c r i p t a e l e g a n s (WIED)

1839 *Emys elegans* WIED, Reise N.-Amer., 1:213. – Terra typica: Fox River bei New Harmony, Indiana.
1844 *Emys holbrookii* GRAY, Cat. Tort. Crocod. Amphisb. Coll. brit. Mus.:23. – Terra typica: Louisiana.
1855 *Emys sanguinolenta* GRAY, Cat. Shield Rept. Coll. brit. Mus., 1 (Testud.):26; Taf. 15, Fig. 1. – Terra typica: Nord-Amerika.
1873 *Trachemys lineata* GRAY, Ann. Mag. nat. Hist., London, (4) 11:147. – Terra typica restricta (K. P. SCHMIDT 1953): New Harmony, Indiana.
1889 *Chrysemys scripta* var. *elegans* – BOULENGER, Cat. Chelon. Rhynchoceph. Crocod. brit. Mus. (nat. Hist.):78.
1944 *Pseudemys scripta elegans* – CAGLE, Copeia, New York & c., 1944:105.
1961 *Pseudemys scripta elegans* – WERMUTH & MERTENS, Schildkr. Krokod. Brückenechs.:152; Abb. 116a–d.

V e r b r e i t u n g: Mittlere und östliche U.S.A. (im Norden: vom östlichen Kansas an ostwärts bis Kentucky; im Süden: von Texas und dem angrenzenden New Mexico an ostwärts bis Alabama) sowie nordöstliches Mexico.

P s e u d e m y s s c r i p t a g a i g e a e HARTWEG

1939 *Pseudemys scripta gaigeae* HARTWEG, Occ. Pap. Mus. Zool. Univ. Michigan, Ann Arbor, **397**:1. – T e r r a t y p i c a : Boquillas, Rio Grande River, Brewster County, Texas.
1961 *Pseudemys scripta gaigeae* – WERMUTH & MERTENS, Schildkr. Krokod. Brückenechs.:153.

V e r b r e i t u n g : Südliche U.S.A. (südwestliches Texas) und nördliches Mexico (Coahuila und Durango).

P s e u d e m y s s c r i p t a t a y l o r i LEGLER

1960 *Pseudemys scripta taylori* LEGLER, Univ. Kansas Publ., Mus. nat. Hist., Lawrence, **13**:75; Abb. 1, 2; Taf. 9–11; Taf. 12, Fig. [unten, rechts]. – T e r r a t y p i c a : 16 km südlich von Cuatro Cienegas, Coahuila.

V e r b r e i t u n g : Cuatro Cienegas, Coahulia, Mexico.

P s e u d e m y s s c r i p t a t r o o s t i i (HOLBROOK)

1836 *Emys troostii* HOLBROOK, North amer. Herpetol., Ed. 1, **1**:55; Taf. 4. – T e r r a t y p i c a : Cumberland River, Tennessee.
1840 *Emys cumberlandensis* HOLBROOK, North amer. Herpetol., Ed. 1, **4**:35; Taf. 8. – T e r r a t y p i c a : Cumberland River, Tennessee.
1889 *Chrysemys troostii* – BOULENGER, Cat. Chelon. Rhynchoceph. Crocod. brit. Mus. (nat. Hist.):76.
1937 *Pseudemys scripta troostii* – CARR, Herpetologica, Chicago, **1**:76; Taf. 7, Fig. 5, 6.
1961 *Pseudemys scripta troostii* – WERMUTH & MERTENS, Schildkr. Krokod. Brückenechs.:153; Abb. 117a, b.

V e r b r e i t u n g : Östliche U.S.A. (nördliches Kentucky, östliches Tennessee und nordöstliches Alabama).

Pseudemys terrapen (LACÉPÈDE)

P s e u d e m y s t e r r a p e n t e r r a p e n (LACÉPÈDE)

1788 [*Testudo*] *terrapen* LACÉPÈDE, Hist. nat. Quadrup. ovip., **1**: Synops. method., 129. – T e r r a t y p i c a : Jamaica.
1789 *Testudo palustris* GMELIN, LINN. Syst. Nat., Ed. 13, **1**:1041. – T e r r a t y p i c a : Jamaica.
1798 *Testudo fasciata* SUCKOW (partim; non *Testudo fasciata* DAUDIN 1802), Anfangsgr. Naturgesch. Thiere, **3**:40. – T e r r a t y p i c a : „Amboina und Virginia".
1831 *Emys rugosa* var. *livida* GRAY, Synops. Rept., **1** (Cataphracta):30. – T e r r a t y p i c a : unbekannt.
1889 *Chrysemys scripta* var. *rugosa* – BOULENGER (partim), Cat. Chelon. Rhynchoceph. Crocod. brit. Mus. (nat. Hist.):79.
1935 *Pseudemys felis* BARBOUR, Occ. Pap. Boston Soc. nat. Hist., **8**:205; Abb. 1. – T e r r a t y p i c a : Tea Bay, Cat Island.
1940 *Pseudemys terrapen* – BARBOUR & CARR, Mem. Mus. comp. Zool., Cambridge (Massachusetts), **54**:391; Taf. 4; Taf. 7, Fig. 2.
1955 *Pseudemys terrapen terrapen* – MERTENS & WERMUTH, Zool. Jb., Syst., Jena, **83**:366.

1961 *Pseudemys terrapen terrapen* – WERMUTH & MERTENS, Schildkr. Krokod. Brükkenechs.:157; Abb. 118a–d.

Verbreitung: Antillen-Archipel (Insel Jamaica); anscheinend auch auf Cat Island eingeführt.

Pseudemys terrapen decorata BARBOUR & CARR

1940 *Pseudemys decorata* BARBOUR & CARR, Mem. Mus. comp. Zool., Cambridge (Massachusetts), **54**:409; Taf. 2, Fig. 1; Taf. 7, Fig. 3; Taf. 9, Fig. 3, 4. – Terra typica: Fond Parisien, Haiti.
1955 *Pseudemys terrapen decorata* – MERTENS & WERMUTH, Zool. Jb., Syst., Jena, **83**:366.
1961 *Pseudemys terrapen decorata* – WERMUTH & MERTENS, Schildkr. Krokod. Brükkenechs.:157; Abb. 119a–c.

Verbreitung: Antillen-Archipel (westliches Hispaniola: Haiti und Ile de Vache).

Pseudemys terrapen granti BARBOUR & CARR

1941 *Pseudemys granti* BARBOUR & CARR, Proc. New England zool. Club, Boston, **18**: 59. – Terra typica: Grand Cayman Island.
1955 *Pseudemys terrapen granti* – MERTENS & WERMUTH, Zool. Jb., Syst., Jena, **83**: 367.
1961 *Pseudemys terrapen granti* – WERMUTH & MERTENS, Schildkr. Krokod. Brückenechs.:158.

Verbreitung: Antillen-Archipel (Grand Cayman Island).

Pseudemys terrapen malonei BARBOUR & CARR

1938 *Pseudemys malonei* BARBOUR & CARR, Proc. New England zool. Club, Boston, **17**:76. – Terra typica: Gewässer bei Northwest Point, Great Inagua Island.
1955 *Pseudemys terrapen malonei* – MERTENS & WERMUTH, Zool. Jb., Syst., Jena, **83**:367.
1961 *Pseudemys terrapen malonei* – WERMUTH & MERTENS, Schildkr. Krokod. Brükkenechs.:158.

Verbreitung: Bahamas (Great Inagua Island).

Pseudemys terrapen rugosa (SHAW)

1802 *Testudo rugosa* SHAW (non *Testudo rugosa* DAUDIN 1802), Gen. Zool., Syst. nat. Hist., **3**:28; Taf. 4. – Terra typica designata (MITTLEMAN 1947): Rio Jobabo, Western Oriente, Cuba.
1831 *Emys decussata* GRAY, Synops. Rept., **1** (Cataphracta):28. – Terra typica: Westindien.
1844 *Emys vermiculata* GRAY, Cat. Tort. Crocod. Amphisb. Coll. brit. Mus.:25. – Terra typica: Westindien.
1861 *Emys jamao* DUMÉRIL (nomen nudum), Arch. Mus. Hist. nat., Paris, **10**:435, 445.
1868 *Emys gnatho* VILARÓ in POEY, Repert. fis.-nat. Cuba, **2**:121. – Terra typica: Cuba.
1868 *Emys jamao* VILARÓ in POEY, Repert. fis.-nat. Cuba, **2**:121. – Terra typica: Havanna, Cuba.
1889 *Chrysemys scripta* var. *rugosa* – BOULENGER (partim), Cat. Chelon. Rhynchoceph. Crocod. brit. Mus. (nat. Hist.):79.

1940 *Pseudemys decussata angusta* BARBOUR & CARR, Mem. Mus. comp. Zool., Cambridge (Massachusetts), **54**:402; Abb. 2. – Terra typica: Taco River, Pinar del Rio, Cuba.
1940 *Pseudemys decussata plana* BARBOUR & CARR, Mem. Mus. comp. Zool., Cambridge (Massachusetts), **54**:405; Abb. 3; Taf. 5; Taf. 8, Fig. 1, 3, 8. – Terra typica: Rio Jobabo, Western Oriente, Cuba.
1947 *Pseudemys rugosa rugosa* – MITTLEMAN, Herpetologica, Chicago, **3**:176.
1955 *Pseudemys terrapen decussata* – MERTENS & WERMUTH, Zool. Jb., Syst., Jena, **83**:366.
1961 *Pseudemys terrapen rugosa* – WERMUTH & MERTENS, Schildkr. Krokod. Brückenechs.:158; Abb. 120a–e.

Verbreitung: Antillen-Archipel (Cuba und Isle of Pines).

Pseudemys terrapen stejnegeri SCHMIDT

1855 *Emys olivacea* GRAY (non *Emys olivacea* SCHWEIGGER 1812), Cat. Shield Rept. Coll. brit. Mus., **1** (Testud.):30; Taf. 12c. – Terra typica: „? Nord-Amerika".
1928 *Pseudemys stejnegeri* K. P. SCHMIDT, Sci. Surv. Porto Rico, New York Acad. Sci., **10**:147; Abb. 51. – Terra typica: San Juan, Porto Rico.
1940 *Pseudemys stejnegeri stejnegeri* – BARBOUR & CARR, Mem. Mus. comp. Zool., Cambridge (Massachusetts), **54**:406; Abb. 4; Taf. 2, Fig. 2, 3; Taf. 7, Fig. 4.
1955 *Pseudemys terrapen stejnegeri* – MERTENS & WERMUTH, Zool. Jb., Syst., Jena, **83**:367.
1961 *Pseudemys terrapen stejnegeri* – WERMUTH & MERTENS, Schildkr. Krokod. Brükkenechs.:160; Abb. 121a–c.

Verbreitung: Antillen-Archipel (Porto Rico; Vieques Island?).

Pseudemys terrapen vicina BARBOUR & CARR

1940 *Pseudemys stejnegeri vicina* BARBOUR & CARR, Mem. Mus. comp. Zool., Cambridge (Massachusetts), **54**:408. – Terra typica: Sanchez, San Domingo.
1955 *Pseudemys terrapen vicina* – MERTENS & WERMUTH, Zool. Jb., Syst., Jena, **83**:367.
1961 *Pseudemys terrapen vicina* – WERMUTH & MERTENS, Schildkr. Krokod. Brückenechs.:161.

Verbreitung: Antillen-Archipel (östliches Hispaniola: San Domingo).

Pyxidea GRAY

Unterfamilie *Batagurinae*

1863 *Pyxidea* GRAY, Proc. zool. Soc. London, **1863**:175. – Species typica (durch Monotypie): *Cyclemys mouhotii* GRAY.

Verbreitung: Südöstliches Asien.

Pyxidea mouhotii (GRAY)

1862 *Cyclemys mouhotii* GRAY, Ann. Mag. nat. Hist., London, (3) **10**:157. – Terra typica: Bergland von Laos.
1889 *Cyclemys mouhotii* – BOULENGER, Cat. Chelon. Rhynchoceph. Crocod. brit. Mus. (nat. Hist.):132.
1958 *Pyxidea mouboti* – H. M. SMITH & JAMES (error typographicus pro *P. mouhotii*), Transact. Kansas Acad. Sci., Lawrence, **61**:91.

1961 *Cyclemys mouhotii* – WERMUTH & MERTENS, Schildkr. Krokod. Brückenechs.:75; Abb. 50a–d.

V e r b r e i t u n g: Östliches Vorder-Indien (Assam), Hinter-Indien (nördliches Thailand, Laos, nördliches Vietnam: Tonkin und nördliches Annam) und Insel Hainan.

Siebenrockiella LINDHOLM

Unterfamilie *Batagurinae*

1869 *Bellia* GRAY (non *Bellia* MILNE-EDWARDS 1848 = Crustacea, non *Bellia* BATE 1851 = Crustacea; non *Bellia* TUTT = Lepidoptera), Proc. zool. Soc. London, **1869**: 197. – S p e c i e s t y p i c a (durch Monotypie) *Emys crassicollis* GRAY.
1929 *Siebenrockiella* LINDHOLM (nomen novum pro *Bellia* GRAY 1869), Zool. Anz., Leipzig, **81**:280.

V e r b r e i t u n g: Südöstliches Asien.

Siebenrockiella crassicollis (GRAY)

1831 *Emys crassicollis* GRAY, Synops. Rept., **1** (Cataphracta) 21. – T e r r a t y p i c a: Sumatra.
1855 *Emys nigra* BLYTH (non *Emys nigra* HALLOWELL 1854), J. asiat. Soc. Bengal, Calcutta, **24**:713. – T e r r a t y p i c a: Tenasserim.
1876 *Bellia crassilabris* THEOBALD (ex errore pro *E. crassicollis*), Cat. Rept. brit. Ind.:10.
1885 *Pangshura cochinchinensis* TIRANT, Rept. Batr. Cochinchina:15. – T e r r a t y p i c a: Cochinchina.
1889 *Bellia crassicollis* – BOULENGER, Cat. Chelon. Rhynchoceph. Crocod. brit. Mus. (nat. Hist.):98; Abb. 27, 28.
1934 *Siebenrockiella crassicollis* – MERTENS, L. MÜLLER & RUST, Bl. Aqu.- u. Terr.-Kunde, Stuttgart, **45**:61.
1961 *Siebenrockiella crassicollis* – WERMUTH & MERTENS, Schildkr. Krokod. Brückenechs.:161; Abb. 122a–d.

V e r b r e i t u n g: Hinter-Indien (Tenasserim, Thailand, südliches Vietnam: Cochinchina und Malayische Halbinsel) sowie Sunda-Archipel (Inseln Sumatra, Borneo und Java).

Terrapene MERREM

Unterfamilie *Emydinae*

1820 *Terrapene* MERREM, Tent. Syst. Amphib.:27. – S p e c i e s t y p i c a (STEJNEGER 1902): *Testudo clausa* GMELIN = *Terrapene carolina* (LINNAEUS).
*1822 *Therapene* SCHINZ (ex errore pro *Terrapene* MERREM), CUVIER's Thierreich, **2**:13.
1822 *Cistuda* FLEMING, Philos. Zool., **2**:270. – S p e c i e s t y p i c a: „Box Tortoise."
1825 *Cistudo* SAY (nomen substitutum pro *Cistuda* FLEMING), J. Acad. nat. Sci. Philadelphia, **4**:214.
1825 *Terraphene* GRAY (ex errore pro *Terrapene* MERREM), Ann. Philos., London, (2) **10**:211.
1832 *Didicla* RAFINESQUE (partim), Atlant. J. Friend Knowl., Philadelphia, **1**:64. – S p e c i e s t y p i c a e: *Testudo clausa* GMELIN [= *Terrapene carolina* (LINNAEUS)] + *Testudo odorata* LATREILLE [= *Sternotherus odoratus* (LATREILLE)].
1835 *Pyxidemys* FITZINGER, Ann. wien. Mus. Naturgesch., **1**:114. – S p e c i e s t y p i c a (FITZINGER 1843): *Testudo clausa* GMELIN = *Terrapene carolina* (LINNAEUS).

*1844 *Pyxidemis* AGASSIZ (nomen substitutum pro *Pyxidemys* FITZINGER), Nomencl. zool., Rept.:38.
1844 *Emyoides* GRAY, Cat. Tort. Crocod. Amphisb. Coll. brit. Mus.:27. – Species typica (durch Monotypie): *Emys kinosternoides* GRAY = *Terrapene carolina* (LINNAEUS).
*1847 *Cistula* GRAY (ex errore pro *Cistuda* FLEMING), Ann. Philos., London, (2) **10**:211.
1849 *Onychotria* GRAY, Proc. zool. Soc. London, **1849**:17. – Species typica (durch Monotypie): *Cistudo* (*Onychotria*) *mexicana* GRAY.
*1848 *Terrapenne* GISTEL (ex errore pro *Terrapene* MERREM), Naturgesch. Thierr.:98.
1889 *Diclida* BOULENGER (ex errore pro *Didicla* RAFINESQUE), Cat. Chelon. Rhynchoceph. Crocod. brit. Mus. (nat. Hist.):33, 114.
1895 *Pariemys* COPE, Amer. Natural., Philadelphia, **29**:757. – Species typica (durch Monotypie): *Terrapene bauri* TAYLOR.
1895 *Toxaspis* COPE, Amer. Natural., Philadelphia, **29**:757. – Species typica (durch Monotypie): *Cistudo major* AGASSIZ.
1925 *Terepene* PROCTER (ex errore pro *Terrapene* MERREM), Zool. Record, **61** (1924, Rept. Batr.):36.

Verbreitung: Nord-Amerika (vom südlichen Canada südwärts bis Mexico).

Terrapene carolina (LINNAEUS)

Terrapene carolina carolina (LINNAEUS)

1758 *Testudo carolina* LINNAEUS, Syst. Nat., Ed. 10, **1**:198. – Terra typica restricta (K. P. SCHMIDT 1953): Umgebung von Charleston, Süd-Carolina.
1758 *Testudo carinata* LINNAEUS, Syst. Nat., Ed. 10, **1**:198. – Terra typica restricta (K. P. SCHMIDT 1953): Umgebung von Charleston, Süd-Carolina.
1788 *Testudo brevi-caudata* LACÉPÈDE (nomen substitutum pro *Testudo carolina*), Hist. nat. Quadrup. ovip., **1** (Synops. method.):169.
1789 *Testudo incarcerata* BONNATERRE, Tabl. encycl. méthod. trois Règn. Nat., Erpétol.: 29. – Terra typica restricta (K. P. SCHMIDT 1953): Philadelphia, Pennsylvania.
1789 *Testudo incarcerato-striata* BONNATERRE, Tabl. encycl. méthod. trois Règn. Nat., Erpétol.:29. – Terra typica restricta (K. P. SCHMIDT 1953): Umgebung von Philadelphia, Pennsylvania.
1789 *Testudo clausa* GMELIN, LINN. Syst. Nat., Ed. 13, **1**:1042. – Terra typica restricta (K. P. SCHMIDT 1953): Umgebung von Philadelphia, Pennsylvania.
1801 *Testudo virgulata* LATREILLE, Hist. nat. Rept., **4**:100; Taf. 4, Fig. 2. – Terra typica: Charleston, Süd-Carolina.
1802 *Testudo caroliniana* DAUDIN (ex errore pro *T. carolina*), Hist. nat. gén. part. Rept., **2**:207.
1812 *Emys schneideri* SCHWEIGGER, Königsberg. Arch. Naturwiss. Math., **1**:317. – Terra typica designata (K. P. SCHMIDT 1953): Umgebung von Philadelphia, Pennsylvania.
1822 *Monoclida kentukensis* RAFINESQUE, Kentucky Gazette, Lexington, (n. S.) **1** (24):5. – Terra typica: Kentucky.
1825 *Terrapene carolina* – BELL, Zool. J., London, **2**:309.
1825 *Terrapene maculata* BELL, Zool. J., London, **2**:309. – Terra typica designata (K. P. SCHMIDT 1953): Umgebung von Philadelphia, Pennsylvania.
1825 *Terrapene nebulosa* BELL, Zool. J., London, **2**:310. – Terra typica designata (K. P. SCHMIDT 1953): Umgebung von Philadelphia, Pennsylvania.
1829 *Emys tritentaculata* AUGUSTE DE ST. HILAIRE (nomen nudum) in CUVIER, Règne animal, Ed. 2, **2**:11.
1831 *Testudo irregulata* DAUDIN (nomen nudum) in GRAY in GRIFFITH, Animal Kingdom of CUVIER, **9** (Synops. Spec. Class Rept.):7.

1831 *Emys kinosternoides* GRAY, Synops. Rept., 1 (Cataphracta):32. – Terra typica designata (K. P. SCHMIDT 1953): Umgebung von Philadelphia, Pennsylvania.
1857 *Cistudo virginea* AGASSIZ, Contrib. nat. Hist. U.S.A., 1:445; 2:Taf. 4, Fig. 17–19; Taf. 7, Fig. 10–14. – Terra typica restricta (K. P. SCHMIDT 1953): Cambridge, Massachusetts.
1889 *Cistudo carolina* – BOULENGER, Cat. Chelon. Rhynchoceph. Crocod. brit. Mus. (nat. Hist.):115; Abb. 32, 33.
1889 *Cistudo carolina* var. *cinosternoides* BOULENGER (partim; nomen substitutum pro *c. kinosternoides*), Cat. Chelon. Rhynchoceph. Crocod. brit. Mus. (nat. Hist.):117.
1917 *Terrapene carolina carolina* – STEJNEGER & BARBOUR, Check List north amer. Amphib. Rept., Ed. 1:115.
1961 *Terrapene carolina carolina* – WERMUTH & MERTENS, Schildkr. Krokod. Brückenechs.:163; Abb. 123a–d.
1967 *Terrapene carolina carolina* – MILSTEAD & TINKLE, Copeia, New York &c., 1967: 186.

Verbreitung: Nordöstliche und östliche U.S.A. (im Norden: von Michigan an ostwärts bis Maine; im Süden: vom nördlichen Mississippi an ostwärts bis Georgia).

Terrapene carolina bauri TAYLOR

1895 *Terrapene bauri* TAYLOR, Proc. U.S. nation. Mus., Washington, 17:576. – Terra typica restricta (K. P. SCHMIDT 1953): Orlando, Florida.
1940 *Terrapene carolina bauri* – CARR, Univ. Florida Publ., biol. Sci. Ser., Gainesville, 3:100.
1961 *Terrapene carolina bauri* – WERMUTH & MERTENS, Schildkr. Krokod. Brückenechs.: 165.
1967 *Terrapene carolina bauri* – MILSTEAD & TINKLE, Copeia, New York &c., 1967:186.

Verbreitung: Südöstliche U.S.A. (Halbinsel Florida und Untere Florida Keys).

Terrapene carolina major (AGASSIZ)

1857 *Cistudo major* AGASSIZ, Contrib. nat. Hist. U.S.A., 1:445. – Terra typica restricta (K. P. SCHMIDT 1953): Mobile, Alabama.
1889 *Cistudo carolina* var. *major* – BOULENGER, Cat. Chelon. Rhynchoceph. Crocod. brit. Mus. (nat. Hist.):117.
1940 *Terrapene carolina major* – CARR, Univ. Florida Publ., biol. Sci. Ser., Gainesville, 3:101.
1961 *Terrapene carolina major* – WERMUTH & MERTENS, Schildkr. Krokod. Brückenechs.:165.
1967 *Terrapene carolina major* – MILSTEAD & TINKLE, Copeia, New York &c., 1967: 186.

Verbreitung: Südöstliche U.S.A. (Golf-Küste vom südöstlichen Texas an ostwärts bis zum westlichen Florida).

Terrapene carolina mexicana (GRAY)

1849 *Cistudo (Onychotria) mexicana* GRAY, Proc. zool. Soc. London, 1848:17; Rept. Taf. 2. – Terra typica restricta (SMITH & TAYLOR 1950): Tampico, Tamaulipas, Mexico.
1889 *Cistudo carolina* var. *mexicana* – BOULENGER, Cat. Chelon. Rhynchoceph. Crocod. brit. Mus. (nat. Hist.):118.

1893 *Terrapene mexicana* – BAUR, Amer. Natural., New York, **27**:677.
1933 *Terrapene goldmani* STEJNEGER, Proc. biol. Soc. Washington, **46**:119. – Terra typica: Chijol[es], Südosten des Staates San Louis Potosí, Mexico.
1950 *Terrapene mexicana mexicana* – H. M. SMITH & TAYLOR, Bull. U.S. nation. Mus., Washington, **119**:34.
1961 *Terrapene mexicana mexicana* – WERMUTH & MERTENS, Schildkr. Krokod. Brükkenechs.:169; Abb. 126a–c.
1967 *Terrapene carolina mexicana* – MILSTEAD & TINKLE, Copeia, New York &c., **1967**: 186.

Verbreitung: Östliches Mexico (von Nuevo Leon an südwärts bis Veracruz).

Terrapene carolina triunguis (AGASSIZ)

1857 *Cistudo triunguis* AGASSIZ, Contrib. nat. Hist. U.S.A., **1**:445; Taf. 7, Fig. 15, 16. – Terra typica: New Orleans, Louisiana.
1889 *Cistudo carolina* var. *cinosternoides* – BOULENGER (partim), Cat. Chelon. Rhynchoceph. Crocod. brit. Mus. (nat. Hist.):117.
1910 *Terrapene carolina triunguis* – STRECKER, Proc. biol. Soc. Washington, **23**:121.
1961 *Terrapene carolina triunguis* – WERMUTH & MERTENS, Schildkr. Krokod. Brükkenechs.:165; Abb. 124a–c.
1967 *Terrapene carolina triunguis* – MILSTEAD & TINKLE, Copeia, New York &c., **1967**:186.

Verbreitung: Mittlere und südliche U.S.A. (im Norden: vom südöstlichen Kansas an bis Missouri; im Süden: vom östlichen Texas an ostwärts bis Alabama).

Terrapene carolina yucatana (BOULENGER)

1895 *Cistudo yucatana* BOULENGER, Ann. Mag. nat. Hist., London, (6) **15**:330. – Terra typica restricta (H. M. SMITH & TAYLOR 1950): Chichen Itzá, Yucatan, Mexico.
1909 *Terrapene yucatana* – SIEBENROCK, Zool. Jb., Syst., Jena, Suppl. **10**:492.
1939 *Terrapene mexicana yucatana* – H. M. SMITH, Field Mus. nat. Hist., Zool., Chicago, **24**:17.
1961 *Terrapene mexicana yucatana* – WERMUTH & MERTENS, Schildkr. Krokod. Brükkenechs.:169.
1967 *Terrapene carolina yucatana* – MILSTEAD & TINKLE, Copeia, New York &c., **1967**:186.

Verbreitung: Südöstliches Mexico (Yucatan und Quintana Roo).

Terrapene coahuila SCHMIDT & OWENS

1944 *Terrapene coahuila* K. P. SCHMIDT & OWENS, Field Mus. nat. Hist., Zool., Chicago, **29**:101. – Terra typica: Cuatro Ciénegas, Mexico.
1961 *Terrapene coahuila* – WERMUTH & MERTENS, Schildkr. Krokod. Brückenechs.:166.

Verbreitung: Nordöstliches Mexico (Coahuila).

Terrapene nelsoni STEJNEGER

Terrapene nelsoni nelsoni STEJNEGER

1925 *Terrapene nelsoni* STEJNEGER, J. Washington Acad. Sci., **15**:463. – Terra typica: Pedro Pablo, Tepic, Nayarit, Mexico (2500 Fuß hoch).
1961 *Terrapene nelsoni* – WERMUTH & MERTENS, Schildkr. Krokod. Brückenechs.:169; Abb. 127a–c.
1967 *Terrapene nelsoni nelsoni* – MILSTEAD & TINKLE, Copeia, New York &c., **1967**: 181; Abb. 1 A, B.

Verbreitung: Nordwestliches Mexico (Nayarit; nur von der Terra typica bekannt).

Terrapene nelsoni klauberi BOGERT

1943 *Terrapene klauberi* BOGERT, Amer. Mus. Novit., New York, **1226**:2; Abb. 1–13. – Terra typica: Rancho Guirocoba, etwa 18 Meilen südöstlich von Alamos, Sonora, Mexico.
1961 *Terrapene klauberi* – WERMUTH & MERTENS, Schildkr. Krokod. Brückenechs.:167; Abb. 125a–c.
1967 *Terrapene nelsoni klauberi* – MILSTEAD & TINKLE, Copeia, New York &c., **1967**: 184; Abb. 1C.

Verbreitung: Nordwestliches Mexico (südliches Sonora).

Terrapene ornata (AGASSIZ)

Terrapene ornata ornata (AGASSIZ)

1857 *Cistudo ornata* AGASSIZ, Contrib. nat. Hist. U.S.A., **1**:445; Taf. 3, Fig. 12, 13. – Terra typica restricta (K. P. SCHMIDT 1953): Council Bluffs, Iowa.
1889 *Cistudo ornata* – BOULENGER, Cat. Chelon. Rhynchoceph. Crocod. brit. Mus. (nat. Hist.):118.
1891 *Terrapene ornata* – BAUR, Science, New York, **17**:191.
1894 *Terrapene ornata* var. *cimarronensis* CRAGIN, Colorado Coll. Stud., Colorado Springs, **5**:37. – Terra typica: Red Beds of Cimarron Basin, Oklahoma.
1952 *Terrapene ornata ornata* – H. M. SMITH & RAMSAY, Wasman J. Biol., San Francisco, **10**:48.
1961 *Terrapene ornata ornata* – WERMUTH & MERTENS, Schildkr. Krokod. Brückenechs.:169; Abb. 128a–c.
1967 *Terrapene ornata ornata* – MILSTEAD & TINKLE, Copeia, New York &c., **1967**: 186.

Verbreitung: Mittlere und südliche U.S.A. (im Norden: vom östlichen Wyoming an ostwärts bis zum westlichen Indiana; im Süden: vom südlichen Arizona an ostwärts bis Texas, mit Ausnahme des südlichen Texas südlich des Pecos River).

Terrapene ornata luteola SMITH & RAMSAY

1952 *Terrapene ornata luteola* H. M. SMITH & RAMSAY, Wasman J. Biol., San Francisco, **10**:45; Taf. 1. – Terra typica: 17 Meilen südlich von Van Horn, Culberson County, Texas.
1961 *Terrapene ornata luteola* – WERMUTH & MERTENS, Schildkr. Krokod. Brückenechs.:170.

1967 *Terrapene ornata luteola* – MILSTEAD & TINKLE, Copeia, New York &c., 1967: 186.

V e r b r e i t u n g: Südliche U.S.A. (südliches Texas, südlich des Pecos River) und angrenzendes nordöstliches Mexico.

Familie Testudinidae

Gopherus RAFINESQUE

1832 *Gopherus* RAFINESQUE, Atlant. J. Friend Knowl., Philadelphia, 1:64. – S p e c i e s t y p i c a (durch Monotypie): *Testudo polyphemus* DAUDIN.
1857 *Xerobates* AGASSIZ, Contrib. nat. Hist. U.S.A., 1:446. – S p e c i e s t y p i c a (LINDHOLM 1929): *Testudo polyphemus* DAUDIN.

V e r b r e i t u n g: Nord-Amerika (südliche U.S.A. und nördliches Mexico).

Gopherus agassizii (COOPER)

1863 *Xerobates agassizii* COOPER, Proc. californ. Acad. Sci., San Francisco, 2:120. – T e r r a t y p i c a: Bergland bei Fort Mojave, California.
1889 *Testudo agassizii* – BOULENGER, Cat. Chelon. Rhynchoceph. Crocod. brit. Mus. (nat. Hist.):156.
1893 *Gopherus agassizii* – STEJNEGER, Rept. Batr. Death Valley Exped., north amer. Fauna, 7:161.
1955 *Gopherus polyphemus agassizii* – MERTENS & WERMUTH, Zool. Jb., Syst., Jena, 83:371.
1961 *Gopherus polyphemus agassizii* – WERMUTH & MERTENS, Schildkr. Krokod. Brükkenechs.:174; Abb. 129a–c.

V e r b r e i t u n g: Südwestliche U.S.A. (südliches Nevada, südöstliches California und südliches Arizona) sowie nordwestliches Mexico (nordwestliches Baja California und nördliches Sonora).

Gopherus berlandieri (AGASSIZ)

1857 *Xerobates berlandieri* AGASSIZ, Contrib. nat. Hist. U.S.A., 1:447; 2: Taf. 3, Fig. 17–19. – T e r r a t y p i c a: Brownsville, Cameron County, Texas.
1889 *Testudo berlandieri* – BOULENGER, Cat. Chelon. Rhynchoceph. Crocod. brit. Mus. (nat. Hist.):156.
1893 *Gopherus berlandieri* – STEJNEGER, Rept. Batr. Death Valley Exped., north amer. Fauna, 7:161.
1955 *Gopherus polyphemus berlandieri* – MERTENS & WERMUTH, Zool. Jb., Syst., Jena, 83:371.
1961 *Gopherus polyphemus berlandieri* – WERMUTH & MERTENS, Schildkr. Krokod. Brückenechs.:174.

V e r b r e i t u n g: Südliche U.S.A. (südliches Texas) und nordöstliches Mexico (Coahuila, Nuevo Leon und Tamaulipas).

Gopherus flavomarginatus LEGLER

1959 *Gopherus flavomarginatus* LEGLER, Univ. Kansas Publ., Lawrence, **11**:337; Abb. 1; Taf. 7, 8. – Terra typica: 30 bis 40 Meilen entfernt von Lerdo, Durango, Mexico.
1961 *Gopherus polyphemus flavomarginatus* – WERMUTH & MERTENS, Schildkr. Krokod. Brückenechs.: 174.

Verbreitung: Nördliches Mexico (nordöstliches Chihuahua, westliches Coahuila und nördliches Durango).

Gopherus polyphemus (DAUDIN)

1802 *Testudo polyphemus* DAUDIN, Hist. nat. gén. part Rept., **2**:256. – Terra typica restricta (K. P. SCHMIDT 1953): Umgebung von Savannah, Georgia.
1829 *Testudo depressa* GUÉRIN-MÉNEVILLE, Iconogr. Règne anim. CUVIER, Rept.: 5; Taf. 1, Fig. 1. – Terra typica restricta (K. P. SCHMIDT 1953): Umgebung von Savannah, Georgia.
1844 *Testudo gopher* GRAY, Cat. Tort. Crocod. Amphisb. Coll. brit. Mus.: 4. – Terra typica restricta (K. P. SCHMIDT 1953): Umgebung von Savannah, Georgia.
1889 *Testudo polyphemus* – BOULENGER, Cat. Chelon. Rhynchoceph. Crocod. brit. Mus. (nat. Hist.): 155.
1893 *Gopherus polyphemus* – STEJNEGER, Rept. Batr. Death Valley Exped., North amer. Fauna, **7**:161.
1955 *Gopherus polyphemus polyphemus* – MERTENS & WERMUTH, Zool. Jb., Syst., Jena, **83**:371.
1961 *Gopherus polyphemus polyphemus* – WERMUTH & MERTENS, Schildkr. Krokod. Brückenechs.: 174.

Verbreitung: Südöstliche U.S.A. (vom südlichen Arkansas und von Louisiana an ostwärts bis Georgia, Florida und Süd-Carolina).

Homopus DUMÉRIL & BIBRON

1835 *Homopus* DUMÉRIL & BIBRON (non *Homopus* KOCH 1843 = Acarina), Erpétol. gén., Hist. nat. Rept., **2**:145. – Species typica (FITZINGER 1843): *Testudo areolata* THUNBERG.
1835 *Chersobius* FITZINGER, Ann. wien. Mus. Naturgesch., **1**:112, 122. – Species typica (LINDHOLM 1929): *Testudo signata* WALBAUM.
1931 *Pseudomopus* HEWITT, Ann. Natal Mus., Pietermaritzburg, **6**:496. – Species typica (designatione auctoris): *Homopus signatus* (SCHOEPFF) = *Homopus boulengeri* DUERDEN.
1950 *Pseudhomopus* FITZSIMONS (nomen substitutum pro *Pseudomopus* HEWITT 1931), Ann. Transvaal Mus., Pretoria, **21**:253.

Verbreitung: Südliches Afrika.

Homopus areolatus (THUNBERG)

1787 *Testudo areolata* THUNBERG, Kongl. Vetensk. Acad. Handl., Stockholm, **8**:180; Abb. – Terra typica: „Indien".
1788 *Testudo miniata* LACÉPÈDE, Hist. nat. Quadrup. ovip., **1** (Synops. méthod.): 166. – Terra typica: Kap der Guten Hoffnung.
1802 *Testudo fasciata* DAUDIN, Hist. nat. gén. part. Rept., **2**:294. – Terra typica: „Ceylon".

1804 *Testudo africana* HERMANN (nomen illegitimum, fide WERMUTH 1956), Observ. zool.:218. – Patria: Afrika.
1820 *Chersine tetradactyla* MERREM, Tent. Syst. Amphib.:32. – Terra typica: „Ost-Indien".
1831 *Testudo areolata* var. *pallida* GRAY, Synops. Rept., 1 (Cataphracta):13. – Terra typica: Süd-Afrika.
1835 *Homopus areolatus* – DUMÉRIL & BIBRON, Erpétol. gén., Hist. nat. Rept., **2**:146; Taf. 14, Fig. 1, 1a.
1889 *Homopus areolatus* – BOULENGER, Cat. Chelon. Rhynchoceph. Crocod. brit. Mus. (nat. Hist.):147; Abb. 42.
1961 *Homopus areolatus* – WERMUTH & MERTENS, Schildkr. Krokod. Brückenechs.:175; Abb. 130a–d.

Verbreitung: Südliches Afrika (südöstliche Kap-Provinz).

Homopus boulengeri DUERDEN

1906 *Homopus boulengeri* DUERDEN, Rec. Albany Mus., Grahamstown, **1**:406; Taf. 11, Fig. 1–6. – Terra typica: Beaufort West, Aberdeen und Willowmore, Karroo-Gebiet, Kap-Provinz.
1961 *Homopus boulengeri* – WERMUTH & MERTENS, Schildkr. Krokod. Brückenechs.: 175; Abb. 131a–d.

Verbreitung: Südliches Afrika (westliches Karroo-Gebiet, Kap-Provinz sowie südliches Groß-Namaqualand).

Homopus femoralis BOULENGER

1888 *Homopus femoralis* BOULENGER, Proc. zool. Soc. London, **1888**:251; Taf. 14. – Terra typica: Cradock, Kap-Provinz.
1889 *Homopus femoralis* – BOULENGER, Cat. Chelon. Rhynchoceph. Crocod. brit. Mus. (nat. Hist.):147.
1961 *Homopus femoralis* – WERMUTH & MERTENS, Schildkr. Krokod. Brückenechs.: 175; Abb. 132a–c.

Verbreitung: Südliches Afrika (südöstliche Kap-Provinz).

Homopus signatus (SCHOEPFF)

1782 *Testudo signata* WALBAUM (nomen illegitimum), Chelonogr.:120. – Patria: ignota.
1801 *Testudo signata* SCHOEPFF, Hist. Testud. Icon. illustr.:120; Taf. 28, Fig. 2, 3. – Terra typica: unbekannt.
1802 *Testudo cafra* DAUDIN, Hist. nat. gén. part. Rept., **2**:291. – Terra typica: Kaffernland.
1831 *Testudo juvencella* DAUDIN in GRAY, Synops. Rept., 1 (Cataphracta):14. – Terra typica: „Carolina".
1835 *Homopus signatus* – DUMÉRIL & BIBRON, Erpétol. gén., Hist. nat. Rept., **2**:152.
1889 *Homopus signatus* – BOULENGER, Cat. Chelon. Rhynchoceph. Crocod. brit. Mus. (nat. Hist.):148.
1935 *Pseudomopus signatus peersi* HEWITT, Rec. Albany Mus., Grahamstown, **4**:345; Taf. 36. – Terra typica: Klaver District bei Van Rhynsdorp, Kap-Provinz.
1961 *Homopus signatus* – WERMUTH & MERTENS, Schildkr. Krokod. Brückenechs.: 176; Abb. 133a–c.

Verbreitung: Südliches und südwestliches Afrika (Groß- und Klein-Namaqualand sowie westliche Kap-Provinz).

Kinixys BELL

1827 *Kinixys* BELL, Transact. linn. Soc. London, **15**:398. – Species typica (durch Monotypie): *Kinixys castanea* BELL = *Kinixys erosa* (SCHWEIGGER).
1830 *Cinixys* WAGLER (nomen substitutum pro *Kinixys* BELL 1827), Natürl. Syst. Amphib.:138.
1835 *Cinothorax* FITZINGER, Ann. wien. Mus. Naturgesch., **1**:108, 122. – Species typica (FITZINGER 1843): *Kinixys belliana* GRAY.
*1836 *Kinyxis* BONAPARTE (ex errore pro *Kinixys* BELL), Chelon. Tab. analyt.:5.
1873 *Kinothorax* GRAY (nomen substitutum pro *Cinothorax* FITZINGER), Hand-List Spec. Shield Rept. brit. Mus.:5.
1972 *Madakinixys* VUILLEMIN, Ann. Univ. Madagascar, Tananarive, (Sci. Nat. Math.) **9**: 169. – Species typica (durch Monotypie): *Madakinixys domerguei* VUILLEMIN.

Verbreitung: Westliches, mittleres und südliches Afrika.

Kinixys belliana GRAY

Kinixys belliana belliana GRAY

1831 *Kinixys belliana* GRAY, Synops. Rept., **1** (Cataphracta):69. – Terra typica: „West-Afrika?"
1845 *Kinyxis schoensis* RÜPPELL, Mus. senckenberg., Frankfurt/Main, **3**:226; Taf. 16. – Terra typica: Schoa, südliches Abessinien.
1863 *Kinixys spekii* GRAY, Ann. Mag. nat. Hist., London, (3) **12**:381. – Terra typica restricta (LOVERIDGE 1936): Tanganyika-Territorium, östlich der Seen.
1889 *Cinixys belliana* – BOULENGER, Cat. Chelon. Rhynchoceph. Crocod. brit. Mus. (nat. Hist.):143.
1902 *Homopus darlingi* BOULENGER, Proc. zool. Soc. London, **1902** (2):15; Taf. 4. – Terra typica: Mashonaland.
1927 *Cinixys lobatsiana* POWER, Transact. roy. Soc. South Afr., Cape Town, **14**:410; Taf. 19, 20. – Terra typica: Lobatsi, Süd-Afrika.
1931 *Kinixys belliana zombensis* HEWITT, Ann. Natal Mus., London, **6**:469; Abb. 1; Taf. 38, Fig. 4. – Terra typica: Zomba, Nyassaland.
1931 *Kinixys belliana zuluensis* HEWITT, Ann. Natal Mus., London, **6**:471; Abb. 1a, 1b; Taf. 38, Fig. 1–3, 5–10. – Terra typica: Sanddünen von Richards Bay, Zululand.
1931 *Kinixys australis* HEWITT, Ann. Natal Mus., London, **6**:477; Taf. 36, Fig. 4–6. – Terra typica: White River, östliches Transvaal.
1931 *Kinixys jordani* HEWITT, Ann. Natal Mus., London, **6**:482; Taf. 37, Fig. 1–3. – Terra typica: Isoka, nördliches Rhodesia.
1931 *Kinixys youngi* HEWITT, Ann. Natal Mus., London, **6**:486; Abb. 1d; Taf. 37, Fig. 4, 5. – Terra typica: Ufer des Nyassa-Sees bei Livingstonia, Nyassaland.
1932 *Kinixys australis mababiensis* FITZSIMONS, Ann. Transvaal Mus., Pretoria, **15**: 37. – Terra typica: Tsotsoroga Pan, Mababe Flats.
1934 *Kinixys belliana belliana* – MERTENS, L. MÜLLER & RUST, Bl. Aqu.- u. Terr.-Kunde, Stuttgart, **45**:62.
1935 *Kinixys natalensis* HEWITT, Rec. Albany Mus., Grahamstown, **4**:353; Taf. 35, Fig. 3, 4. – Terra typica: Jameson Drift, Tugela River.
1961 *Kinixys belliana belliana* – WERMUTH & MERTENS, Schildkr. Krokod. Brückenechs.:180; Abb. 134a–c.
1972 *Madakinixys domerguei* VUILLEMIN, Ann. Univ. Madagascar, Tananarive, (Sér. Sci. Nat. Math.) **9**:169; Taf. 1–3; Taf. 4, Fig. 1, 2; Taf. 5, 6. – Terra typica: Madagaskar.

V e r b r e i t u n g : Mittleres und südliches Afrika (von Kamerun an südwärts bis Angola und über Botswana nordwärts bis Äthiopien) sowie Madagaskar (dort vermutlich eingeführt).

Kinixys belliana mertensi LAURENT

1956 *Kinixys belliana mertensi* LAURENT, Ann. Mus. Congo belge, Tervuren, (Sci. zool. 8°) 48:27; Taf. 3, Fig. 1–3. – T e r r a t y p i c a : Dika, Uele, nördliches Belgisch-Congo.
1961 *Kinixys belliana mertensi* – WERMUTH & MERTENS, Schildkr. Krokod. Brückenechs.:181.

V e r b r e i t u n g : Zentral-Afrika (Norden von Congo).

Kinixys belliana nogueyi (LATASTE)

1886 *Homopus nogueyi* LATASTE, Le Naturaliste, Paris, 6:286. – T e r r a t y p i c a : Medina, Haut Sénégal.
1888 *Cinixys dorri* LATASTE, Le Naturaliste, Paris, 10:164, 226; Abb. 1. – T e r r a t y p i c a : Bakel, Haut Sénégal.
1889 *Homopus nogueyi* – BOULENGER, Cat. Chelon. Rhynchoceph. Crocod. brit. Mus. (nat. Hist.):148.
1953 *Kinixys belliana nogueyi* – LOVERIDGE, Bull. Mus. comp. Zool., Cambridge (Massachusetts), 110:159.
1961 *Kinixys belliana nogueyi* – WERMUTH & MERTENS, Schildkr. Krokod. Brückenechs.:181.

V e r b r e i t u n g : Westliches Afrika (vom Senegal an südwärts bis Kamerun).

Kinixys erosa (SCHWEIGGER)

1812 *Testudo erosa* SCHWEIGGER, Königsberg. Arch. Naturwiss. Math., 1:321. – T e r r a t y p i c a : „Nord-Amerika".
1826 *Testudo schoepfii* FITZINGER (nomen nudum), Neue Classif. Rept.:44. – P a t r i a : ignota.
1827 *Kinixys castanea* BELL, Transact. LINN. Soc. London, 15:398; Taf. 17, Fig. 1. – T e r r a t y p i c a : Afrika.
1831 *Kinixys erosa* – GRAY, Synops. Rept., 1 (Cataphracta):16.
1889 *Cinixys erosa* – BOULENGER, Cat. Chelon. Rhynchoceph. Crocod. brit. Mus. (nat. Hist.):141; Abb. 40, 41.
1961 *Kinixys erosa* – WERMUTH & MERTENS, Schildkr. Krokod. Brückenechs.:181; Abb. 135a–d.

V e r b r e i t u n g : Westliches Afrika (von Gambia an südwärts bis Congo); auf Madagaskar vermutlich eingeführt.

Kinixys homeana BELL

1827 *Kinixys homeana* BELL, Transact. LINN. Soc. London, 15:400; Taf. 17, Fig. 2. – T e r r a t y p i c a : West-Afrika.
1889 *Cinixys homeana* – BOULENGER, Cat. Chelon. Rhynchoceph. Crocod. brit. Mus. (nat. Hist.):143.
1961 *Kinixys homeana* – WERMUTH & MERTENS, Schildkr. Krokod. Brückenechs.:183; Abb. 136a–d.

V e r b r e i t u n g : Westliches Afrika (von Guinea an südwärts bis Congo).

Malacochersus LINDHOLM

1929 *Malacochersus* LINDHOLM, Zool. Anz., Leipzig, **81**:285. – Species typica (durch Monotypie): *Testudo tornieri* SIEBENROCK.

Verbreitung: Östliches Afrika.

Malacochersus tornieri (SIEBENROCK)

1903 *Testudo tornieri* SIEBENROCK, S.Ber. k. k. Akad. Wiss. Wien, math.-naturwiss. Kl., Abt. 1, **112**:443. – Terra typica: Bussisia, Süden des Victoria-Sees, Tangayika-Territorium.
1920 *Testudo loveridgii* BOULENGER, C.R. Acad. Sci., Paris, **170**:263. – Terra typica: Dodoma, zwischen Kilossa und Tabora, Tanganyika-Territorium.
1923 *Testudo procterae* LOVERIDGE, Proc. zool. Soc. London, **1923**:928; Taf. 1, 2. – Terra typica: Ikikuyu, Dodoma District, Tanganyika-Territorium.
1934 *Malacochersus tornieri* – MERTENS, L. MÜLLER & RUST, Bl. Aqu.- u. Terr.-Kunde, Stuttgart, **45**:63.
1961 *Malacochersus tornieri* – WERMUTH & MERTENS, Schildkr. Krokod. Brückenechs.: 184; Abb. 137a–d.

Verbreitung: Östliches Afrika (Kenya und Tanzania).

Pyxis BELL

1827 *Pyxis* BELL (non *Pyxis* CHEMNITZ 1784 = nomen illegitimum: Direction 32, ICZN, 1956; non *Pyxis* CHEVROLAT 1843 = Coleoptera; non *Pyxis* HERMANNSEN 1848 = Gastropoda; non *Pyxis* STEFANI 1877 = Lamellibranchiata), Transact. LINN. Soc. London, **15**:395. – Species typica (durch Monotypie): *Pyxis arachnoides* BELL.
1950 *Bellemys* WILLIAMS (nomen substitutum pro *Pyxis* BELL 1827), Bull. amer. Mus. nat. Hist., New York, **94**:512.
1972 *Pyxoides* VUILLEMIN & DOMERGUE, Ann. Univ. Madagascar, Tananarive, (Sér. Sci. Nat. Math.) **9**:193. – Species typica (durch Monotypie): *Pyxoides brygooi* VUILLEMIN & DOMERGUE = *Pyxis arachnoides* BELL.

Verbreitung: Madagaskar.

Pyxis arachnoides BELL

1827 *Pyxis arachnoides* BELL, Transact. LINN. Soc. London, **15**:395; Taf. 16, Fig. 1, 2. – Terra typica: unbekannt.
1831 *Pyxis aranoides* GRAY (nomen substitutum pro *P. arachnoides* BELL), Synops. Rept., **1** (Cataphracta):16.
1831 *Pyxis madagascariensis* LESSON, Bull. Sci. nat., Paris, **25**:120. – Terra typica: Madagascar.
1889 *Pyxis arachnoides* – BOULENGER, Cat. Chelon. Rhynchoceph. Crocod. brit. Mus. (nat. Hist.):145.
1961 *Pyxis arachnoides* – WERMUTH & MERTENS, Schildkr. Krokod. Brückenechs.:185; Abb. 138a–c.
1972 *Pyxoides brygooi* VUILLEMIN & DOMERGUE, Ann. Univ. Madagascar., Tananarive, (Sér. Sci. Nat. Math.) **9**:193; Taf. 1, Fig. 1–2; Taf. 2, Fig. 2; Taf. 3, Fig. 1, 3; Taf. 4, Fig. 1–4; Taf. 5, Fig. 2, 2a. – Terra typica; Wald von Mikea, zwischen Morombe und Tulear, Südwest-Küste von Madagascar.

Verbreitung: Westliches Madagaskar.

Testudo LINNAEUS

1758 *Testudo* LINNEAUS, Syst. Nat., Ed. 10, 1:197. – Species typica (FITZINGER 1843): *Testudo (Testudo) graeca* LINNAEUS.

1820 *Chersine* MERREM, Tent. Syst. Amphib.:29. – Species typica (LINDHOLM 1929): *Testudo (Testudo) hermanni* GMELIN.

1830 *Chersus* WAGLER, Natürl. Syst. Amphib.:138. – Species typica (durch Monotypie): *Testudo (Testudo) marginata* SCHOEPFF.

1831 *Chersina* GRAY (non *Chersina* HUMPHREY 1797 = nomen illegitimum: Direction 32 ICZN, 1956; Gastropoda) in GRIFFITH, Anim. Kingd. CUVIER, 9 (Synops. Spec. Rept.):5. – Species typica (durch Monotypie): *Testudo (Chersina) angulata* SCHWEIGGER.

1835 *Chelonoidis* FITZINGER, Ann. wien. Mus. Naturgesch., 1:112, 122. – Species typica (FITZINGER 1843): *Testudo boiei* WAGLER = *Testudo (Chelonoidis) carbonaria* SPIX.

†1835 *Cylindraspis* FITZINGER, Ann. wien. Mus. Naturgesch., 1:112, 122. – Species typica (FITZINGER 1843): † *Testudo vosmaeri* SCHOEPFF = † *Testudo (Cylindraspis) indica* SCHOEPFF.

1835 *Geochelone* FITZINGER, Ann. wien. Mus. Naturgesch., 1:111, 122. – Species typica (FITZINGER 1843): *Testudo stellata* SCHWEIGGER = *Testudo (Geochelone) elegans* SCHOEPFF.

1835 *Psammobates* FITZINGER (non *Psammobates* NEWTON 1871 = Pisces), Ann. wien. Mus. Naturgesch., 1:113, 122. – Species typica (FITZINGER 1843): *Testudo (Psammobates) geometrica* LINNAEUS.

1843 *Megalochelys* FITZINGER, Syst. Rept., 1:29. – Species typica (designatione auctoris): *Testudo (Megalochelys) gigantea* SCHWEIGGER.

1852 *Manouria* GRAY, Proc. zool. Soc. London, **1852**:133. – Species typica (durch Monotypie): *Manouria fusca* GRAY = *Testudo (Manouria) emys* SCHLEGEL & MÜLLER.

*1854 *Teleopus* LECONTE, Proc. Acad. nat. Sci. Philadelphia, **1854**:187. – Species typica (durch Monotypie) *Teleopus luxatus* LECONTE = *Testudo (Manouria) emys* SCHLEGEL & MÜLLER.

1869 *Scapia* GRAY, Proc. zool. Soc. London, **1869**:167. – Species typica (durch Monotypie): *Testudo falconeri* GRAY = *Testudo (Manouria) emys* SCHLEGEL & MÜLLER.

1869 *Peltastes* GRAY (non *Peltastes* ILLIGER 1807 = Hymenoptera; non *Peltastes* AGASSIZ 1838 = Echinodermata; non *Peltastes* FISCHER-WALDHEIM 1839 = Orthoptera), Proc. zool. Soc. London, **1869**:171. – Species typica (LINDHOLM 1929): *Testudo (Testudo) graeca* LINNAEUS.

1870 *Gopher* GRAY, Proc. zool. Soc. London, **1870**:706. – Species typica (durch Monotypie): *Testudo (Chelonoidis) chilensis* GRAY.

1870 *Chersinella* GRAY, Suppl. Cat. Shield Rept. Coll. brit. Mus., 1 (Testud.):8. – Species typica (LINDHOLM 1929): *Testudo (Testudo) graeca* LINNAEUS.

1870 *Testudinella* GRAY (non *Testudinella* BORY 1822 = Rotatoria), Suppl. Cat. Shield Rept. Coll. brit. Mus., 1 (Testud.):12. – Species typica (durch Monotypie): *Testudo (Agrionemys) horsfieldii* GRAY.

1872 *Peltonia* GRAY (nomen novum pro *Peltastes* GRAY 1869), Appendix Cat. Shield Rept. Coll. brit. Mus., 1 (Testud.):4.

1872 *Centrochelys* GRAY, Appendix Cat. Shield Rept. Coll. brit. Mus., 1 (Testud.):5. – Species typica (durch Monotypie): *Testudo (Geochelone) sulcata* MILLER.

1873 *Asterochelys* GRAY, Proc. zool. Soc. London, **1873**:724. – Species typica (durch Monotypie): *Testudo (Asterochelys) radiata* SHAW.

1873 *Elephantopus* GRAY, Proc. zool. Soc. London (non *Elephantopus* AGASSIZ 1846 = Siphonophora), **1873**:724. – Species typica (durch Monotypie und Tautonymie): *Testudo planiceps* GRAY (non *Testudo planiceps* SCHOEPFF) = *Testudo (Chelonoidis) elephantopus* HARLAN.

1873 *Astrochelys* GRAY (nomen substitutum pro *Asterochelys* GRAY), Hand-List Spec. Shield Rept. brit. Mus.:4.

1873 *Stigmochelys* GRAY, Hand-List Spec. Shield Rept. brit. Mus.:5. – Species typica (durch Monotypie): *Testudo (Geochelone) pardalis* BELL.

1902 *Acinixys* SIEBENROCK, Anz. k. k. österr. Akad. Wiss. Wien, math.-naturwiss. Kl., Abt. 1, **39**:12. – Species typica (durch Monotypie): *Testudo (Acinixys) planicauda* GRANDIDIER.

1916 *Medaestia* WUSSOW, W.Schr. Aqu.- u. Terr.-Kunde, Braunschweig, **13**:170. – Species typica (MERTENS 1949): *Testudo (Testudo) graeca* [nec LINNAEUS] = *Testudo hermanni* GMELIN.

1929 *Indotestudo* LINDHOLM, Zool. Anz., Leipzig, **81**:285. – Species typica (durch Monotypie): *Testudo (Indotestudo) elongata* BLYTH.

1929 *Goniochersus* LINDHOLM, Zool. Anz., Leipzig, **81**:285. – Species typica (durch Monotypie): *Testudo (Chersina) angulata* SCHWEIGGER.

1929 *Pampatestudo* LINDHOLM, Zool. Anz., Leipzig, **81**:285. – Species typica (durch Monotypie): *Testudo (Chelonoidis) chilensis* GRAY.

1930 *Pampestudo* M. A. SMITH (ex errore pro *Pampatestudo*), Zool. Record, London, **66** (1929, Amphib. Rept.):30.

1931 *Neotestudo* HEWITT, Ann. Natal. Mus., Pietermaritzburg, **6**:504. – Species typica (durch Monotypie): *Testudo (Chersina) angulata* SCHWEIGGER.

1933 *Megachersine* HEWITT, Ann. Natal Mus., Pietermaritzburg, **7**:257. – Species typica (designatione auctoris): *Testudo (Geochelone) pardalis* BELL.

1957 *Aldabrachelys* LOVERIDGE & WILLIAMS, Bull. Mus. comp. Zool., Cambridge (Massachusetts), **115**:225. – Species typica (durch Monotypie): *Testudo (Megalochelys) gigantea* SCHWEIGGER.

1957 *Pseudotestudo* LOVERIDGE & WILLIAMS, Bull. Mus. comp. Zool., Cambridge (Massachusetts), **115**:276. – Species typica (durch Monotypie): *Testudo (Pseudotestudo) kleinmanni* LORTET.

1961 *Noetestudo* BATTERSBY (ex errore pro *Neotestudo*), Zool. Record, London, **95** (1958, Rept.):91.

1957 *Achinixys* LOVERIDGE & WILLIAMS (ex errore pro *Acinixys*), Bull. Mus. comp. Zool., Cambridge (Massachusetts), **115**:542.

1966 *Agrionemys* KHOZATSKY & MLYNARSKI, Bull. Acad. polon. Sci., Krakow, Cl. 2 (Sci. biol.), **14**:123. – Species typica: durch Monotypie): *Testudo (Agrionemys) horsfieldii* GRAY.

1966 *Agrione* CHOSATZKY & MLYNARSKI (ex errore pro *Agrionemys*), Bull. Acad. polon. Sci., Krakow, Cl. 2 (Sci. biol.), **14**:123.

Verbreitung: Afrika (einschließlich Madagaskar und Seychellen-Inseln), südliches Europa, mittleres und südliches Asien und Süd-Amerika (einschließlich der Galapagos-Inseln).

Untergattung Testudo LINNAEUS

1758 *Testudo* LINNAEUS, Syst. Nat., Ed. 10, **1**:197. – Species typica (FITZINGER 1843): *Testudo graeca* LINNAEUS.

1820 *Chersine* MERREM, Tent. Syst. Amphib.:29. – Species typica (LINDHOLM 1929): *Testudo hermanni* GMELIN.

1830 *Chersus* WAGLER, Natürl. Syst. Amphib.:138. – Species typica (durch Monotypie): *Testudo marginata* SCHOEPFF.

1869 *Peltastes* GRAY (non *Peltastes* ILLIGER 1807 = Hymenoptera; non *Peltastes* AGASSIZ 1838 = Echinodermata; non *Peltastes* FISCHER-WALDHEIM = Orthoptera), Proc. zool. Soc. London, **1869**:171. – Species typica (LINDHOLM 1929): *Testudo graeca* LINNAEUS.

1870 *Chersinella* GRAY, Suppl. Cat. Shield Rept. Coll. brit. Mus., **1** (Testud.):8. – Species typica (LINDHOLM 1929): *Testudo graeca* LINNAEUS.

1872 *Peltonia* GRAY (nomen novum pro *Peltastes* GRAY 1869), Appendix Cat. Shield Rept. Coll. brit. Mus., **1** (Testud.):4.

1916 *Medaestia* WUSSOW, W.Schr. Aqu.- u. Terr.-Kunde, Braunschweig, **13**:170. – Species typica (MERTENS 1949): *Testudo graeca* [nec LINNAEUS] = *Testudo hermanni* GMELIN.

A r t e n: *Testudo graeca* LINNAEUS 1758, *Testudo hermanni* GMELIN 1789, *Testudo marginata* SCHOEPFF 1792.

V e r b r e i t u n g: Nordwestliches Afrika und südliches Europa.

Untergattung A c i n i x y s SIEBENROCK

1902 *Acinixys* SIEBENROCK, Anz. k. k. österr. Akad. Wiss. Wien, math.-naturwiss. Kl., Abt. 1, **39**:12. – S p e c i e s t y p i c a (durch Monotypie): *Testudo planicauda* GRANDIDIER.

1957 *Achinixys* LOVERIDGE & WILLIAMS (ex errore pro *Acinixys*), Bull. Mus. comp. Zool., Cambridge (Massachusetts), **115**:542.

A r t e n: *Testudo planicauda* GRANDIDIER 1867.

V e r b r e i t u n g: Westliches Madagaskar.

Untergattung A g r i o n e m y s CHOSATZKY & MLYNARSKI

1870 *Testudinella* GRAY (non *Testudinella* BORY 1822 = Rotatoria), Suppl. Cat. Shield Rept. Coll. brit. Mus., **1** (Testud.):12. – S p e c i e s t y p i c a (durch Monotypie): *Testudo* (*Agrionemys*) *horsfieldii* GRAY.

1966 *Agrionemys* CHOSATZKY & MLYNARSKI, Bull. Acad. polon. Sci., Krakow, Cl. 2 (Sci. biol.), **14**:123. – S p e c i e s t y p i c a (durch Monotypie): *Testudo horsfieldii* GRAY.

1966 *Agrione* CHOSATZKY & MLYNARSKI (ex errore pro *Agrionemys*), Bull. Acad. polon. Sci., Krakow, Cl. 2 (Sci. biol.), **14**:123.

A r t e n: *Testudo horsfieldii* GRAY 1844.

V e r b r e i t u n g: Südwestliches Asien.

Untergattung A s t e r o c h e l y s GRAY

1873 *Asterochelys* GRAY, Proc. zool. Soc. London, **1873**:724. – S p e c i e s t y p i c a (durch Monotypie) *Testudo radiata* SHAW.

1873 *Astrochelys* GRAY (ex errore pro *Asterochelys*), Hand-List Spec. Shield Rept. brit. Mus.:4.

A r t e n: *Testudo radiata* SHAW 1802, *Testudo yniphora* VAILLANT 1885.

V e r b r e i t u n g: Madagaskar.

Untergattung C h e l o n o i d i s FITZINGER

1835 *Chelonoidis* FITZINGER, Ann. wien. Mus. Naturgesch., **1**:112, 122. – S p e c i e s t y p i c a (FITZINGER 1843): *Testudo boiei* WAGLER = *Testudo carbonaria* SPIX.

1870 *Gopher* GRAY, Proc. zool. Soc. London, **1870**:706. – S p e c i e s t y p i c a (durch Monotypie): *Testudo chilensis* GRAY.

1873 *Elephantopus* GRAY (non *Elephantopus* AGASSIZ 1846 = Siphonophora), Proc. zool. Soc. London, **1873**:724. – S p e c i e s t y p i c a (durch Monotypie und Tautonymie): *Testudo planiceps* GRAY (non *Testudo planiceps* SCHOEPFF) = *Testudo elephantopus* HARLAN.

1929 *Pampatestudo* LINDHOLM, Zool. Anz., Leipzig, **81**:285. – S p e c i e s t y p i c a (durch Monotypie): *Testudo chilensis* GRAY.

1930 *Pampestudo* M. A. SMITH (ex errore pro *Pampatestudo*), Zool. Record, London, **66** (1929, Amphib. Rept.):30.

Arten: *Testudo carbonaria* SPIX 1824, *Testudo chilensis* GRAY 1870, *Testudo denticulata* LINNAEUS 1766, *Testudo elephantopus* HARLAN 1827.

Verbreitung: Süd-Amerika (einschließlich der Galapagos-Inseln).

Untergattung Chersina GRAY

1831 *Chersina* GRAY (non *Chersina* HUMPHREY 1797 = nomen illegitimum: Direction 32, ICZN, 1956; Gastropoda) in GRIFFITH, Anim. Kingd. CUVIER, **9** (Synops. Spec. Rept.):5. – Species typica (durch Monotypie): *Testudo angulata* SCHWEIGGER.

1929 *Goniochersus* LINDHOLM, Zool. Anz., Leipzig, **81**:285. – Species typica (durch Monotypie): *Testudo angulata* SCHWEIGGER.

1931 *Neotestudo* HEWITT, Ann. Natal Mus., Pietermaritzburg, **6**:504. – Species typica (durch Monotypie): *Testudo angulata* SCHWEIGGER.

1961 *Noetestudo* BATTERSBY (ex errore pro *Neotestudo*), Zool. Record, London, **95** (1958, Rept.):91.

Arten: *Testudo angulata* SCHWEIGGER 1812.

Verbreitung: Südliches Afrika.

Untergattung Geochelone FITZINGER

1835 *Geochelone* FITZINGER, Ann. wien. Mus. Naturgesch., **1**:111, 122. – Species typica (FITZINGER 1843): *Testudo stellata* SCHWEIGGER = *Testudo elegans* SCHOEPFF.

1872 *Centrochelys* GRAY, Appendix Cat. Shield Rept. Coll. brit. Mus., **1** (Testud.):5. – Species typica (durch Monotypie): *Testudo sulcata* MILLER.

1873 *Stigmochelys* GRAY, Hand-List Spec. Shield Rept. brit. Mus.:5. – Species typica (durch Monotypie): *Testudo pardalis* BELL.

1933 *Megachersine* HEWITT, Ann. Natal Mus., Pietermaritzburg, **7**:257. – Species typica (designatione auctoris): *Testudo pardalis* BELL.

Arten: *Testudo elegans* SCHOEPFF 1795, *Testudo pardalis* BELL 1828, *Testudo platynota* BLYTH 1863, *Testudo sulcata* MILLER 1779.

Verbreitung: Südliches Asien und Afrika.

Untergattung Indotestudo LINDHOLM

1929 *Indotestudo* LINDHOLM, Zool. Anz., Leipzig, **81**:285. – Species typica (durch Monotypie): *Testudo elongata* BLYTH.

Arten: *Testudo elongata* BLYTH 1853, *Testudo forstenii* SCHLEGEL & MÜLLER 1844, *Testudo travancorica* BOULENGER 1907.

Verbreitung: Südliches und südöstliches Asien.

Untergattung Manouria GRAY

1852 *Manouria* GRAY, Proc. zool. Soc. London, **1852**:133. – Species typica (durch Monotypie): *Manouria fusca* GRAY = *Testudo emys* SCHLEGEL & MÜLLER.

1854 *Teleopus* LECONTE, Proc. Acad. nat. Sci. Philadelphia, **1854**:187. – Species typica (durch Monotypie): *Teleopus luxatus* LECONTE = *Testudo emys* SCHLEGEL & MÜLLER.
1869 *Scapia* GRAY, Proc. zool. Soc. London, **1869**:167. – Species typica (durch Monotypie): *Testudo falconeri* GRAY = *Testudo emys* SCHLEGEL & MÜLLER.

Arten: *Testudo emys* SCHLEGEL & MÜLLER 1844, *Testudo impressa* (GÜNTHER 1882).

Verbreitung: Südöstliches Asien.

Untergattung Megalochelys FITZINGER

1843 *Megalochelys* FITZINGER, Syst. Rept., **1**:29. – Species typica (designatione auctoris): *Testudo gigantea* SCHWEIGGER.
1957 *Aldabrachelys* LOVERIDGE & WILLIAMS, Bull. Mus. comp. Zool., Cambridge (Massachusetts), **115**:225. – Species typica (durch Monotypie): *Testudo gigantea* SCHWEIGGER.

Arten: *Testudo gigantea* SCHWEIGGER 1812.

Verbreitung: Seychellen-Inseln.

Untergattung Psammobates FITZINGER

1835 *Psammobates* FITZINGER (non *Psammobates* NEWTON 1871 = Pisces), Ann. wien. Mus. Naturgesch., **1**:113, 122. – Species typica (FITZINGER 1843): *Testudo geometrica* LINNAEUS.

Arten: *Testudo geometrica* LINNAEUS 1758, *Testudo oculifera* KUHL 1820, *Testudo tentoria* BELL 1828.

Verbreitung: Südliches Afrika.

Untergattung Pseudotestudo LOVERIDGE & WILLIAMS

1957 *Pseudotestudo* LOVERIDGE & WILLIAMS, Bull. Mus. comp. Zool., Cambridge (Massachusetts), **115**:276. – Species typica (durch Monotypie): *Testudo kleinmanni* LORTET.

Arten: *Testudo kleinmanni* LORTET 1883.

Verbreitung: Nordöstliches Afrika.

Testudo angulata SCHWEIGGER

Untergattung *Chersina*

1812 *Testudo angulata* SCHWEIGGER, Königsberg. Arch. Naturwiss. Math., **1**:321. – Terra typica: unbekannt.
1812 *Testudo tabulata africana* SCHWEIGGER (non *Testudo africana* HERMANN 1804), Königsberg. Arch. Naturwiss. Math., **1**:322. – Terra typica: Afrika.
1828 *Testudo bellii* GRAY, Spicileg. zool., **1**:2; Taf. 4, Fig. 3, 3a. – Terra typica: Kap der Guten Hoffnung.
1889 *Testudo angulata* – BOULENGER, Cat. Chelon. Rhynchoceph. Crocod. brit. Mus. (nat. Hist.):178.

1957 *Chersina angulata* – LOVERIDGE & WILLIAMS, Bull. Mus. comp. Zool., Cambridge (Massachusetts), **115**:345; Abb. 36, 37; Taf. 12.
1961 *Testudo angulata* – WERMUTH & MERTENS, Schildkr. Krokod. Brückenechs.:188; Abb. 139a–c.

Verbreitung: Südwestliches und südliches Afrika (Groß-Namaqualand und Kap-Provinz).

Testudo carbonaria Spix
Untergattung *Chelonoidis*

1824 *Testudo carbonaria* SPIX, Anim. nova s. Spec. nov. Testud. Brasil.:22; Taf. 16. – Terra typica: Amazonas.
1833 *Testudo boiei* WAGLER, Descr. Icon. Amphib.: Taf. 13. – Terra typica: unbekannt.
1889 *Testudo carbonaria* – BOULENGER (partim), Cat. Chelon. Rhynchoceph. Crocod. brit. Mus. (nat. Hist.):157.
1960 *Geochelone carbonaria* – WILLIAMS, Breviora, Mus. comp. Zool., Cambridge (Massachusetts), **120**:10; Fig. 1 [rechts]; Taf. 1 [unten]; Taf. 3.
1961 *Testudo carbonaria* – WERMUTH & MERTENS, Schildkr. Krokod. Brückenechs.: 189; Abb. 140a, b.

Verbreitung: Tropisches Süd-Amerika östlich der Anden (Columbien, Venezuela, Guayana-Staaten, Brasilien, Bolivien und Paraguay).

Testudo chilensis Gray
Untergattung *Chelonoidis*

1870 *Testudo (Gopher) chilensis* GRAY, Ann. Mag. nat. Hist., London, (4) **6**:190. – Terra typica: Mendoza, „Chile" [= Argentinien].
1870 *Testudo argentina* SCLATER (nomen substitutum pro *T. chilensis* GRAY), Ann. Mag. nat. Hist., London, (4) **6**:471.
1889 *Testudo argentina* – BOULENGER, Cat. Chelon. Rhynchoceph. Crocod. brit. Mus. (nat. Hist.):159.
1952 *Testudo (Chelonoidis) chilensis* – WILLIAMS, Bull. Mus. comp. Zool., Cambridge (Massachusetts), **99**:555.
1961 *Testudo chilensis* – WERMUTH & MERTENS, Schildkr. Krokod. Brückenechs.:189; Abb. 141a–c.
1973 *Geochelone donosobarrosi* FREIBERG, Bol. Soc. Biol. Concepcion, **46**:83; Taf. [: 92]. – Terra typica: San Antonio, Rio Negro.
1973 *Geochelone petersi* FREIBERG, Bol. Soc. Biol. Concepcion, **46**:86; Taf. [: 91]. – Terra typica: Kishka, La Banda, Santiago del Estero.
1973 *Geochelone potersi* FREIBERG (ex errore pro *G. petersi*), Bol. Soc. Biol. Concepcion, **46**:91.

Verbreitung: Südliches Süd-Amerika (Argentinien und Uruguay).

Testudo denticulata Linnaeus
Untergattung *Chelonoidis*

1766 *Testudo denticulata* LINNAEUS, Syst. Nat., Ed. 12, **1**:352. – Terra typica: „Virginia".
1782 *Testudo tabulata* WALBAUM (nomen illegitimum quia in opere non binominale), Chelonogr.:122. – Patria ignota.
1792 *Testudo tabulata* SCHOEPFF, Hist. Testud. Icon. illustr.:56; Taf. 12, Fig. 2; Taf. 13; Taf. 14. – Terra typica: „in Africa australi?"

1792 *Testudo tessellata* SCHNEIDER, Schr. Ges. naturf. Freunde Berlin, **10**:262. – Terra typica: unbekannt.
1824 *Testudo hercules* SPIX, Anim. nova s. Spec. nov. Testud. Brasil.:20; Taf. 14. – Terra typica: Wälder am Rio Solimoes.
1824 *Testudo sculpta* SPIX, Anim. nova s. Spec. nov. Testud. Brasil.:21; Taf. 15. – Terra typica: Wälder am Amazonas.
1824 *Testudo cagado* SPIX, Anim. nova s. Spec. nov. Testud. Brasil.:23; Taf. 17. – Terra typica: Umgebung von Bahia.
1831 *Testudo planata* GMELIN (nomen nudum) in GRAY, Synops. Rept., **1** (Cataphracta): 9.
?1833 *Testudo foveolata* SCHINZ (nomen nudum), Naturgesch. Abb. Rept.:40. – Patria: Brasilien.
1889 *Testudo tabulata* – BOULENGER (partim), Cat. Chelon. Rhynchoceph. Crocod. brit. Mus. (nat. Hist.):157.
1952 *Testudo (Chelonoidis) denticulata* – WILLIAMS, Bull. Mus. comp. Zool., Cambridge (Massachusetts), **99**:555.
1960 *Geochelone denticulata* – WILLIAMS, Breviora, Mus. comp. Zool., Cambridge (Massachusetts), **120**:10; Fig. 1 [links]; Taf. 1 [oben]; Taf. 2.
1961 *Testudo denticulata* – WERMUTH & MERTENS, Schildkr. Krokod. Brückenechs.: 191; Abb. 142a–c.

Verbreitung: Tropisches Süd-Amerika östlich der Anden (Columbien, Venezuela, Guayana-Staaten, Peru, Brasilien und Bolivien) sowie Windward-Inseln und Insel Trinidad.

Testudo elegans SCHOEPFF

Untergattung *Geochelone*

1795 *Testudo elegans* SCHOEPFF, Hist. Testud. Icon. illustr.:111; Taf. 25. – Terra typica: östliches Indien.
1812 *Testudo stellata* SCHWEIGGER, Königsberg. Arch. Naturwiss. Math., **1**:325. – Terra typica: Indien.
1828 *Testudo actinoides* BELL, Zool. J., London, **3**:419; Taf. 23. – Terra typica: „Afrika".
1831 *Testudo actinodes* GRAY (ex errore pro *T. actinoides* BELL), Synops. Rept., **1** (Cataphracta):12.
1853 *Testudo megalopus* BLYTH, J. asiat. Soc. Bengal, Calcutta, **22**:640. – Terra typica: unbekannt.
1889 *Testudo elegans* – BOULENGER, Cat. Chelon. Rhynchoceph. Crocod. brit. Mus. (nat. Hist.):161.
1952 *Testudo (Geochelone) elegans* – WILLIAMS, Bull. Mus. comp. Zool., Cambridge (Massachusetts), **99**:555.
1961 *Testudo elegans* – WERMUTH & MERTENS, Schildkr. Krokod. Brückenechs.:192; Abb. 143a–c.

Verbreitung: Vorder-Indien und Ceylon (= Sri Lanka).

Testudo elephantopus HARLAN

Untergattung *Chelonoidis*

Testudo elephantopus elephantopus HARLAN

?1824 *Testudo nigra* QUOY & GAIMARD, Voy. Uranie, Phys., Zool.:174. – Terra typica: „Sandwich-Inseln".
?1824 *Testudo californiana* QUOY & GAIMARD, Bull. Sci. nat., Paris, **1**:90; Taf. 11. – Terra typica: „Sandwich-Inseln".

1827 *Testudo elephantopus* HARLAN, J. Acad. nat. Sci. Philadelphia, 5:284; Taf. 11. – Terra typica: Galapagos-Inseln.
?1831 *Testudo schweigeri* GRAY, Synops. Rept., 1 (Cataphracta):10. – Terra typica: unbekannt.
1853 *Testudo planiceps* GRAY (non *Testudo planiceps* SCHOEPFF 1792), Proc. zool. Soc. London, **1853**:12. – Terra typica: Galapagos-Inseln.
1875 *Testudo microphyes* GÜNTHER, Philos. Transact. roy. Soc. London, **165**:275. – Terra typica: Galapagos-Inseln; Insel Hood?
1875 *Testudo vicina* GÜNTHER, Philos. Transact. roy. Soc. London, **165**:277. – Terra typica: Iguana Cove, Süden der Insel Albemarle.
1889 *Testudo guentheri* BAUR, Amer. Natural., New York, **23**:1044. – Terra typica: Villamiel, Südwesten der Insel Albemarle.
1889 *Testudo schweiggeri* BOULENGER (nomen emendatum pro *T. schweigeri* GRAY), Cat. Chelon. Rhynchoceph. Crocod. brit. Mus. (nat. Hist.):156; Taf. 1–3.
1889 *Testudo nigra* – BOULENGER, Cat. Chelon. Rhynchoceph. Crocod. brit. Mus. (nat. Hist.):170.
1889 *Testudo microphyes* – BOULENGER, Cat. Chelon. Rhynchoceph. Crocod. brit. Mus. (nat. Hist.):170.
1889 *Testudo vicina* – BOULENGER, Cat. Chelon. Rhynchoceph. Crocod. brit. Mus. (nat. Hist.):170.
1901 *Testudo becki* ROTHSCHILD, Novit. zool., London, **8**:372. – Terra typica: Cape Berkeley, Nordspitze der Insel Albemarle.
1917 *Testudo macrophyes* GARMAN, Mem. Mus. comp. Zool., Cambridge (Massachusetts), **30**:273; Taf. 3–5. – Terra typica: Tagus Cove, Nordwesten der Insel Albemarle.
1917 *Testudo clivosa* GARMAN, Mem. Mus. comp. Zool., Cambridge (Massachusetts), **30**:283; Taf. 21. – Terra typica: „Narraga, Mascarenen oder Galapagos-Inseln?"
1917 *Testudo typica* GARMAN, Mem. Mus. comp. Zool., Cambridge (Massachusetts), **30**: 285; Taf. 22, 34. – Terra typica: unbekannt.
1930 *Testudo vandenburghi* DE SOLA, Copeia, New York &c., **1930**:80. – Terra typica: Mittlerer Teil der Insel Albemarle, etwa 40 Meilen von Villamiel Settlement entfernt.
1952 *Testudo (Chelonoidis) elephantopus* – WILLIAMS, Bull. Mus. comp. Zool., Cambridge (Massachusetts), **99**:555.
1955 *Testudo elephantopus elephantopus* – MERTENS & WERMUTH, Zool. Jb., Syst., Jena, **83**:375.
1961 *Testudo elephantopus elephantopus* – WERMUTH & MERTENS, Schildkr. Krokod. Brückenechs.:195; Abb. 144a–e.

Verbreitung: Galapagos-Archipel (Insel Albemarle = Isabella).

Testudo elephantopus abingdonii GÜNTHER

1877 *Testudo abingdonii* GÜNTHER, Gigant. Land-Tort.:85; Taf. 40, Taf. 41; Taf. 45d–f; Taf. 48a–c; Taf. 49d, e; Taf. 50f, g. – Terra typica: Insel Abingdon.
1889 *Testudo abingdonii* – BOULENGER, Cat. Chelon. Rhynchoceph. Crocod. brit. Mus. (nat. Hist.):171.
1955 *Testudo elephantopus abingdonii* – MERTENS & WERMUTH, Zool. Jb., Syst., Jena, **83**:376.
1961 *Testudo elephantopus abingonii* – WERMUTH & MERTENS, Schildkr. Krokod. Brückenechs.:197; Abb. 145.

Verbreitung: Galapagos-Archipel (Insel Abingdon = Pinta; vermutlich ausgestorben).

Testudo elephantopus chathamensis VAN DENBURGH

1907 *Testudo chathamensis* VAN DENBURGH, Proc. californ. Acad. Sci., San Francisco, (4) **1**:4. – Terra typica: Insel Chatham.
1955 *Testudo elephantopus chathamensis* – MERTENS & WERMUTH, Zool. Jb., Syst., Jena, **83**:376.
1961 *Testudo elephantopus chathamensis* – WERMUTH & MERTENS, Schildkr. Krokod. Brückenechs.:198.

Verbreitung: Galapagos-Archipel (Insel Chatham = San Christobal).

Testudo elephantopus darwini VAN DENBURGH

1907 *Testudo darwini* VAN DENBURGH, Proc. californ. Acad. Sci., San Francisco, (4) **1**:4. – Terra typica: Insel James.
1955 *Testudo elephantopus darwini* – MERTENS & WERMUTH, Zool. Jb., Syst., Jena, **83**:376.
1961 *Testudo elephantopus darwini* – WERMUTH & MERTENS, Schildkr. Krokod. Brückenechs.:198.

Verbreitung: Galapagos-Archipel (Insel James = San Salvador).

Testudo elephantopus ephippium GÜNTHER

1875 *Testudo ephippium* GÜNTHER, Philos. Transact. roy. Soc. London, **165**:271. – Terra typica: „Charles Island?"
1889 *Testudo ephippium* – BOULENGER, Cat. Chelon. Rhynchoceph. Crocod. brit. Mus. (nat. Hist.):171.
1955 *Testudo elephantopus ephippium* – MERTENS & WERMUTH, Zool. Jb., Syst., Jena, **83**:376.
1961 *Testudo elephantopus ephippium* – WERMUTH & MERTENS, Schildkr. Krokod. Brückenechs.:198; Abb. 146.

Verbreitung: Galapagos-Archipel (Insel Duncan = Pinzón; vermutlich ausgestorben).

Testudo elephantopus galapagoensis BAUR

1889 *Testudo galapagoensis* BAUR, Amer. Natural., New York, **23**:1044. – Terra typica: Insel Charles.
1955 *Testudo elephantopus galapagoensis* – MERTENS & WERMUTH, Zool. Jb., Syst., Jena, **83**:376.
1961 *Testudo elephantopus galapagoensis* – WERMUTH & MERTENS, Schildkr. Krokod. Brückenechs.:198; Abb. 147a, b.

Verbreitung: Galapagos-Archipel (Insel Charles = Floreana; vermutlich ausgestorben).

Testudo elephantopus hoodensis VAN DENBURGH

1907 *Testudo hoodensis* VAN DENBURGH, Proc. californ. Acad. Sci., San Francisco, (4) **1**:3. – Terra typica: Insel Hood.
1955 *Testudo elephantopus hoodensis* – MERTENS & WERMUTH, Zool. Jb., Syst., Jena, **83**:376.

1961 *Testudo elephantopus hoodensis* – WERMUTH & MERTENS, Schildkr. Krokod. Brückenechs.:200.

Verbreitung: Galapagos-Archipel (Insel Hood = Española).

Testudo elephantopus nigrita DUMÉRIL & BIBRON

1835 *Testudo nigrita* DUMÉRIL & BIBRON, Erpétol. gén., Hist. nat. Rept., **2**:80. – Terra typica designata (MERTENS & WERMUTH 1955): Insel Indefatigable.
1889 *Testudo nigrita* – BOULENGER, Cat. Chelon. Rhynchoceph. Crocod. brit. Mus. (nat. Hist.):169.
1903 *Testudo porteri* ROTHSCHILD, Novit. zool., London, **10**:119. – Terra typica: Insel Indefatigable.
1955 *Testudo elephantopus nigrita* – MERTENS & WERMUTH, Zool. Jb., Syst., Jena, **83**:376.
1961 *Testudo elephantopus nigrita* – WERMUTH & MERTENS, Schildkr. Krokod. Brükkenechs.:200; Abb. 148a–c.

Verbreitung: Galapagos-Archipel (Insel Indefatigable = Santa Cruz).

Testudo elephantopus phantastica VAN DENBURGH

1907 *Testudo phantastica* VAN DENBURGH, Proc. californ. Acad. Sci., San Francisco, (4) **1**:4. – Terra typica: Insel Narborough.
1955 *Testudo elephantopus phantastica* – MERTENS & WERMUTH, Zool. Jb., Syst., Jena, **83**:376.
1961 *Testudo elephantopus phantastica* – WERMUTH & MERTENS, Schildkr. Krokod. Brückenechs.:201.

Verbreitung: Galapagos-Archipel (Insel Narborough = Fernandina).

Testudo elephantopus wallacei ROTHSCHILD

1902 *Testudo wallacei* ROTHSCHILD, Novit. zool., London, **9**:619. – Terra typica: „Insel Chatham".
1955 *Testudo elephantopus wallacei* – MERTENS & WERMUTH, Zool. Jb., Syst., Jena, **83**:377.
1961 *Testudo elephantopus wallacei* – WERMUTH & MERTENS, Schildkr. Krokod. Brückenechs.:201.

Verbreitung: Galapagos-Archipel (Insel Jervis = Rábida).

Testudo elongata BLYTH

Untergattung *Indotestudo*

1853 *Testudo elongata* BLYTH, J. asiat. Soc. Bengal, Calcutta, **22**:639. – Terra typica: Arakan.
1889 *Testudo elongata* – BOULENGER, Cat. Chelon. Rhynchoceph. Crocod. brit. Mus. (nat. Hist.):173.
1913 *Testudo parallelus* ANNANDALE, Rec. ind. Mus., Calcutta, **9**:76; Taf. 5, Fig. 3, 3a. – Terra typica: Chaibasa (Singhbhum) District, Chota Nagpur.
1952 *Testudo (Indotestudo) elongata* – WILLIAMS, Bull. Mus. comp. Zool., Cambridge (Massachusetts), **99**:555.
1961 *Testudo elongata* – WERMUTH & MERTENS, Schildkr. Krokod. Brückenechs.:201; Abb. 149a–d.

V e r b r e i t u n g: Östliches Vorder-Indien (von Chota Nagpur an ostwärts bis Assam) und Hinter-Indien (Burma, Thailand, Cambodja, Laos, Vietnam und Malayische Halbinsel, südwärts bis Pinang).

Testudo emys SCHLEGEL & MÜLLER
Untergattung *Manouria*

1844 *Testudo emys* SCHLEGEL & S. MÜLLER in TEMMINCK, Verh. nat. Gesch. nederl. Bezitt., Schildp.:34; Taf. 4. – T e r r a t y p i c a: Sumatra.
1851 *Testudo emydoides* DUMÉRIL, BIBRON & DUMÉRIL (nomen substitutum pro *T. emys* SCHLEGEL & MÜLLER), Cat. méthod. Coll. Rept.:4.
1853 *Testudo phayrei* BLYTH, J. asiat. Soc. Bengal, Calcutta, **22**:639. – T e r r a t y p i c a: Tenasserim Provinces, Arakan.
1852 *Manouria fusca* GRAY, Proc. zool. Soc. London, **1852**:134. – T e r r a t y p i c a: Singapore.
1854 *Teleopus luxatus* LECONTE, Proc. Acad. nat. Sci. Philadelphia, **1854**:187. – T e r r a t y p i c a: „Java".
1869 *Testudo (Scapia) falconeri* GRAY, Proc. zool. Soc. London, **1869**:169; Abb. 1. – T e r r a t y p i c a: „Indien?"
1889 *Testudo emys* – BOULENGER, Cat. Chelon. Rhynchoceph. Crocod. brit. Mus. (nat. Hist.):158; Abb. 43.
1952 *Testudo (Manouria) emys* – WILLIAMS, Bull. Mus. comp. Zool., Cambridge (Massachusetts), **99**:555.
1961 *Testudo emys* – WERMUTH & MERTENS, Schildkr. Krokod. Brückenechs.:201; Abb. 150a–d.

V e r b r e i t u n g: Östliches Vorder-Indien (Assam), Hinter-Indien (Burma, Thailand, Cambodja, südliches Vietnam: Cochinchina und Malayische Halbinsel) sowie Sunda-Archipel (Inseln Sumatra und Borneo).

Testudo forstenii SCHLEGEL & MÜLLER
Untergattung *Indotestudo*

1844 *Testudo forstenii* SCHLEGEL & S. MÜLLER in TEMMINCK, Verh. nat. Gesch. nederl. Bezitt., Schildp.:30. – T e r r a t y p i c a: Gilolo.
1889 *Testudo forstenii* – BOULENGER, Cat. Chelon. Rhynchoceph. Crocod. brit. Mus. (nat. Hist.):174.
1952 *Testudo (Indotestudo) forsteni* – WILLIAMS, Bull. Mus. comp. Zool., Cambridge (Massachusetts), **99**:555.
1961 *Testudo forstenii* – WERMUTH & MERTENS, Schildkr. Krokod. Brückenechs.:201; Abb. 151.

V e r b r e i t u n g: Sunda-Archipel (Inseln Celebes und Halmahera).

Testudo geometrica LINNAEUS
Untergattung *Psammobates*

1758 *Testudo geometrica* LINNAEUS, Syst. Nat., Ed. 10, **1**:199. – T e r r a t y p i c a: „Asien".
1802 *Testudo luteola* DAUDIN, Hist. nat. gén. part Rept., **2**:277. – T e r r a t y p i c a: unbekannt.
1869 *Peltastes geographicus* GRAY (ex errore pro *T. geometrica* LINNAEUS), Proc. zool. Soc. London, **1869**:173.
1889 *Testudo geometrica* – BOULENGER, Cat. Chelon. Rhynchoceph. Crocod. brit. Mus. (nat. Hist.):162.

1893 *Testudo strauchi* LIDTH DE JEUDE, Not. Leyden Mus., **15**:312; Taf. 9. – Terra typica: Kap der Guten Hoffnung.
1957 *Psammobates geometricus* – LOVERIDGE & WILLIAMS, Bull. Mus. comp. Zool., Cambridge (Massachusetts), **115**:319; Taf. 8.
1961 *Testudo geometrica* – WERMUTH & MERTENS, Schildkr. Krokod. Brückenechs.:204; Abb. 152a, b.

Verbreitung: Südliches Afrika (äußerster Südwesten der Kap-Provinz).

Testudo gigantea SCHWEIGGER
Untergattung *Megalochelys*

Testudo gigantea gigantea SCHWEIGGER

1812 *Testudo gigantea* SCHWEIGGER, Königsber. Arch. Naturwiss. Math., **1**:327. – Terra typica: „Brasilien".
1877 *Testudo hololissa* GÜNTHER, Gigant. Land-Tort.:39; Taf. 7. – Terra typica: „Insel Aldabra".
1889 *Testudo gigantea* – BOULENGER, Cat. Chelon. Rhynchoceph. Crocod. brit. Mus. (nat. Hist.):168.
1889 *Testudo hololissa* – BOULENGER, Cat. Chelon. Rhynchoceph. Crocod. brit. Mus. (nat. Hist.):168.
1955 *Testudo gigantea gigantea* – MERTENS & WERMUTH, Zool. Jb., Syst., Jena, **83**: 378.
1957 *Geochelone* (*Aldabrachelys*) *gigantea* – LOVERIDGE & WILLIAMS, Bull. Mus. comp. Zool., Cambridge (Massachusetts), **115**:225.
1961 *Testudo gigantea gigantea* – WERMUTH & MERTENS, Schildkr. Krokod. Brückenechs.:204; Abb. 153a, b.

Verbreitung: Seychellen-Archipel (Insel Mahé; nicht mehr freilebend).

Testudo gigantea daudinii DUMÉRIL & BIBRON

1835 *Testudo daudinii* DUMÉRIL & BIBRON, Erpétol. gén., Hist. nat. Rept., **2**:123. – Terra typica: „Indes orientales".
1889 *Testudo daudinii* – BOULENGER, Cat. Chelon. Rhynchoceph. Crocod. brit. Mus. (nat. Hist.):169.
1955 *Testudo gigantea daudinii* – MERTENS & WERMUTH, Zool. Jb., Syst., Jena, **83**: 378.
1961 *Testudo gigantea daudinii* – WERMUTH & MERTENS, Schildkr. Krokod. Brückenechs.:205; Abb. 154.

Verbreitung: Süden der Insel Aldabra (nördlich von Madagaskar).

Testudo gigantea elephantina DUMÉRIL & BIBRON

1835 *Testudo elephantina* DUMÉRIL & BIBRON, Erpétol. gén., Hist. nat. Rept.; **2**:110. – Terra typica: „Ile de France [= Mauritius] und andere Inseln im Kanal von Mozambique".
?1877 *Testudo ponderosa* GÜNTHER, Gigant. Land-Tort.:35; Taf. 6; Taf. 8b; Taf. 9b; Taf. 13c; Taf. 18; Taf. 24a. – Terra typica: unbekannt.
1889 *Testudo elephantina* – BOULENGER, Cat. Chelon. Rhynchoceph. Crocod. brit. Mus. (nat. Hist.):167.
1897 *Testudo gigantea elephantina* – ROTHSCHILD, Novit. zool., London, **4**:407; Taf. 13.
1961 *Testudo gigantea elephantina* – WERMUTH & MERTENS, Schildkr. Krokod. Brükkenechs.:206; Abb. 155a, b.

Verbreitung: Seychellen-Archipel (Norden der Insel Aldabra).

Testudo graeca LINNAEUS
Untergattung *Testudo*

Testudo graeca graeca LINNAEUS

1758 *Testudo graeca* LINNAEUS, Syst. Nat., Ed. 10, 1:198. – Terra typica restricta (MERTENS & L. MÜLLER 1928): Santa Cruz, Oran.
1758 *Testudo pusilla* LINNAEUS, Syst. Nat., Ed. 10, 1:199. – Terra typica designata (WERMUTH 1956): Santa Cruz, Oran.
1835 *Testudo mauritanica* DUMÉRIL & BIBRON, Erpétol. gén., Hist. nat. Rept., 2:44. – Terra typica designata (MERTENS & WERMUTH 1955): Umgebung von Algier.
1835 *Tistudo mauritonica* KERCADO (errores typographici pro *Testudo mauritanica*), Acta Soc. LINN. Bordeaux, 30:35.
1836 *Testudo whitei* BENNETT in WHITE, Nat. Hist. Selborne:361. – Terra typica: unbekannt.
1889 *Testudo ibera* – BOULENGER, Cat. Chelon. Rhynchoceph. Crocod. brit. Mus. (nat. Hist.):176; Abb. 44.
1946 *Testudo graeca graeca* – MERTENS, Senckenbergiana, Frankfurt am Main, 27:112.
1952 *Testudo (Testudo) graeca* – WILLIAMS, Bull. Mus. comp. Zool., Cambridge (Massachusetts), 99:555.
1961 *Testudo graeca graeca* – WERMUTH & MERTENS, Schildkr. Krokod. Brückenechs.:209.

Verbreitung: Südwestliches Europa (südliches Spanien und Pityusen-Inseln) sowie nördliches Afrika (von Marokko an ostwärts bis zur Cyrenaika).

Testudo graeca ibera PALLAS

1814 *Testudo ibera* PALLAS, Zoogr. rosso-asiat., 3:18; Taf. 2, Fig. 2, 3. – Terra typica designata (MERTENS 1946): Iberien = Gebiet des mittleren Kura-Tales im Kaukasus.
1814 *Testudo georgicana* GÜLDENSTEDT (nomen nudum) in PALLAS, Zoogr. rosso-asiat., 3:18. – Patria: Georgien.
?1814 *Testudo ecaudata* PALLAS, Zoogr. rosso-asiat., 3:19; Taf. 3, Fig. 1, 2. – Terra typica: Waldgebiete von Persien am Kaspischen Meer.
1853 *Testudo iberia* BLYTH (ex errore pro *T. ibera*), J. asiat. Soc. Bengal, Calcutta, 22:642.
1918 *Testudo ibera* var. *bicaudalis* VENZMER (nomen nudum), S.Ber. Ges. naturf. Freunde Berlin, 1918:213. – Patria: Cilicischer Taurus.
1920 *Testudo ibera* var. *bicaudalis* VENZMER, Zool. Anz., Leipzig, 51:289; Abb. 1, 2. – Terra typica: Cilicischer Taurus.
1921 *Testudo buxtoni* BOULENGER, J. Bombay nat. Hist. Soc., 27:251. – Terra typica: Manjil, zwischen Resht und Kasuin, Südküste des Kaspischen Meeres.
1931 *Testudo ibera racovitzai* CALINESCU, Mem. Sect. stiin. Acad. român., Bucuresti, (3) 7:169; Taf. 6, 7. – Terra typica: Turtucaia, Duvostoo, Rumänien.
1946 *Testudo graeca ibera* – MERTENS, Senckenbergiana, Frankfurt am Main, 27:112.
1961 *Testudo graeca ibera* – WERMUTH & MERTENS, Schildkr. Krokod. Brückenechs.: 209; Abb. 156a–d.

Verbreitung: Südöstliches Europa (östliche Balkan-Länder südlich und östlich der Donau) sowie südwestliches Asien (von Kleinasien und Transkaukasien an ostwärts bis zum Iran).

T e s t u d o g r a e c a t e r r e s t r i s FORSKÅL

1775 *Testudo terrestris* FORSKÅL (nomen conservandum: Opinion 660, ICZN, 1963; non *Testudo terrestris* FERMIN 1765 = nomen oblitum), Descr. Anim. Faun. orient. Conspect.:VIII, 12. – T e r r a t y p i c a r e s t r i c t a (WERMUTH 1958): Libanon-Gebirge.
1831 *Testudo zolkafa* FORSKÅL (nomen nudum) in GRAY, Synops. Rept., **1** (Cataphracta):13. – P a t r i a : Arabien.
1835 *Testudo zohalfa* FORSKÅL (nomen nudum) in DUMÉRIL & BIBRON, Erpétol. gén., Hist. nat. Rept., **2**:44. – P a t r i a : Arabien.
1935 *Testudo floweri* BODENHEIMER, Anim. Life Palestina:197. – T e r r a t y p i c a : Wüste Negev, südliches Israel.
1946 *Testudo graeca floweri* – MERTENS, Senckenbergiana, Frankfurt am Main, **27**:112.
1958 *Testudo graeca terrestris* – WERMUTH, Senckenb. biol., Frankfurt am Main, **39**: 152; Taf. 20, 21.
1961 *Testudo graeca terrestris* – WERMUTH & MERTENS, Schildkr. Krokod. Brückenechs.:210.

V e r b r e i t u n g : Südwestliches Asien (äußerster Süden von Anatolien, Syrien und Israel) sowie nordöstliches Afrika (vom mittleren Ägypten an westwärts bis Libyen).

T e s t u d o g r a e c a z a r u d n y i NIKOLSKIJ

1896 *Testudo zarudnyi* NIKOLSKIJ, Ann. Mus. zool. Acad. Sci. St. Pétersbourg, **1**:369. – T e r r a t y p i c a r e s t r i c t a (MERTENS 1946): Berge in der Provinz Birdschan, östlicher Iran.
1946 *Testudo graeca zarudnyi* – MERTENS, Senckenbergiana, Frankfurt am Main, **27**: 113.
1961 *Testudo graeca zarudnyi* – WERMUTH & MERTENS, Schildkr. Krokod. Brückenechs.:210.

V e r b r e i t u n g : Südwestliches Asien (östlicher Iran).

Testudo hermanni GMELIN

Untergattung *Testudo*

T e s t u d o h e r m a n n i h e r m a n n i GMELIN

1789 *Testudo hermanni* GMELIN, LINN. Syst. Nat., Ed. 13, **1**:1041. – T e r r a t y p i c a : Unbekannt.
1881 *Testudo graeca bettai* LATASTE, Le Naturaliste, Paris, **1**:396, 530. – T e r r a t y p i c a : unbekannt.
1889 *Testudo graeca* – BOULENGER, Cat. Chelon. Rhynchoceph. Crocod. brit. Mus. (nat. Hist.):177.
1889 *Testudo graeca* var. *boettgeri* MOJSISOVICS (non *Testudo boettgeri* SIEBENROCK 1904), Mitt. naturwiss. Ver. Steiermark, Graz, **1888**:242. – T e r r a t y p i c a : Orsova, Banat.
1899 *Testudo graeca* var. *hercegovinensis* WERNER, Mitt. Bosn. Herzegow., Wien, **6**:818. – T e r r a t y p i c a : Trebinje, Herzegowina.
1932 *Testudo enriquesi* PARENZAN, Atti Ist. veneto Sci. Lett. Art., **91**:1160; Taf. 30–32; Taf. 33, Fig. 3, 7. – T e r r a t y p i c a : Conca di Elbassan, Skumbi, mittleres Albanien.
1952 *Testudo (Testudo) hermanni* – WILLIAMS, Bull. Mus. comp. Zool., Cambridge (Massachusetts), **99**:555.
1952 *Testudo hermanni hermanni* – WERMUTH, Senckenbergiana, Frankfurt am Main, **33**:161; Abb. 2.

1961 *Testudo hermanni hermanni* – WERMUTH & MERTENS, Schildkr. Krokod. Brükkenechs.:210; Abb. 157a–c.
*1965; *Testudo ermania* ZAHND & PORTE (fide Zool. Rec., **100** [1963] Rept.:63; ex errore pro *T. hermanni*?), C. R. Soc. Biol., Paris, **157**:1490–1491.

Verbreitung: Südliches und südöstliches Europa (südliches Italien und Balkan-Länder; vom Donau-Gebiet an südwärts [fehlt in der Dobrudscha] bis zum Peloponnes einschließlich der Inseln; nördlich der Donau im südwestlichen Rumänien).

Testudo hermanni robertmertensi WERMUTH

1952 *Testudo hermanni robertmertensi* WERMUTH, Senckenbergiana, Frankfurt am Main, **33**:162; Abb. 1, 5, 6. – Terra typica: Gebirge nördlich von Arta, Insel Mallorca, Balearen.
1961 *Testudo hermanni robertmertensi* – WERMUTH & MERTENS, Schildkr. Krokod. Brückenechs.:211.

Verbreitung: Südwestliches Europa (südliches Frankreich, östliches Spanien, Balearen-Inseln, Pianosa, Korsika und Sardinien; mittleres Italien).

Testudo horsfieldii GRAY

Untergattung *Agrionemys*

1844 *Testudo horsfieldii* GRAY, Cat. Tort. Crocod. Amphisb. Coll. brit. Mus.:7. – Terra typica: Afghanistan.
1854 *Homopus burnesii* BLYTH, J. asiat. Soc. Bengal, Calcutta, **22**:642. – Terra typica: Afghanistan.
1889 *Testudo horsfieldii* – BOULENGER, Cat. Chelon. Rhynchoceph. Crocod. brit. Mus. (nat. Hist.):178.
1906 *Testudo baluchiorum* ANNADALE, J. asiat. Soc. Bengal, Calcutta, (2) **2**:75; Taf. 2, Fig. 1. – Terra typica: Baluchistan.
1961 *Testudo horsfieldii* – WERMUTH & MERTENS, Schildkr. Krokod. Brückenechs.: 212; Abb. 158a–c.
1966 *Agrionemys horsfieldii* – KHOZATSKY & MLYNARSKI, Bull. Acad. polon. Sci., Cl. 2, Krakow, **14**:123.

Verbreitung: Südwestliches Asien (östliches kaspisches Gebiet, Turkestan, Iran, Afghanistan und nördliches Pakistan).

Testudo impressa (GÜNTHER)

Untergattung *Manouria*

1882 *Geoemyda impressa* GÜNTHER, Proc. zool. Soc. London, **1882**:343; Abb. 1–3. – Terra typica: Siam.
1894 *Geoemyda latinuchalis* VAILLANT, Bull. Soc. philom. Paris, (8) **6**:68. – Terra typica: Rivière Noir, Tonkin.
1889 *Testudo emys* – BOULENGER (partim), Cat. Chelon. Rhynchoceph. Crocod. brit. Mus. (nat. Hist.):158.
1903 *Testudo pseudemys* BOULENGER in ANNADALE & ROBINSON, Fasc. malay., Zool., **1**:144; Abb.; Taf. 9. – Terra typica: Batang Padang District, südliches Perak.
1922 *Testudo impressa* – M. A. SMITH, J. nat. Hist. Soc. Siam, Bangkok, **4**:204.
1952 *Testudo (Manouria) impressa* – WILLIAMS, Bull. Mus. comp. Zool., Cambridge (Massachusetts), **99**:555.

1961 *Testudo impressa* – WERMUTH & MERTENS, Schildkr. Krokod. Brückenechs.:214; Abb. 160a–d.

Verbreitung: Hinter-Indien (Burma, Thailand, Vietnam: von Tonkin südwärts bis Annam und Malayische Halbinsel).

Testudo kleinmanni LORTET

Untergattung *Pseudotestudo*

1869 *Testudo leithii* GÜNTHER (non † *Testudo leithii* CARTER 1852), Proc. zool. Soc. London, **1869**:502; Abb. 1–4. – Terra typica: „Sindh, Baluchistan".
1883 *Testudo kleinmanni* LORTET, Arch. Mus. Hist. nat., Lyon, **3**:188. – Terra typica: Umgebung von Alexandria.
1889 *Testudo leithii* – BOULENGER, Cat. Chelon. Rhynchoceph. Crocod. brit. Mus. (nat. Hist.):175.
1957 *Testudo (Pseudotestudo) kleinmanni* – LOVERIDGE & WILLIAMS, Bull. Mus. comp. Zool., Cambridge (Massachusetts), **115**:276; Abb. 22–24; Taf. 4.
1961 *Testudo kleinmanni* – WERMUTH & MERTENS, Schildkr. Krokod. Brückenechs.: 214; Abb. 161a–d.

Verbreitung: Nordöstliches Afrika (östliches Libyen und nördliches Ägypten) sowie südwestliches Asien (Sinai-Halbinsel und südliches Israel).

Testudo marginata SCHOEPFF

Untergattung *Testudo*

1782 *Testudo tabulata* var. *campanulata* WALBAUM (nomen illegitimum), Chelonogr.:124.
1792 *Testudo marginata* SCHOEPFF, Hist. Testud. Icon. illustr.:52; Taf. 11; Taf. 12, Fig. 1. – Terra typica: unbekannt.
1804 *Testudo graja* HERMANN, Observ. zool.:219. – Terra typica designata (MERTENS & WERMUTH 1955): Griechenland.
1862 *Testudo campanulata* STRAUCH, Mém. Acad. imp. Sci. St. Pétersbourg, (7) **5** 7:65. – Terra typica: Griechenland.
1875 *Testudo nemoralis* SCHREIBER, Herpetol. europ., Ed. 1:557; Abb. 118, 119. – Terra typica: Griechenland.
1889 *Testudo marginata* – BOULENGER, Cat. Chelon. Rhynchoceph. Crocod. brit. Mus. (nat. Hist.):165.
1957 *Testudo (Testudo) marginata* – LOVERIDGE & WILLIAMS, Bull. Mus. comp. Zool., Cambridge (Massachusetts), **115**:258.
1961 *Testudo marginata* – WERMUTH & MERTENS, Schildkr. Krokod. Brückenechs.:214; Abb. 162a–c.

Verbreitung: Südöstliches Europa (südliches Griechenland, nordwärts bis zum Olymp, und Insel Skyros, 19 Seemeilen östlich von Euböa; auf Sardinien eingeführt).

Testudo oculifera KUHL

Untergattung *Psammobates*

1820 *Testudo oculifera* KUHL, Beitr. Zool., Amphib.:77. – Terra typica: „Cap".
1839 *Testudo semiserrata* A. SMITH, Illustr. Zool. South Afr., Rept.:Taf. 6. – Terra typica: „Districts between Latakoo and the Tropic of Capricorn", südliches Afrika.
1889 *Testudo oculifera* – BOULENGER, Cat. Chelon. Rhynchoceph. Crocod. brit. Mus. (nat. Hist.):165.

1957 *Psammobates oculifer* – LOVERIDGE & WILLIAMS, Bull. Mus. comp. Zool., Cambridge (Massachusetts), **115**:315; Abb. 31; Taf. 7.
1961 *Testudo oculifera* – WERMUTH & MERTENS, Schildkr. Krokod. Brückenechs.:214; Abb. 163a–c.

Verbreitung: Südwestliches und südliches Afrika (Damaraland, Groß- und Klein-Namaqualand, Botswana und Oranje-Freistaat).

Testudo pardalis BELL

Untergattung *Geochelone*

Testudo pardalis pardalis BELL

1828 *Testudo pardalis* BELL, Zool. J., London, **3**:420; Suppl.:Taf. 25. – Terra typica: Kap der Guten Hoffnung.
1829 *Testudo biguttata* CUVIER (nomen nudum), Règne animal, Ed. 2, **2**:10.
1831 *Testudo armata* BOIE (nomen nudum) in GRAY, Synops. Rept., **1** (Cataphracta):12.
1831 *Testudo bipunctata* GRAY (ex errore pro *T. biguttata*), Synops. Rept., **1** (Cataphracta):12.
1889 *Testudo pardalis* – BOULENGER, Cat. Chelon. Rhynchoceph. Crocod. brit. Mus. (nat. Hist.):160.
1935 *Testudo pardalis pardalis* – LOVERIDGE, Bull. Mus. comp. Zool., Cambridge (Massachusetts), **79**:4.
1957 *Geochelone pardalis pardalis* – LOVERIDGE & WILLIAMS, Bull. Mus. comp. Zool., Cambridge (Massachusetts), **115**:251; Taf. 2, Fig. A, C.
1961 *Testudo pardalis pardalis* – WERMUTH & MERTENS, Schildkr. Krokod. Brückenechs.:219.

Verbreitung: Südwestliches und südliches Afrika (vom südlichsten Namaqualand an südwärts bis zur Kap-Halbinsel).

Testudo pardalis babcocki LOVERIDGE

1935 *Testudo pardalis babcocki* LOVERIDGE, Bull. Mus. comp. Zool., Cambridge (Massachusetts), **79**:4; Taf. 1, Fig. 1, 2. – Terra typica: Mount Davasien, Karamoja, Uganda.
1957 *Geochelone pardalis babcocki* – LOVERIDGE & WILLIAMS, Bull. Mus. comp. Zool., Cambridge (Massachusetts), **115**:235; Abb. 17, 18, 21 A; Taf. 2, Fig. B, D.
1961 *Testudo pardalis babcocki* – WERMUTH & MERTENS, Schildkr. Krokod. Brückenechs.:219; Abb. 164a–c.
1974 *Geochelone paradalis babcocki* DADD (ex errore pro *Geochelone pardalis babcocki*), Zool. Record, London, **108** (1971, Sect. 17, Rept.):88.

Verbreitung: Östliches und südliches Afrika (vom südlichen Sudan an südwärts bis zur Kap-Provinz, westwärts bis Angola und Namaqualand).

Testudo planicauda GRANDIDIER

Untergattung *Acinixys*

1867 *Testudo planicauda* GRANDIDIER, Rev. Mag. Zool., Paris, (2) **19**:233. – Terra typica: Mouroundava, westliches Madagaskar.
1902 *Acinixys planicauda* – SIEBENROCK, Anz. k. k. österr. Akad. Wiss. Wien, math.-naturwiss. Kl., Abt. 1, **1902**:12.
1957 *Acinixys planicauda* – LOVERIDGE & WILLIAMS, Bull. Mus. comp. Zool., Cambridge (Massachusetts), **115**:217.

1961 *Testudo planicauda* – WERMUTH & MERTENS, Schildkr. Krokod. Brückenechs.:219; Abb. 165a–c.
1972 *Testudo morondavaensis* VUILLEMIN, Ann. Univ. Madagascar, Tananarive, (Sér. Sci. Nat. Math.) **9**:127; Taf. 1, Fig. 1–4; Taf. 2, Fig. 1–3; Taf. 3, Fig. 1–4; Taf. 5, Fig. 1. – Terra typica: Morondava, Südwest-Küste von Madagaskar.

Verbreitung: Westliches Madagaskar.

Testudo platynota BLYTH

Untergattung *Geochelone*

1863 *Testudo platynota* BLYTH, J. asiat. Soc. Bengal, Calcutta, **32**:83. – Terra typica: Lower Pegu.
1889 *Testudo platynota* – BOULENGER, Cat. Chelon. Rhynchoceph. Crocod. brit. Mus. (nat. Hist.):162.
1941 *Testudo platinota* BOURRET (ex errore pro *T. platynota*), Notes Inst. océanogr. Indochine, Cauda, **38**:Taf. 30.
1952 *Testudo (Geochelone) platynota* – WILLIAMS, Bull. Mus. comp. Zool., Cambridge (Massachusetts), **99**:555.
1961 *Testudo platynota* – WERMUTH & MERTENS, Schildkr. Krokod. Brückenechs.:221; Abb. 166a–c.

Verbreitung: Westliches Hinter-Indien (Burma, außer Tenasserim).

Testudo radiata SHAW

Untergattung *Asterochelys*

1802 *Testudo radiata* SHAW, Gen. Zool., Syst. nat. Hist., **3**:22; Taf. 2, Fig. 2. – Terra typica: Madagaskar.
1802 *Testudo coui* DAUDIN, Hist. nat. gén. part. Rept., **2**:271; Taf. 26, Fig. 1, 2. – Terra typica: unbekannt.
1835 *Testudo madagascariensis* DUMÉRIL & BIBRON (nomen nudum), Erpétol. gén., Hist. nat. Rept., **2**:83. – **Patria**: Madagaskar.
1869 *Testudo desertorum* GRANDIDIER, Rev. Mag. Zool., Paris, (2) **21**:257. – Terra typica: Madagaskar.
1889 *Testudo radiata* – BOULENGER, Cat. Chelon. Rhynchoceph. Crocod. brit. Mus. (nat. Hist.):166.
1941 *Testudo hypselonota* BOURRET, Bull. Instruct. publ. Hanoi, **1941**:9; Taf. 1. – Terra typica: „Cholon, Indochina" [syn. ad *Testudo radiata* SHAW fide AUFFENBERG 1963 et WERMUTH 1965].
1952 *Testudo (Asterochelys) radiata* – WILLIAMS, Bull. Mus. comp. Zool., Cambridge (Massachusetts), **99**:555.
1961 *Testudo hypselonota* – WERMUTH & MERTENS, Schildkr. Krokod. Brückenechs.: 213; Abb. 159a–c.
1961 *Testudo radiata* – WERMUTH & MERTENS, Schildkr. Krokod. Brückenechs.:222; Abb. 167a, b.

Verbreitung: Madagaskar.

Testudo sulcata MILLER

Untergattung *Geochelone*

1779 *Testudo sulcata* MILLER, Icon. Anim. Plant.:Taf. 26. – Terra typica: „Westindien".
1784 *Testudo calcarata* SCHNEIDER (nomen substitutum pro *Testudo sulcata* MILLER), Samml. verm. Abh.:317; Taf.

1831 *Testudo radiata* [var.] *senegalensis* GRAY, Synops. Rept., 1 (Cataphracta):11. – Terra typica: Senegal.
1889 *Testudo calcarata* – BOULENGER, Cat. Chelon. Rhynchoceph. Crocod. brit. Mus. (nat. Hist.):159.
1957 *Geochelone sulcata* – LOVERIDGE & WILLIAMS, Bull. Mus. comp. Zool., Cambridge (Massachusetts), **115**:230; Abb. 16; Taf. 1.
1961 *Testudo sulcata* – WERMUTH & MERTENS, Schildkr. Krokod. Brückenechs.:224; Abb. 168a–d.

Verbreitung: Mittleres Afrika (vom Senegal an ostwärts bis Äthiopien).

Testudo tentoria BELL

Untergattung *Psammobates*

Testudo tentoria tentoria BELL

1828 *Testudo tentoria* BELL, Zool. J., London, 3:420. – Terra typica: „Afrika?"
1855 *Testudo geometrica* var. *nigriventris* GRAY, Cat. Shield Rept. Coll. brit. Mus., 1 (Testud.):8. – Terra typica: Süd-Afrika.
1889 *Testudo tentoria* – BOULENGER, Cat. Chelon. Rhynchoceph. Crocod. brit. Mus. (nat. Hist.):164.
1933 *Chersinella tentoria albanica* HEWITT, Ann. Natal Mus., London, 7:266; Taf. 14, Fig. 10–15. – Terra typica: Umgebung der Farm Mayfair, Albany District, Kap-Provinz.
1933 *Chersinella tentoria tentorioides* HEWITT, Ann. Natal Mus., London, 7:268; Taf. 14, Fig. 16. – Terra typica: Bowden Hall, Middleburg District, Kap-Provinz.
1933 *Chersinella tentoria piscatella* HEWITT, Ann. Natal Mus., London, 7:269; Taf. 14, Fig. 17, 18. – Terra typica: Little Fish River, Somerset East District, Kap-Provinz.
1933 *Chersinella tentoria subsulcata* HEWITT, Ann. Natal Mus., London, 7:270. – Terra typica: Farm Brighton bei Steytlerville, Kap-Provinz.
1933 *Chersinella tentoria karuica* HEWITT, Ann. Natal Mus., London, 7:272; Taf. 14, Fig. 19–24; Taf. 15, Fig. 25–28. – Terra typica: Farm Drogekloof bei Klaarstrom, Prince Albert District, Kap-Provinz.
1933 *Chersinella tentoria duerdeni* HEWITT, Ann. Natal Mus., London, 7:279; Taf. 15, Fig. 29–31. – Terra typica: Graaf Reinet, Kap-Provinz.
1933 *Chersinella tentoria lativittata* HEWITT, Ann. Natal Mus., London, 7:281; Taf. 15, Fig. 32–34. – Terra typica: Willowmore, Kap-Provinz.
1933 *Chersinella tentoria karuella* HEWITT, Ann. Natal Mus., London, 7:283; Taf. 15, Fig. 35–38. – Terra typica: Uniondale, Kap-Provinz.
1957 *Psammobates tentorius tentorius* – LOVERIDGE & WILLIAMS, Bull. Mus. comp. Zool., Cambridge (Massachusetts), **115**:336; Abb. 33, 34; Taf. 10, Fig. c, d; Taf. 11, Fig. a–i.
1961 *Testudo tentoria tentoria* – WERMUTH & MERTENS, Schildkr. Krokod. Brückenechs.:224; Abb. 169a–d.

Verbreitung: Südliches Afrika (südöstliche Kap-Provinz).

Testudo tentoria trimeni BOULENGER

1886 *Testudo trimeni* BOULENGER, Proc. zool. Soc. London, **1886**:541; Taf. 57. – Terra typica: Mündung des Oranje River.
1889 *Testudo trimeni* – BOULENGER, Cat. Chelon. Rhynchoceph. Crocod. brit. Mus. (nat. Hist.):163.
1933 *Chersinella tentoria hexensis* HEWITT, Ann. Natal Mus., London, 7:286; Taf. 15, Fig. 39, 40. – Terra typica: Hex River, Worcester District, Kap-Provinz.

1957 *Psammobates tentorius trimeni* – LOVERIDGE & WILLIAMS, Bull. Mus. comp. Zool., Cambridge (Massachusetts), **115**:333.
1961 *Testudo tentoria trimeni* – WERMUTH & MERTENS, Schildkr. Krokod. Brückenechs.:227; Abb. 170.

Verbreitung: Südwestliches Afrika (Groß- und Klein-Namaqualand).

Testudo tentoria verroxii SMITH

1839 *Testudo verroxii* A. SMITH, Illustr. Zool. South Afr., Rept.:Taf. 8. – Terra typica restricta (L. MÜLLER 1939): Umgebung von Alival North, zwischen Oranje River und Caledon River.
1870 *Peltastes verreauxii* GRAY (nomen substitutum pro *T. verroxii*), Proc. zool. Soc. London, **1870**:656.
1886 *Testudo fiski* BOULENGER, Proc. zool. Soc. London, **1886**:542; Taf. 58. – Terra typica: De Aar bei Hopetown, Kap-Provinz.
1886 *Testudo smithi* BOULENGER, Proc. zool. Soc. London, **1886**:542. – Terra typica: Süd-Afrika.
1889 *Testudo verreauxii* – BOULENGER, Cat. Chelon. Rhynchoceph. Crocod. brit. Mus. (nat. Hist.):163.
1889 *Testudo fiski* – BOULENGER, Cat. Chelon. Rhynchoceph. Crocod. brit. Mus. (nat. Hist.):165.
1889 *Testudo smithi* – BOULENGER, Cat. Chelon. Rhynchoceph. Crocod. brit. Mus. (nat. Hist.):165; Taf. 4.
1903 *Testudo seimundi* BOULENGER, Ann. Mag. nat. Hist., London, (7) **12**:216; Taf. 17. – Terra typica: 3 Meilen östlich von Deelfontein, Richmond District, Kap-Provinz.
1904 *Testudo boettgeri* SIEBENROCK (non *Testudo graeca* var. *boettgeri* MOJSISOVICS 1889), Anz. k. k. österr. Akad. Wiss. Wien, math.-naturwiss. Kl., Abt. 1, **41**:194; Taf. 1, 2. – Terra typica: Groß-Namaqualand.
1906 *Homopus bergeri* LINDHOLM, J.Buch nassau. Ver. Naturk., Wiesbaden, **59**:348. – Terra typica: Gibeon, Groß-Namaqualand.
1929 *Testudo oscar-boettgeri* LINDHOLM (nomen novum pro *Testudo boettgeri* SIEBENROCK 1904), Zool. Anz., Leipzig, **81**:295.
1934 *Chersinella fiski cronwrighti* HEWITT, Ann. Natal Mus., London, **7**:317; Taf. 16, Fig. 58. – Terra typica: Hanover, Kap-Provinz.
1934 *Chersinella fiski orangensis* HEWITT, Ann. Natal Mus., London, **7**:319; Taf. 16, Fig. 59, 60. – Terra typica: Ort zwischen Philipstown und Petrusville, Kap-Provinz.
1934 *Chersinella fiski colesbergensis* HEWITT, Ann. Natal Mus., London, **7**:321; Taf. 16, Fig. 61, 62. – Terra typica: Colesberg, Kap-Provinz.
1934 *Chersinella fisci grica* HEWITT, Ann. Natal Mus., London, **7**:323; Taf. 16, Fig. 63–66; Taf. 17, Fig. 67–71. – Terra typica: Marydale, zwischen Prieska und Kenhardt, Kap-Provinz.
1934 *Chersinella fiski gricoides* HEWITT, Ann. Natal Mus., London, **7**:326; Taf. 17, Fig. 72–75. – Terra typica: Niekerks-Hope, zwischen Griquatown und Prieska, Kap-Provinz.
1934 *Chersinella schonlandi* HEWITT, Ann. Natal Mus., London, **7**:303; Taf. 16, Fig. 46–50. – Terra typica: Namaqualand.
1934 *Chersinella verroxii amasensis* HEWITT, Ann. Natal Mus., London, **7**:333. – Terra typica: Ukamas District, Kap-Provinz.
1938 *Psammobates depressa* FITZSIMONS, Ann. Transvaal Mus., Pretoria, **19**:154; Taf. 2, Fig. 1–4; Taf. 3, Fig. 1, 2. – Terra typica: 8 Meilen westlich von Aus, Groß-Namaqualand.
1957 *Psammobates tentorius verroxii* – LOVERIDGE & WILLIAMS, Bull. Mus. comp. Zool., Cambridge (Massachusetts), **115**:324; Abb. 32; Taf. 9; Taf. 10, Fig. a, b.
1961 *Testudo tentoria verroxii* – WERMUTH & MERTENS, Schildkr. Krokod. Brückenechs.:227; Abb. 171a–d.

V e r b r e i t u n g: Südliches Afrika (von Groß-Namaqualand an ostwärts bis zum südlichen Oranje-Freistaat, südwärts bis zur nördlichen Kap-Provinz).

Testudo travancorica BOULENGER
Untergattung *Indotestudo*

1907 *Testudo travancorica* BOULENGER, J. Bombay nat. Hist. Soc., **17**:560; Taf. I, II. – T e r r a t y p i c a: bei Trivandrum, Travancore Hills.
1952 *Testudo (Indotestudo) travancorica* – WILLIAMS, Bull. Mus. comp. Zool., Cambridge (Massachusetts), **99**:555.
1961 *Testudo travancorica* – WERMUTH & MERTENS, Schildkr. Krokod. Brückenechs.: 230; Abb. 172a, b.

V e r b r e i t u n g: Südwestliches Vorder-Indien (Travancore und Cochin).

Testudo yniphora VAILLANT
Untergattung *Asterochelys*

1885 *Testudo yniphora* VAILLANT, C.R. Acad. Sci., Paris, **101**:440. – T e r r a t y p i c a: „bei Aldabra".
1889 *Testudo yniphora* – BOULENGER, Cat. Chelon. Rhynchoceph. Crocod. brit. Mus. (nat. Hist.):179.
1910 *Testudo hyniphora* VAILLANT & GRANDIDIER (nomen substitutum pro *T. yniphora*), Hist. phys. nat. polit. Madagascar, Paris, **17**:40.
1957 *Asterochelys yniphora* – LOVERIDGE & WILLIAMS, Bull. Mus. comp. Zool., Cambridge (Massachusetts), **115**:224.
1961 *Testudo yniphora* – WERMUTH & MERTENS, Schildkr. Krokod. Brückenechs.:231; Abb. 173a, b.

V e r b r e i t u n g: Madagaskar.

Familie Cheloniidae

Caretta RAFINESQUE

*1814 *Caretta* RAFINESQUE, Specchio Sci. Palermo, **2**:66. – S p e c i e s t y p i c a (durch Monotypie): *Caretta nasuta* RAFINESQUE = *Caretta caretta* (LINNAEUS).
1835 *Thalassochelys* FITZINGER, Ann. wien. Mus. Naturgesch., **1**:121. – S p e c i e s t y p i c a (FITZINGER 1843): *Testudo caouana* LACÉPÈDE = *Caretta caretta* (LINNAEUS).
1838 *Caouana* COCTEAU in SAGRA, Hist. phys. pol. nat. Ile Cuba, **4** (Rept.):35. – S p e c i e s t y p i c a (durch Tautonymie): *Testudo caouana* LAPÉPÈDE = *Caretta caretta* (LINNAEUS).
1843 *Halichelys* FITZINGER, Syst. Rept., **1**:30. – S p e c i e s t y p i c a (designatione auctoris): *Caretta atra* MERREM = *Caretta caretta* (LINNAEUS).
1873 *Cephalochelys* GRAY, Proc. zool. Soc. London, **1873**:408. – S p e c i e s t y p i c a (durch Monotypie): *Cephalochelys oceanica* GRAY = *Caretta caretta* (LINNAEUS).
1873 *Eremonia* GRAY, Proc. zool. Soc. London, **1873**:408. – S p e c i e s t y p i c a (durch Monotypie): *Caouana elongata* GRAY = *Caretta caretta* (LINNAEUS).

V e r b r e i t u n g: Alle tropischen und subtropischen Meere (Mittelmeer, Atlantischer, Pazifischer und Indischer Ozean).

Caretta caretta (LINNAEUS)

1758 *Testudo caretta* LINNAEUS, Syst. Nat., Ed. 10, **1**:197. – Terra typica restricta (SMITH & TAYLOR 1950): Bermuda-Inseln.
1783 *Testudo cephalo* SCHNEIDER, Allgem. Naturgesch. Schildkr.:303. – Terra typica designata (SMITH & TAYLOR 1950): Charleston, Süd-Carolina.
1788 *Testudo nasicornis* LACÉPÈDE, Hist. nat. Quadrup. ovip., **1** (Synops. method.):103. – Terra typica: neuweltliche Meere in der Nähe des Äquators.
1788 *Testudo caouana* LACÉPÈDE (nomen substitutum pro *Testudo caretta* LINNAEUS 1758), Hist. nat. Quadrup. ovip., **1** (Synops. method.):95.
1814 *Caretta nasuta* RAFINESQUE, Specchio Sci. Palermo, **2**:66. – Terra typica: Sizilien.
1820 *Caretta atra* MERREM, Tent. Syst. Amphib.:17. – Terra typica: Insel Ascension.
1831 *Testudo corianna* GRAY (ex errore pro *T. caouana*), Synops. Rept., **1** (Cataphracta): 53.
1833 *Chelonia pelasgorum* BORY, Expéd. sci. Morée, Zool.:Taf. 6. – Terra typica: Sandstrand zwischen Arcadia und Néda-Mündung in Griechenland.
1844 *Caouana elongata* GRAY, Cat. Tort. Crocod. Amphisb. Coll. brit. Mus.:53. – Terra typica: unbekannt.
1858 *Thalassochelys corticata* GIRARD, U.S. Explor. Exped., Herpetol.:431; Taf. 29, Fig. 1–4. – Terra typica: Madeira.
?1887 *Thalassiochelys tarapacona* PHILIPPI, Zool. Garten, Frankfurt am Main, **28**:85. – Terra typica: Iquique, Chile.
1889 *Thalassochelys caretta* – BOULENGER, Cat. Chelon. Rhynchoceph. Crocod. brit. Mus. (nat. Hist.):184.
?1899 *Thalassochelys controversa* PHILIPPI, An. Univ. Santiago de Chile, **104**:731. – Terra typica: Quinteros, Chile.
1904 *Caretta caretta* – STEJNEGER, Annual Rep. U.S. nation. Mus., Washington, **1902**: 715; Abb. 187–190.
1933 *Caretta gigas* DERANIYAGALA (syn. ad *C. caretta* fide BRONGERSMA 1961), Ceylon J. Sci. (Spolia zeylan.), Colombo, (B) **18**:66; Abb. 4–6; Taf. 5. – Terra typica: Golf von Mannar, Ceylon.
1961 *Caretta caretta caretta* – WERMUTH & MERTENS, Schildkr. Krokod. Brückenechs.: 233; Abb. 174a–d.
1961 *Caretta caretta gigas* – WERMUTH & MERTENS, Schildkr. Krokod. Brückenechs.: 233.
1961 *Caretta caretta* – BRONGERSMA, Zool. Verhandel., Rijksmus. natuurl. Hist. Leiden, **51**:1; Abb. 2–5, 6a–c, 7a–c, 8a.

Verbreitung: Mittelmeer, Atlantischer, Pazifischer und Indischer Ozean.

Chelonia LATREILLE

1802 *Chelonia* LATREILLE, Hist. nat. Rept., **1**:22. – Species typica (FITZINGER 1843): *Testudo mydas* LINNAEUS.
*1805 *Chelone* BROGNIART (nomen substitutum pro *Chelonia* LATREILLE), Mém. prés. Inst. Paris, **1**:610.
*1814 *Chelonias* RAFINESQUE (nomen substitutum pro *Chelonia* LATREILLE 1802), Specchio Sci. Palermo, **2**:66.
*1828 *Chelona* FLEMING (nomen substitutum pro *Chelonia* LATREILLE 1802), Hist. brit. Anim.:149.
1838 *Mydas* COCTEAU (non *Mydas* FABRICIUS 1794 = Diptera; non *Mydas* BONAPARTE 1831 = Mammalia, Primates), in SAGRA Hist. phys. pol. nat. Ile Cuba, **4** (Rept.):19, 20. – Species typica (durch Tautonymie): *Testudo mydas* LINNAEUS.
*1843 *Mydasea* GERVAIS, Dict. Hist. nat., **3**:457. – Species typica (fide LINDHOLM 1929): *Testudo mydas* LINNAEUS.

*1845 *Euchelonia* TSCHUDI, Fauna peruana:22. – Species typica (fide LINDHOLM 1929): *Testudo mydas* LINNAEUS.
*1848 *Megemys* GISTEL (nomen substitutum pro *Chelonia* LATREILLE 1802), Naturgesch. Thiere:VIII.
1858 *Euchelys* GIRARD, U.S. Explor. Exped. 1838–1842, **20** (Herpetol.):447. – Species typica (durch Monotypie): *Testudo macropus* WALBAUM = *Chelonia mydas* (LINNAEUS).
1908 *Natator* McCULLOCH, Rec. austral. Mus., Sydney, 7:127. – Species typica (durch Monotypie): *Natator tessellatus* McCULLOCH = *Chelonia mydas japonica* (THUNBERG).

Verbreitung: Alle tropischen und subtropischen Meere (Mittelmeer, Atlantischer, Pazifischer und Indischer Ozean).

Chelonia depressa GARMAN

1880 *Chelonia depressa* GARMAN, Bull. Mus. comp. Zool., Cambridge (Massachusetts), 6:124. – Terra typica: Ost-Indien und Nord-Australien.
1908 *Natator tessellatus* McCULLOCH, Rec. austral. Mus., Sydney, 7:127; Taf. 26, 27. – Terra typica: Port Darwin, Nord-Territorium, Australien.
1961 *Chelonia mydas japonica* – WERMUTH & MERTENS (partim), Schildkr. Krokod. Brückenechs.:237.
1967 *Chelonia depressa* – WILLIAMS, GRANDISON & CARR, Breviora, Mus. comp. Zool., Cambridge (Massachusetts), **271**:1; Abb. 1 B; Taf. 1, 2.

Verbreitung: Nördliches und nordwestliches Küstengebiet von Australien.

Chelonia mydas (LINNAEUS)

Chelonia mydas mydas (LINNAEUS)

1758 *Testudo mydas* LINNAEUS, Syst. Nat., Ed. 10, **1**:197. – Terra typica restricta (MERTENS & L. MÜLLER 1928): Insel Ascension.
1782 *Testudo macropus* WALBAUM (nomen illegitimum), Chelonogr.:112. – Patria: ignota.
1783 *Testudo viridis* SCHNEIDER, Allgem. Naturgesch. Schildkr.:299; Taf. 2. – Terra typica designata (SMITH & TAYLOR 1950): Charleston, Süd-Carolina.
1788 *Testudo marina vulgaris* LACÉPÈDE (nomen substitutum pro *Testudo mydas* LINNAEUS 1758), Hist. nat. Quadrup. ovip., **1** (Synops. method.):54; Taf. 1.
1788 *Testudo viridi-squamosa* LACÉPÈDE (nomen suppressum: Opinion 660, ICZN 1963; syn. ad *Ch. mydas* fide BRONGERSMA 1961), Hist. nat. Quadrup. ovip., **1** (Synops. method.):92. – Terrra typica restricta (BRONGERSMA 1961): Insel Blanquilla im Karibischen Meer.
*1800 *Testudo chloronotos* BECHSTEIN (= *Testudo viridisquamosa* LACÉPÈDE, fide BRONGERSMA 1961), Naturgesch. Amphib., **1**:107. – Terra typica restricta (BRONGERSMA 1961): Insel Blanquilla im Karibischen Meer.
1802 *Testudo cepediana* DAUDIN, Hist. nat., gén. part. Rept., **2**:50; Taf. 17, Fig. 1. – Terra typica: unbekannt.
1812 *Chelonia mydas* – SCHWEIGGER, Königsberg. Arch. Naturwiss. Math., **1**:291.
1812 *Chelonia virgata* SCHWEIGGER, Königsberg. Arch. Naturwiss. Math., **1**:291. – Terra typica restricta (SMITH & TAYLOR 1950): Bermuda-Inseln.
1820 *Caretta cepedii* MERREM (nomen substitutum pro *Testudo cepediana* DAUDIN 1802), Tent. Syst. Amphib.:18.
1820 *Caretta esculenta* MERREM, Tent. Syst. Amphib.:18. – Terra typica: Atlantischer Ozean.
1829 *Chelonia lachrymata* CUVIER, Règne animal, Ed. 2, **2**:13. – Terra typica: unbekannt.

1829 *Chelonia maculosa* CUVIER, Règne animal, Ed. 2, **2**:13. – Terra typica designata (SMITH & TAYLOR 1950): Insel Ascension.
1834 *Chelonia bicarinata* LESSON in BÉLANGER, Voy. Ind.-Orient., Zool.:301. – Terra typica: Atlantischer Ozean.
1835 *Chelonia marmorata* DUMÉRIL & BIBRON, Erpétol. gén., Hist. nat. Rept., **2**:546; Taf. 23, Fig. 1, 1a. – Terra typica: Insel Ascension.
*1864 *Chelonia albiventer* NARDO (syn. ad *Ch. mydas* fide BRONGERSMA 1961), Atti Ist. veneto Sci. Lett. Arti, (3) **9**:1420; Taf. 35. – Terra typica: Hafen von Malamocco, Adriatisches Meer.
1866 *Chelonia midas* BOCAGE (ex errore pro *Ch. mydas*), J. Sci. Lisboa, **1**:41.
1889 *Chelone mydas* – BOULENGER, Cat. Chelon. Rhynchoceph. Crocod. brit. Mus. (nat. Hist.):180; Abb. 2, 45.
1928 *Chelonia mydas mydas* – MERTENS & L. MÜLLER, Abh. senckenberg. naturf. Ges., Frankfurt am Main, **41**:23.
1961 *Chelonia mydas mydas* – WERMUTH & MERTENS, Schildkr. Krokod. Brückenechs.:235; Abb. 175a–c.
1961 *Chelonia mydas mydas* – BRONGERSMA, Zool. Verhandel., Rijksmus, natuurl. Hist. Leiden, **51**:37.

Verbreitung: Mittelmeer und Atlantischer Ozean.

Chelonia mydas japonica (THUNBERG)

1787 *Testudo japonica* THUNBERG, Kongl. Vetensk. Acad. Handl., Stockholm, **8**:178; Taf. 7, Fig. 1. – Terra typica: Japan.
1802 *Testudo rugosa* DAUDIN (non *Testudo rugosa* SHAW 1802), Hist. nat. gén. part. Rept., **2**:37. – Terra typica: Malediven-Inseln im Indischen Ozean.
1820 *Caretta thunbergii* MERREM (nomen substitutum pro *T. japonica* THUNBERG), Tent. Syst. Amphib.:19.
1831 *Chelonia mydas* [var.] *japonica* – GRAY, Synops. Rept., **1** (Cataphracta):53.
1858 *Chelonia formosa* GIRARD, U.S. Explor. Exped., Herpetol.:456; Taf. 31, Fig. 1–4. – Terra typica: Fidji-Inseln.
1858 *Chelonia tenuis* GIRARD, U.S. Explor. Exped., Herpetol.:459; Taf. 31, Fig. 8. – Terra typica: Honden Island, Tahiti, Eimeo und Rosa Island.
1868 *Chelonia agassizii* BOCOURT, Ann. Sci. nat., Paris, (5) **10**:122. – Terra typica: Mündung des Rio Nagualate, Pazifik-Küste von Guatemala.
1887 *Chelonia lata* PHILIPPI, Zool. Garten, Frankfurt am Main, **28**:84. – Terra typica: Valparaiso.
1961 *Chelonia mydas japonica* – WERMUTH & MERTENS, Schildkr. Krokod. Brückenechs.:237.
1962 *Chelonia mydas carrinegra* CALDWELL (syn. ad *Ch. m. agassizii* [= *Ch. m. japonica*] fide ERNST & BARBOUR 1972), Contrib. Sci., Los Angeles, **61**:4; Abb. 1–5. – Terra typica: Isla Angel de la Guarda, Golf von California, Mexico.

Verbreitung: Pazifischer Ozean (mit Ausnahme des mexikanischen Gebietes) und Indischer Ozean.

Eretmochelys FITZINGER

1828 *Caretta* RITGEN (non *Caretta* RAFINESQUE 1814), Nova Acta Acad. caes. leop.-carol., Halle, **14**:270. – Species typica (LINDHOLM 1929): *Testudo imbricata* LINNAEUS.
1843 *Eretmochelys* FITZINGER, Syst. Rept., **1**:30. – Species typica (designatione auctoris): *Testudo imbricata* LINNAEUS.
1873 *Onychochelys* GRAY, Proc. zool. Soc. London, **1873**:397. – Species typica (durch Monotypie): *Onychochelys kraussi* GRAY = *Eretmochelys imbricata* (LINNAEUS).

*1846 *Eretmochelis* TSCHUDI (ex errore pro *Eretmochelys* FITZINGER), Fauna peruana, Herpetol.: 7.
*1846 *Eritmochelys* TSCHUDI (ex errore pro *Eretmochelys* FITZINGER), Fauna peruana, Herpetol.: 22.

Verbreitung: Alle tropischen und subtropischen Meere (Mittelmeer, Atlantischer, Pazifischer und Indischer Ozean).

Eretmochelys imbricata (LINNAEUS)

Eretmochelys imbricata imbricata (LINNAEUS)

1766 *Testudo imbricata* LINNAEUS, Syst. Nat., Ed. 12, **1**: 350. – Terra typica restricta (SMITH & TAYLOR 1950): Bermuda-Inseln.
1829 *Chelonia radiata* CUVIER, Règne animal, Ed. 2, **2**: 14. – Terra typica: unbekannt.
1834 *Chelonia pseudo-mydas* LESSON in BÉLANGER, Voy. Ind.-Orient., Zool.: 299. – Terra typica restricta (SMITH & TAYLOR 1950): Bermuda-Inseln.
1834 *Chelonia pseudo-caretta* LESSON in BÉLANGER, Voy. Ind.-Orient., Zool.: 302. – Terra typica restricta (SMITH & TAYLOR 1950): Bermuda-Inseln.
1857 *Eretmochelys imbricata* – AGASSIZ, Contrib. nat. Hist. U.S.A., **1**: 381.
1873 *Onychochelys kraussi* GRAY, Proc. zool. Soc. London, **1873**: 398; Abb. 1, 2. – Terra typica: Französisch-Guayana.
1889 *Chelone imbricata* – BOULENGER, Cat. Chelon. Rhynchoceph. Crocod. brit. Mus. (nat. Hist.): 183.
1928 *Eretmochelys imbricata imbricata* – MERTENS & L. MÜLLER, Abh. senckenberg. naturf. Ges., Frankfurt am Main, **41**: 23.
1961 *Eretmochelys imbricata imbricata* – WERMUTH & MERTENS, Schildkr. Krokod. Brückenechs.: 240; Abb. 176a–c.

Verbreitung: Atlantischer Ozean und Mittelmeer.

Eretmochelys imbricata bissa (RÜPPELL)

1835 *Caretta bissa* RÜPPELL, Neue Wirbelth. Abyss., Amphib.: 4; Taf. 2. – Terra typica: Rotes Meer.
1857 *Eretmochelys squamata* AGASSIZ, Contrib. nat. Hist. U.S.A., **1**: 382. – Terra typica restricta (SMITH & TAYLOR 1950): Singapore, Straits Settlements.
1858 *Caretta squamosa* GIRARD (nomen substitutum pro *E. squamata*), U.S. Explor. Exped., Herpetol.: 442; Taf. 30, Fig. 1–7.
1858 *Caretta rostrata* GIRARD, U.S. Explor. Exped., Herpetol.: 446; Taf. 30, Fig. 8–13. – Terra typica: Fidji-Inseln.
1942 *Eretmochelys imbricata squamata* – CARR, Proc. New England zool. Club, Boston, **21**: 4.
1950 *Eretmochelys imbricata bissa* – SMITH & TAYLOR, Bull. U.S. nation. Mus., Washington, **199**: 16.
1961 *Eretmochelys imbricata bissa* – WERMUTH & MERTENS, Schildkr. Krokod. Brückenechs.: 240.

Verbreitung: Pazifischer und Indischer Ozean.

Lepidochelys FITZINGER

1843 *Lepidochelys* FITZINGER, Syst. Rept., **1**: 30. – Species typica (designatione auctoris): *Chelonia olivacea* ESCHSCHOLTZ.

1880 *Colpochelys* GARMAN, Bull. Mus. comp. Zool. Harvard Coll., Cambridge (Massachusetts), 6:124. – Species typica (durch Monotypie): *Thalassochelys (Colpochelys) kempii* GARMAN = *Lepidochelys olivacea kempii* (GARMAN).

Verbreitung: Tropische und subtropische Meere (Atlantischer, Pazifischer und Indischer Ozean; nicht im Mittelmeer).

Lepidochelys kempii (GARMAN)

1798 *Testudo mydas minor* SUCKOW (nomen suppressum: Opinion 660, ICZN, 1963), Anfangsgr. Naturgesch. Thiere, **3**:30. – Terra typica restricta (BRONGERSMA 1961): Insel Blanquilla, Westindien.
1880 *Thalassochelys (Colpochelys) kempii* GARMAN (nomen conservandum: Opinion 660, ICZN, 1963), Bull. Mus. comp. Zool., Cambridge (Massachusetts), **6**:123. – Terra typica restricta (SMITH & TAYLOR 1950): Key West, Florida.
1889 *Thalassochelys kempii* – BOULENGER, Cat. Chelon. Rhynchoceph. Crocod. brit. Mus. (nat. Hist.):186.
1890 *Lepidochelys kempii* – BAUR, Amer. Naturalist, New York, **24**:487.
1961 *Lepidochelys olivacea kempii* – WERMUTH & MERTENS, Schildkr. Krokod. Brückenechs.:242.
1961 *Lepidochelys kempii* – BRONGERSMA, Zool. Verhandel., Rijksmus. natuurl. Hist. Leiden, **51**:33; Abb. 8b, 9.

Verbreitung: Atlantischer Ozean, hauptsächlich im Golf von Mexico.

Lepidochelys olivacea (ESCHSCHOLTZ)

1820 *Chelonia multiscutata* KUHL (nomen oblitum et supprimendum; syn. ad *L. olivacea* fide BRONGERSMA 1961), Beitr. Zool., Amphib.:78. – Terra typica: unbekannt.
1829 *Chelonia olivacea* ESCHSCHOLTZ, Zool. Atlas, **1**:3; Taf. 3. – Terra typica: Manila Bay, Philippinen.
1835 *Chelonia dussumierii* DUMÉRIL & BIBRON (nomen substitutum pro *Chelonia olivacea* ESCHSCHOLTZ), Erpétol. gén., Hist. nat. Rept., **2**:557.
1844 *Chelonia subcarinata* RÜPPELL (nomen nudum) in GRAY, Cat. Tort. Crocod. Amphisb. Coll. brit. Mus.:53.
1844 *Caouana rueppellii* GRAY (nomen nudum), Cat. Tort. Crocod. Amphisb. Coll. brit. Mus.:53.
1849 *Caouana dessumierii* A. SMITH (ex errore pro *Ch. dussumierii*), Illustr. South Afr., Rept., Appendix:2.
1857 *Chelonia polyaspis* BLEEKER (nomen nudum; syn. ad *L. olivacea* fide BRONGERSMA 1961), Natuurkundl. Tijdschr. nederl. Ind., (3) **4**:239. – Patria: Batavia.
1858 *Lepidochelys olivacea* – GIRARD, U.S. Explor. Exped., Herpetol.:435.
1864 *Chelonia dubia* GRAY (nomen nudum; syn. ad *L. olivacea* fide BRONGERSMA 1961), Proc. zool. Soc. London, **1864**:13. – Patria: Borneo.
1873 *Cephalochelys oceanica* GRAY (syn. ad *L. olivacea* fide BRONGERSMA 1961), Proc. zool. Soc. London, **1873**:408. – Terra typica: „Westküste von Amerika; Mexico?"
1908 *Caretta remivaga* HAY, Proc. U.S. nation. Mus., Washington, **34**:194; Taf. 10, Fig. 1–3; Taf. 11, Fig. 5. – Terra typica: Ventosa Bay, Golf von Tehuantepec, Oaxaca, Mexico.
1961 *Lepidochelys olivacea olivacea* – WERMUTH & MERTENS, Schildkr. Krokod. Brückenechs.:242; Abb. 177a–d.
1961 *Lepidochelys olivacea* – BRONGERSMA, Zool. Verhandel., Rijksmus. natuurl. Hist. Leiden, **51**:27; Abb. 6d, e, 7d, e, 8c–f.

Verbreitung: Atlantischer, Pazifischer und Indischer Ozean.

Familie Dermochelydidae

Dermochelys BLAINVILLE

1816 *Dermochelys* BLAINVILLE, Bull. Sci. Soc. philom. Paris, **1816**:111. – Species typica (durch Monotypie): *Testudo coriacea* LINNAEUS.
1820 *Sphargis* MERREM, Tent. Syst. Amphib.:19. – Species typica (durch Monotypie): *Sphargis mercurialis* MERREM = *Dermochelys coriacea* (LINNAEUS).
1822 *Coriudo* FLEMING, Philos. Zool., **2**:271. – Species typica (durch Monotypie): *Testudo coriacea* LINNAEUS.
1828 *Scytina* WAGLER (nomen substitutum pro *Sphargis* MERREM), Isis (OKEN), Leipzig, **21**:816.
1829 *Dermochelis* CUVIER (nomen substitutum pro *Dermochelys* BLAINVILLE), Règne animal, Ed. 2, **2**:14.
1830 *Dermatochelys* WAGLER (nomen substitutum pro *Dermochelys* BLAINVILLE), Natürl. Syst. Amphib.:133.
1832 *Chelyra* RAFINESQUE, Atlant. J. Friend Knowl., Philadelphia, **1**:64. – Species typica (durch Monotypie): *Testudo coriacea* LINNAEUS.
1844 *Scytena* GRAY (nomen substitutum pro *Scytina* WAGLER), Cat. Tort. Crocod. Amphisb. Coll. brit. Mus.:51.
1959 *Dermotochelys* BATTERSBY (ex errore pro *Dermatochelys* WAGLER), Zool. Rec., London, **93** (1956, Rept.):115.

Verbreitung: Alle tropischen und subtropischen Meere.

Dermochelys coriacea (LINNAEUS)

1766 *Testudo coriacea* LINNAEUS, Syst. Nat., Ed. 12, **1**:350. – Terra typica restricta (SMITH & TAYLOR 1950): Palermo, Sizilien.
1771 *Testudo arcuata* CATESBY, Nat. Hist. Carolina, **2**:40; Taf. 40. – Terra typica designata (MERTENS & WERMUTH 1955): Küstengebiet von Carolina und Florida.
1788 *Testudo lyra* LACÉPÈDE, Hist. nat. Quadrup. ovip., **1** (Synops. method.):111; Taf. 3. – Terra typica: Mittelmeer.
1801 *Testudo tuberculata* PENNANT in SCHOEPFF, Hist. Testud. Icon. illustr.:123; Taf. 29a. – Terra typica: unbekannt.
1814 *Testudo lutaria* RAFINESQUE, Specch. Sci. Palermo, **2** 9:66. – Terra typica: Sizilien.
1820 *Sphargis mercurialis* MERREM (nomen substitutum pro *Testudo coriacea* LINNAEUS), Tent. Syst. Amphib.:19.
1829 *Dermochelis atlantica* LESUEUR (nomen nudum) in CUVIER, Règne animal, Ed. 2, **2**:14.
1830 *Dermatochelys porcata* WAGLER (nomen substitutum pro *Testudo coriacea* LINNAEUS), Natürl. Syst. Amphib.: Taf. 1, Fig. 1–23,
1884 *Sphargis coriacea* var. *schlegelii* GARMAN, Bull. U.S. nation. Mus., Washington, **25**:303. – Terra typica restricta (SMITH & TAYLOR 1950): Guaymas, Sonora, Mexico.
1889 *Dermochelys coriacea* – BOULENGER, Cat. Chelon. Rhynchoceph. Crocod. brit. Mus. (nat. Hist.):10; Abb. 1.
1899 *Sphargis angusta* PHILIPPI, An. Univ. Santiago de Chile, **104**:728; Taf. – Terra typica: Tocopilla, Chile.
1961 *Dermochelys coriacea* – WERMUTH & MERTENS, Schildkr. Krokod. Brückenechs.: 242; Abb. 178a–d.
1962 *Dermochelys coriacea schlegelli* CALDWELL (ex errore pro *D. c. schlegelii*), Contrib. Sci., Los Angeles, **61**:24.

Verbreitung: Mittelmeer, Atlantischer, Pazifischer und Indischer Ozean.

Familie Carettochelydidae

Carettochelys RAMSAY

1887 *Carettocchelys* RAMSAY (error typographicus), Proc. LINN. Soc. New South Wales, Sydney, (2) 1 (1886):158. – Species typica (durch Monotypie) *Carettochelys insculpta* RAMSAY.
1889 *Carettochelys* – BOULENGER (nomen emendatum), Cat. Chelon. Rhynchoceph. Crocod. brit. Mus. (nat. Hist.):236.

Verbreitung: Neu-Guinea und nördliches Australien.

Carettochelys insculpta RAMSAY

1887 *Carettocchelys insculptus* RAMSAY (error typographicus), Proc. LINN. Soc. New South Wales, Sydney, (2) 1 (1886):158; Taf. 3–6. – Terra typica: Fly River, südöstliches Neu-Guinea.
1889 *Carettochelys insculpta* – BOULENGER, Cat. Chelon. Rhynchoceph. Crocod. brit. Mus. (nat. Hist.):236.
1961 *Carettochelys insculpta* – WERMUTH & MERTENS, Schildkr. Krokod. Brückenechs.:245; Abb. 179a–c.
1968 *Carettochelys insculpata* DADD & GOLDSMITH (ex errore pro *C. insculpta*), Zool. Record, London, **103** (1966, Sect. 17, Rept.):56.

Verbreitung: Süden von Neu-Guinea (Papua) und nördliches Nord-Territorium von Australien.

Familie Trionychidae

Chitra GRAY

1844 *Chitra* GRAY, Cat. Tort. Crocod. Amphisb. Coll. brit. Mus.:49. – Species typica (durch Monotypie): *Trionyx indicus* GRAY.

Verbreitung: Südliches Asien.

Chitra indica (GRAY)

1831 *Trionyx indicus* GRAY, Synops. Rept., 1 (Cataphracta):47. – Terra typica: Fatehgarh, Ganges.
1831 *Testudo chitra* HAMILTON (nomen nudum) in GRAY, Synops. Rept., 1 (Cataphracta):47.
1835 *Gymnopus lineatus* DUMÉRIL & BIBRON (nomen substitutum pro *Trionyx indicus* GRAY), Erpétol. gén., Hist. nat. Rept., 2:491.
1844 *Chitra indica* – GRAY (partim), Cat. Tort. Crocod. Amphisb. Coll. brit. Mus.:49.
1889 *Chitra indica* – BOULENGER, Cat. Chelon. Rhynchoceph. Crocod. brit. Mus. (nat. Hist.):264; Abb. 70.
1961 *Chitra indica* – WERMUTH & MERTENS, Schildkr. Krokod. Brückenechs.:247; Abb. 180a–c.

Verbreitung: Pakistan, nördliches Vorder-Indien und Hinter-Indien (Burma, Thailand und Malayische Halbinsel).

Cyclanorbis GRAY

1835 *Cryptopus* DUMÉRIL & BIBRON (partim; non *Cryptopus* LATREILLE 1829 = Crustacea), Erpétol. gén., Hist. nat. Rept., 2:499. – Species typica: *Testudo granosa* SCHOEPFF [= *Lissemys punctata granosa* (SCHOEPFF)] + *Cryptopus senegalensis* DUMÉRIL & BIBRON [= *Cyclanorbis senegalensis* (DUMÉRIL & BIBRON)].
1852 *Cyclanorbis* GRAY, Proc. zool. Soc. London, **1852**:135. – Species typica (durch Monotypie): *Cyclanorbis petersii* GRAY = *Cyclanorbis senegalensis* (DUMÉRIL & BIBRON)
1855 *Cyclanosteus* GRAY, Cat. Shield Rept. Coll. brit. Mus., 1 (Testud.):64. – Species typica (GÜNTHER 1865, fide LINDHOLM 1929): *Cyclanorbis petersii* GRAY = *Cyclanorbis senegalensis* (DUMÉRIL & BIBRON).
*1856 *Cryptopodus* A. DUMÉRIL (partim; nomen substitutum pro *Cryptopus* DUMÉRIL & BIBRON), Rev. Mag. Zool., Paris, (2) **8**:374.
1865 *Tetrathyra* GRAY, Proc. zool. Soc. London, **1865**:323. – Species typica (durch Monotypie): *Tetrathyra baikii* GRAY = *Cyclanorbis senegalensis* (DUMÉRIL & BIBRON).
1869 *Baikiea* GRAY, Proc. zool. Soc. London, **1869**:222. – Species typica (durch Monotypie): *Baikiea elegans* GRAY.

Verbreitung: Mittleres Afrika.

Cyclanorbis elegans (GRAY)

1869 *Baikiea elegans* GRAY, Proc. zool. Soc. London, **1869**:222; Taf. 15, Fig. 2. – Terra typica: West-Afrika.
1889 *Cyclanorbis elegans* – BOULENGER, Cat. Chelon. Rhynchoceph. Crocod. brit. Mus. (nat. Hist.):272.
1902 *Cyclanorbis oligotylus* SIEBENROCK, S.Ber. k. k. Akad. Wiss. Wien, math.-naturwiss. Kl., Abt. 1, **111**:810; Abb. 17. – Terra typica: Nubien, oberer Nil.
1961 *Cyclanorbis elegans* – WERMUTH & MERTENS, Schildkr. Krokod. Brückenechs.: 248; Abb. 181a–e.

Verbreitung: Von Togo an ostwärts bis zum Sudan.

Cyclanorbis senegalensis (DUMÉRIL & BIBRON)

1835 *Cryptopus senegalensis* DUMÉRIL & BIBRON, Erpétol. gén., Hist. nat. Rept., **2**: 504. – Terra typica: Senegal.
1854 *Cyclanorbis petersii* GRAY, Proc. zool. Soc. London, **1852**:135. – Terra typica: Gambia River, West-Afrika.
1865 *Tetrathyra baikii* GRAY, Proc. zool. Soc. London, **1865**:324; Abb. – Terra typica: „West-Afrika; Niger?"
1865 *Cyclanosteus senegalensis* var. *normalis* GRAY, Proc. zool. Soc. London, **1865**: 423. – Terra typica: Niger, West-Afrika.
1865 *Cyclanosteus senegalensis* var. *equilifera* GRAY, Proc. zool. Soc. London, **1865**:423; Abb. 2. – Terra typica: Niger, West-Afrika.
1865 *Cyclanosteus senegalensis* var. *callosa* GRAY, Proc. zool. Soc. London, **1865**:423; Abb. 1. – Terra typica: Niger, West-Afrika.
1884 *Tetrathyra vaillantii* ROCHEBRUNE, Faune Sénegamb., Rept.:36; Taf. 4, Fig. 1, 2. – Terra typica: Senegal.
1889 *Cyclanorbis senegalensis* – BOULENGER, Cat. Chelon. Rhynchoceph. Crocod. brit. Mus. (nat. Hist.):271; Abb. 73.
1961 *Cyclanorbis senegalensis* – WERMUTH & MERTENS, Schildkr. Krokod. Brückenechs.:250; Abb. 182a–d.

Verbreitung: Von Senegal an ostwärts bis Nigeria und bis zum Sudan.

Cycloderma PETERS

1854 *Cycloderma* PETERS, M.Ber. k. preuß. Akad. Wiss. Berlin, **1854**:216. – Species typica (durch Monotypie): *Cycloderma frenatum* PETERS.
1859 *Heptathyra* COPE, Proc. Acad. nat. Sci. Philadelphia, **1859**:294. – Species typica (durch Monotypie): *Cryptopus aubryi* DUMÉRIL.
1860 *Aspidochelys* GRAY, Proc. zool. Soc. London, **1860**:6. – Species typica (durch Monotypie): *Aspidochelys livingstonii* GRAY = *Cycloderma frenatum* PETERS.
*1873 *Aspidochelis* MARSHALL (nomen substitutum pro *Aspidochelys* GRAY), Nomencl. zool.:44.

Verbreitung: Tropisches Afrika.

Cycloderma aubryi (DUMÉRIL)

1856 *Cryptopus aubryi* A. DUMÉRIL, Rev. Mag. Zool., Paris, (2) **8**:374; Taf. 20. – Terra typica: Gabun.
1860 *Cycloderma aubryi* – A. DUMÉRIL, Arch. Mus. Hist. nat., Paris, **10**:166.
1889 *Cycloderma aubryi* – BOULENGER, Cat. Chelon. Rhynchoceph. Crocod. brit. Mus. (nat. Hist.):267; Abb. 71.
1961 *Cycloderma aubryi* – WERMUTH & MERTENS, Schildkr. Krokod. Brückenechs.: 253; Abb. 183a–c.

Verbreitung: Westliches Afrika (Tschad, Zentralafrikanische Republik, Gabun, Angola, Congo und westliches Zaire).

Cycloderma frenatum PETERS

1854 *Cycloderma frenatum* PETERS, M.Ber. k. preuß. Akad. Wiss. Berlin, **1854**:216. – Terra typica: Tete, Zambezi-Fluß, Mozambique.
1860 *Aspidochelys livingstonii* GRAY, Proc. zool. Soc. London, **1860**:6; Taf. 22, Fig. 1, 2. – Terra typica: Zambezi-Fluß.
1889 *Cycloderma frenatum* – BOULENGER, Cat. Chelon. Rhynchoceph. Crocod. brit. Mus. (nat. Hist.):265.
1961 *Cycloderma frenatum* – WERMUTH & MERTENS, Schildkr. Krokod. Brückenechs.: 253; Abb. 184a–c.

Verbreitung: Südöstliches Afrika (Tanzania und Mozambique).

Lissemys SMITH

1831 *Emyda* GRAY (non *Emyda* RAFINESQUE 1815), Anim. Kingd. CUVIER, 9 (Synops. Spec. Rept.):19. – Species typica (durch Monotypie): *Trionyx punctatus* LACÉPÈDE.
1835 *Cryptopus* DUMÉRIL & BIBRON (partim; non *Cryptopus* BERTHOLD 1827 = Crustacea; non *Cryptopus* LATREILLE 1829 = Crustacea), Erpétol. gén., Hist. nat. Rept., **2**:499. – Species typica: *Testudo granosa* SCHOEPFF [= *Lissemys punctata granosa* (SCHOEPFF)] + *Cryptopus senegalensis* DUMÉRIL & BIBRON [= *Cyclanorbis senegalensis* (DUMÉRIL & BIBRON)].
*1856 *Cryptopodus* DUMÉRIL (partim; nomen substitutum pro *Cryptopus* DUMÉRIL & BIBRON), Rev. Mag. Zool., Paris, (2) **8**:374.
1931 *Lissemys* M. A. SMITH (nomen novum pro *Emyda* GRAY), Fauna brit. India, Rept. Amphib., **1**:154.

Verbreitung: Südliches Asien.

Lissemys punctata (LACÉPÈDE)

Lissemys punctata punctata (LACÉPÈDE)

1788 *Testudo punctata* LACÉPÈDE (non *Testudo punctata* SCHOEPFF 1792), Hist. nat. Quadrup. ovip., 1 (Synops. method.):171; Taf. 11. – Terra typica: Indien.
1798 *Testudo granulosa* SUCKOW, Anfangsgr. Naturgesch. Thiere, 3:48. – Terra typica: Östliches Indien.
1802 *Testudo granulata* DAUDIN (nomen substitutum pro *Testudo punctata* LACÉPÈDE), Hist. nat. gén. part. Rept., **2**:81; Taf. 19, Fig. 2.
1876 *Emyda dura* ANDERSON, J. LINN. Soc. London, (Zool.) **12**:514. – Terra typica: Ganges.
1889 *Emyda granosa* – BOULENGER (partim), Cat. Chelon. Rhynchoceph. Crocod. brit. Mus. (nat. Hist.):269; Abb. 72.
1931 *Lissemys punctata* forma typica – M. A. SMITH, Fauna brit. India, Rept. Amphib., 1:157.
1961 *Lissemys punctata punctata* – WERMUTH & MERTENS, Schildkr. Krokod. Brückenechs.:256, 258; Abb. 186a–c.

Verbreitung: Pakistan, nördliches Vorder-Indien (Flußsysteme des Indus und Ganges) und nordwestliches Hinter-Indien (Arakan sowie Inseln Akyab und Jergo).

Lissemys punctata granosa (SCHOEPFF)

1801 *Testudo granosa* SCHOEPFF, Hist. Testud. Icon. illustr.:127; Taf. 29b, 30a. – Terra typica: Küste von Coromandel.
1809 *Trionyx coromandelicus* GEOFFROY, Ann. Mus. Hist. nat., Paris, **14**:16; Taf. 5, Fig. 1. – Terra typica: Küste von Coromandel.
1854 *Emyda vittata* PETERS, M.Ber. k. preuß. Akad. Wiss. Berlin, **1854**:216. – Terra typica: Goa.
1855 *Emyda ceylonensis* GRAY, Cat. Shield Rept. Coll. brit. Mus., 1 (Testud.):64; Taf. 29a. – Terra typica: Ceylon.
1889 *Emyda granosa* – BOULENGER (partim), Cat. Chelon. Rhynchoceph. Crocod. brit. Mus. (nat. Hist.):269; Abb. 72.
1889 *Emyda vittata* – BOULENGER, Cat. Chelon. Rhynchoceph. Crocod. brit. Mus. (nat. Hist.):269.
1912 *Emyda granosa intermedia* ANNANDALE, Rec. ind. Mus., Calcutta, **7**:172; Taf. 6, Fig. 3. – Terra typica: Purulia, Manbhum District.
1931 *Lissemys punctata granosa* – M. A. SMITH, Fauna brit. India, Rept. Amphib., 1: 158; Abb. 35.
1961 *Lissemys punctata granosa* – WERMUTH & MERTENS, Schildkr. Krokod. Brückenechs.:258.
1968 *Lissemys punctata garnosa* RHODES & DADD (ex errore pro *L. p. granosa*), Zool. Record, London, **102** (1965, Sect. 17, Rept.):61.

Verbreitung: Vorder-Indien (südlich des Ganges) und Ceylon (= Sri Lanka).

Lissemys punctata scutata (PETERS)

1868 *Emyda scutata* PETERS, M.Ber. k. preuß. Akad. Wiss. Berlin, **1868**:449. – Terra typica: Pegu.
1873 *Emyda fuscomaculata* GRAY, Ann. Mag. nat. Hist., London, (4) **11**:308. – Terra typica: Pegu.
1889 *Emyda scutata* – BOULENGER, Cat. Chelon. Rhynchoceph. Crocod. brit. Mus. (nat. Hist.):270.
1912 *Emyda granosa scutata* – ANNANDALE, Rec. ind. Mus., Calcutta, **7**:173.

1931 *Lissemys punctata scutata* – M. A. SMITH, Fauna brit. India, Rept. Amphib., **1**: 159; Abb. 34.
1961 *Lissemys punctata scutata* – WERMUTH & MERTENS, Schildkr. Krokod. Brückenechs.:260.

V e r b r e i t u n g: Hinter-Indien (Flußsysteme des Irawadi und Salveen im nördlichen Tenasserim.

Pelochelys GRAY

1864 *Pelochelys* GRAY, Proc. zool. Soc. London, **1864**:89. – S p e c i e s t y p i c a (GÜNTHER 1865, fide LINDHOLM 1929): *Pelochelys cantorii* GRAY = *Pelochelys bibroni* (OWEN).

V e r b r e i t u n g: Südliches und südöstliches Asien.

Pelochelys bibroni (OWEN)

1853 *Trionyx* (*Gymnopus*) *bibroni* OWEN, Cat. osteol. Ser. roy. Coll. Surg., **1**:185. – T e r r a t y p i c a: „Australien".
1864 *Pelochelys cantorii* GRAY, Proc. zool. Soc. London, **1864**:90; Abb. 9, 10. – T e r r a t y p i c a: Malacca.
1864 *Pelochelys cumingii* GRAY, Proc. zool. Soc. London, **1864**:90. – T e r r a t y p i c a: Philippinen.
1889 *Pelochelys cantoris* BOULENGER (nomen substitutum pro *P. cantorii* GRAY), Cat. Chelon. Rhynchoceph. Crocod. brit. Mus. (nat. Hist.):263; Abb. 69.
1890 *Pelochelys poljakowii* STRAUCH, Mém. Acad. imp. Sci., St. Pétersbourg, (7) **38** 2:118; Taf. 4, Fig. 1–3. – T e r r a t y p i c a: Fu-Tschau.
1930 *Pelochelys bibroni* – M. A. SMITH, Bull. Raffles Mus., Singapore, **3**:3.
1961 *Pelochelys bibroni* – WERMUTH & MERTENS, Schildkr. Krokod. Brückenechs.: 260; Abb. 187a–d.

V e r b r e i t u n g: Östliches Vorder-Indien (Bengal), Hinter-Indien (Burma, Thailand, Laos, Vietnam; Malayische Halbinsel?), südliches China mit Insel Hainan, Sunda-Archipel (Inseln Sumatra, Java und Borneo), Philippinen und Neu-Guinea.

Trionyx GEOFFROY

1809 *Trionyx* GEOFFROY (non *Trionyx* OKEN 1816 = † Mammalia; non *Trionyx* HALIDAY 1833 = Hymenoptera), Ann. Mus. Hist. nat., Paris, **14**:3, 4. – S p e c i e s t y p i c a (durch inhaltliche Tautonymie): *Trionyx triunguis* (FORSKÅL).
1815 *Trionix* RAFINESQUE (nomen substitutum pro *Trionyx* GEOFFROY), Analyse de la Nature:74.
1830 *Aspidonectes* WAGLER, Natürl. Syst. Amphib.:134. – S p e c i e s t y p i c a (FITZINGER 1843): *Trionyx aegyptiacus* GEOFFROY = *Trionyx triunguis* (FORSKÅL).
?1832 *Apalone* RAFINESQUE (nomen dubium), Atlant. J. Friend Knowl., Philadelphia, **1**:64. – S p e c i e s t y p i c a (durch Monotypie): *Apalone hudsonica* RAFINESQUE = ? *Trionyx spiniferus* LE SUEUR.
1832 *Mesodeca* RAFINESQUE, Atlant. J. Friend Knowl., Philadelphia, **1**:64. – S p e c i e s t y p i c a (durch Monotypie): *Testudo bartrami* DAUDIN = *Trionyx ferox* (SCHNEIDER).
1832 *Chemelys* RAFINESQUE, Atlant. J. Friend Knowl., Philadelphia, **1**:64. – S p e c i e s t y p i c a (durch Monotypie): *Testudo verrucosa* SCHOEPFF = *Trionyx ferox* (SCHNEIDER).

1835 *Gymnopus* DUMÉRIL & BIBRON (nomen substitutum pro *Aspidonectes* WAGLER; non *Gymnopus* BROOKES 1828 = Aves; non *Gymnopus* BLYTH 1843 = Aves; non *Gymnopus* GRAY 1865 = Mammalia), Erpétol. gén., Hist. nat. Rept., **2**:472.

1835 *Amyda* FITZINGER, Ann. wien. Mus. Naturgesch., **1**:120, 127. – Species typica (FITZINGER 1843): *Trionyx subplanus* GEOFFROY [cf. LOVERIDGE & WILLIAMS 1957:422].

1835 *Pelodiscus* FITZINGER, Ann. wien. Mus. Naturgesch., **1**:120, 127. – Species typica (FITZINGER 1843): *Trionyx sinensis* WIEGMANN.

1835 *Platypeltis* FITZINGER, Ann. wien. Mus. Naturgesch., **1**:120, 127. – Species typica (FITZINGER 1843): *Testudo ferox* SCHNEIDER.

*1842 *Aspedonectes* HOLBROOK (ex errore pro *Aspidonectes* WAGLER), North amer. Herpetol., Ed. 2, **2**:18.

1843 *Potamochelys* FITZINGER, Syst. Rept., **1**:30. – Species typica (designatione auctoris): *Trionyx javanicus* GEOFFROY = *Trionyx cartilagineus* (BODDAERT).

1844 *Tyrse* GRAY, Cat. Tort. Crocod. Amphisb. Coll. brit. Mus.:47. – Species typica (LINDHOLM 1929): *Trionyx niloticus* GRAY = *Trionyx triunguis* (FORSKÅL).

1844 *Dogania* GRAY, Cat. Tort. Crocod. Amphisb. Coll. brit. Mus.:49. – Species typica (durch Monotypie): *Trionyx subplanus* GEOFFROY.

*1856 *Tryonix* SAGER (ex errore pro *Trionyx* GEOFFROY), Peninsular J. med. Coll. Sci., **3** (8):361 [fide STEJNEGER 1944].

1864 *Rafetus* GRAY, Proc. zool. Soc. London, **1864**:81. – Species typica (durch Monotypie): *Testudo euphraticus* DAUDIN.

1864 *Aspilus* GRAY (non *Aspilus* SCHAUM 1848 = Coleoptera), Proc. zool. Soc. London, **1864**:83. – Species typica (LINDHOLM 1929): *Trionyx cariniferus* GRAY = *Trionyx cartilagineus* (BODDAERT).

1869 *Landemania* GRAY, Proc. zool. Soc. London, **1869**:215. – Species typica (STEJNEGER 1907): *Landemania irrorata* GRAY = *Trionyx sinensis* WIEGMANN.

1869 *Fordia* GRAY, Proc. zool. Soc. London, **1869**:219. – Species typica (durch Monotypie): *Fordia africana* GRAY = *Trionyx triunguis* (FORSKÅL).

1869 *Sarbieria* GRAY, Proc. zool. Soc. London, **1869**:220. – Species typica (durch Monotypie): *Trionyx frenatus* GRAY = *Trionyx subplanus* GEOFFROY.

1869 *Callinia* GRAY, Proc. zool. Soc. London, **1869**:221. – Species typica (STEJNEGER 1907): *Callinia spicifera* GRAY = *Trionyx spiniferus* LE SUEUR.

1872 *Nilssonia* GRAY, Ann. Mag. nat. Hist., London, (4) **10**:332. – Species typica (durch Monotypie): *Trionyx formosus* GRAY.

1873 *Isola* GRAY, Proc. zool. Soc. London, **1873**:51. – Species typica (durch Monotypie): *Trionyx peguensis* GRAY = *Trionyx formosus* GRAY.

1873 *Oscaria* GRAY (non *Oscaria* VOSMAER 1881 = Porifera), Ann. Mag. nat. Hist., London, (4) **12**:157. – Species typica (durch Monotypie): *Oscaria swinhoei* GRAY = *Trionyx sinensis* WIEGMANN.

1873 *Ida* GRAY (non *Ida* GRAY 1838 = Sauria; non *Ida* GRAY 1840 = Gastropoda; non *Ida* ROBINEAU–DESVOIDY 1863 = Diptera), Proc. zool. Soc. London, **1873**:55. – Species typica (durch Monotypie): *Trionyx ornatus* GRAY = *Trionyx cartilagineus* (BODDAERT).

1880 *Yuen* HEUDE, Mém. concern. Hist. nat. Emp. chin., Chang-Hai, **1**:18. – Species typica (STEJNEGER 1907): *Yuen leprosus* HEUDE = *Trionyx sinensis* WIEGMANN.

1880 *Psilognathus* HEUDE, Mém. concern. Hist. nat. Emp. chin., Chang-Hai, **1**:24. – Species typica (durch Monotypie): *Psilognathus laevis* HEUDE = *Trionyx sinensis* WIEGMANN.

1880 *Temnognathus* HEUDE, Mém. concern. Hist. nat. Emp. chin., Chang-Hai, **1**:25. – Species typica (durch Monotypie): *Temnognathus mordax* HEUDE = *Trionyx sinensis* WIEGMANN.

1880 *Gomphopelta* HEUDE, Mém. concern. Hist. nat. Emp. chin., Chang-Hai, **1**:27. – Species typica (durch Monotypie): *Gomphopelta officinalis* HEUDE = *Trionyx sinensis* WIEGMANN.

1880 *Coelognathus* HEUDE (non *Coelognathus* FITZINGER 1843 = Serpentes; non *Coelognathus* HESSLING 1852 = Acarina), Mém. concern. Hist. nat. Emp. chin., Chang-Hai, **1**:29. – Species typica (durch Monotypie): *Coelognathus novemcostatus* HEUDE = *Trionyx sinensis* WIEGMANN.

1880 *Tortisternum* HEUDE, Mém. concern. Hist. nat. Emp. chin., Chang-Hai, **1**:31. – Species typica (durch Monotypie): *Tortisternum novemcostatum* HEUDE = *Trionyx sinensis* WIEGMANN.

1880 *Ceramopelta* HEUDE, Mém. concern. Hist. nat. Emp. chin., Chang-Hai, **1**:33. – Species typica (durch Monotypie): *Ceramopelta latirostris* HEUDE = *Trionyx sinensis* WIEGMANN.

1880 *Coptopelta* HEUDE, Mém. concern. Hist. nat. Emp. chin., Chang-Hai, **1**:34. – Species typica (durch Monotypie): *Coptopelta septemcostata* HEUDE = *Trionyx sinensis* WIEGMANN.

1880 *Cinctisternum* HEUDE, Mém. concern. Hist. nat. Emp. chin., Chang-Hai, **1**:36. – Species typica (durch Monotypie): *Cinctisternum bicinctum* HEUDE = *Trionyx sinensis* WIEGMANN.

*1884 *Landemenia* SCUDDER (ex errore pro *Landemania* GRAY), Nomencl. zool., Index univ.:167.

*1895 *Platyrettis* KIRSCH (ex errore pro *Platypeltis* FITZINGER), Bull. U.S. Fish Commiss., Washington, **1894**:333 [fide STEJNEGER 1944].

*1900 *Aspidonectus* BEYER (nomen substitutum pro *Aspidonectes* WAGLER 1830), Proc. Louisiana Soc. nat. Hist., **1897–1899**:43 [fide STEJNEGER 1944].

1904 *Aspideretes* HAY, Proc. amer. philos. Soc., Philadelphia, **42**:274. – Species typica (designatione auctoris): *Trionyx gangeticus* CUVIER.

1944 *Euamyda* STEJNEGER, Bull. Mus. comp. Zool. Harvard Coll., Cambridge (Massachusetts), **94**:7, 9, 12. – Species typica (durch Monotypie): *Amyda mutica* AGASSIZ.

1955 *Amida* SCORTECCI (ex errore pro *Amyda* FITZINGER; non *Amida* LEWIS 1896 = Coleoptera), Animali (Milano), **4**:1043.

1955 *Tryonyx* SCORTECCI (ex errore pro *Trionyx* GEOFFROY), Animali (Milano), **4**:1045.

Verbreitung: Afrika, südliches, östliches und südöstliches Asien sowie Nord-Amerika.

Trionyx ater WEBB & LEGLER

1960 *Trionyx ater* WEBB & LEGLER, Univ. Kansas Sci. Bull., Lawrence, **40**:21; Taf. 1 [oben]; Taf. 2 [oben]. – Terra typica: 16 km südlich von Cuatro Cienegas, Coahulia, Mexico.

1961 *Trionyx ater* – WERMUTH & MERTENS, Schildkr. Krokod. Brückenechs.:263.

Verbreitung: Nördliches Mexico (Gewässer bei Cuatro Cienegas, Coahuila).

Trionyx cartilagineus (BODDAERT)

1770 *Testudo cartilaginea* BODDAERT, De Testud. cartilag. (Epist. ad W. ROELL): –; Taf. 1, 2. – Terra typica: unbekannt.

?1779 *Testudo membranacea* BLUMENBACH, Handb. Naturgesch.:257. – Terra typica: „Guiana".

1787 *Testudo boddaerti* SCHNEIDER (nomen substitutum pro *Testudo cartilaginea* BODDAERT), Erster Beytr. Naturgesch. Schildkr.:12.

1787 *Testudo bodderti* SCHNEIDER (error typographicus pro *T. boddaerti*), Erster Beytr. Naturgesch. Schildkr.:Taf.

1787 *Testudo rostrata* THUNBERG, Kongl. Vetensk. Akad. Handl., Stockholm, **8**:179; Taf. 7, Fig. 2, 3. – Terra typica designata (M. A. SMITH 1931): Indien.
1798 *Testudo striata* SUCKOW (partim; nomen substitutum pro *T. cartilaginea* BODDAERT et *T. triunguis* FORSKÅL), Anfangsgr. Naturgesch. Thiere, **3**:37.
1809 *Trionyx stellatus* GEOFFROY (nomen substitutum pro *T. cartilaginea* BODDAERT), Ann. Mus. Hist. nat., Paris, **14**:13.
1809 *Trionyx javanicus* GEOFFROY, Ann. Mus. Hist. nat., Paris, **14**:15. – Terra typica: Java.
1831 *Testudo gotaghol* HAMILTON (nomen nudum) in GRAY, Synops. Rept., **1** (Cataphracta):48.
1855 *Trionyx cariniferus* GRAY, Cat. Shield Rept. Coll. brit. Mus., **1** (Testud.):67; Taf. 32. – Terra typica: „Moluccen?"
1861 *Trionyx ornatus* GRAY, Proc. zool. Soc. London, **1861**:41; Taf. 5. – Terra typica: Cambodja.
1864 *Aspilus? punctulatus* GRAY, Proc. zool. Soc. London, **1864**:84. – Terra typica: Amboina oder Ceram.
1869 *Trionyx jeudi* GRAY, Proc. zool. Soc. London, **1869**:217; Abb. 19. – Terra typica: Java?
1870 *Trionyx phayrei* THEOBALD, J. LINN. Soc. London, (Zool.) **10**:18. – Terra typica: Bergland von Arakan, Bassein District, westliches Pegu.
1875 *Trionyx ephippium* THEOBALD, Proc. asiat. Soc. Bengal, Calcutta, **1875**:177; Taf. 5, Fig. a–c. – Terra typica: Tenasserim.
1889 *Trionyx phayrii* BOULENGER (nomen substitutum pro *T. phayrei* THEOBALD), Cat. Chelon. Rhynchoceph. Crocod. brit. Mus. (nat. Hist.):251; Abb. 66.
1889 *Trionyx cartilagineus* – BOULENGER, Cat. Chelon. Rhynchoceph. Crocod. brit. Mus. (nat. Hist.):253; Abb. 67.
1961 *Trionyx cartilagineus* – WERMUTH & MERTENS, Schildkr. Krokod. Brückenechs.: 265; Abb. 188a–d.
1971 *Trionyx cartilagneus* THELWALL (ex errore pro *T. cartilagineus*), Zool. Record, London, **106** (1969, Sect. 17, Rept.):87.

Verbreitung: Hinter-Indien (südliches Burma, Thailand, Cambodja, Laos, südliches Vietnam: Chochinchina und Malayische Halbinsel) sowie Sunda-Archipel (Inseln Sumatra, Java und Borneo); Moluccen?

Trionyx euphraticus (DAUDIN)

1802 *Testudo euphratica* DAUDIN, Hist. nat. gén. part. Rept., **2**:305. – Terra typica: Ufer des Euphrat.
1807 *Testudo rafcht* OLIVIER, Voy. Emp. Othoman., **6**:328. – Terra typica: Euphrat und Tigris.
1809 *Trionyx euphraticus* – GEOFFROY, Ann. Mus. Hist. nat., Paris, **14**:17.
1831 *Testudo rafscht* GRAY (ex errore pro *T. rafcht* OLIVIER) in GRIFFITH, Anim. Kingd. CUVIER, **9** (Synops Spec.):19.
1831 *Testudo rascht* GRAY (ex errore pro *T. rafcht* OLIVIER), Synops. Rept., **1** (Cataphracta):48.
1855 *Trionyx rafeht* GRAY (ex errore pro *T. rafcht* OLIVIER), Cat. Shield Rept. Coll. brit. Mus., **1** (Testud.):65; Taf. 30.
1889 *Trionyx euphraticus* – BOULENGER, Cat. Chelon. Rhynchoceph. Crocod. brit. Mus. (nat. Hist.): 258.
1961 *Trionyx euphraticus* – WERMUTH & MERTENS, Schildkr. Krokod. Brückenechs.: 266; Abb. 189a–c.

Verbreitung: Vorder-Asien (südöstliches Anatolien, Syrien, Irak, Iran und nordöstliches Israel).

Trionyx ferox (SCHNEIDER)

1783 *Testudo ferox* SCHNEIDER, Allgem. Naturgesch. Schildkr.: 330. – Terra typica: Savannah River, Georgia.
1788 *Testudo mollis* LACÉPÈDE, Hist. nat. Quadrup. ovip., 1: Synops. method., 137; Taf. 7. – Terra typica designata (K. P. SCHMIDT 1953): östliches Florida.
1795 *Testudo ferox verrucosa* SCHOEPFF, Allgem. Naturgesch. Schildkr.: 105. – Terra typica: östliches Florida.
1802 *Testudo bartrami* DAUDIN (nomen substitutum pro *Testudo ferox verrucosa* SCHOEPFF), Hist. nat. gén. part. Rept., **2**: 74.
1809 *Trionyx carinatus* GEOFFROY, Ann. Mus. Hist. nat., Paris, **14**: 14; Taf. 4. – Terra typica designata (K. P. SCHMIDT 1953): östliches Florida.
1809 *Trionyx georgianus* GEOFFROY (nomen substitutum pro *Testudo ferox* SCHNEIDER), Bull. Soc. philom. Paris, **1**: 367.
1809 *Trionyx georgicus* GEOFFROY (nomen substitutum pro *Testudo ferox* SCHNEIDER), Ann. Mus. Hist. nat., Paris, **14**: 17.
1812 *Trionyx ferox* – SCHWEIGGER, Königsberg. Arch. Naturwiss. Math., **1**: 285.
1812 *Trionyx brogniarti* SCHWEIGGER, Königsberg. Arch. Naturwiss. Math., **1**: 288. – Terra typica designata (K. P. SCHMIDT 1953): St. Johns River, Florida.
1835 *Trionyx harlani* BELL in HARLAN, Med. phys. Research: 159. – Terra typica: östliches Florida.
1889 *Trionyx ferox* – BOULENGER, Cat. Chelon. Rhynchoceph. Crocod. brit. Mus. (nat. Hist.): 259.
1961 *Trionyx ferox* – WERMUTH & MERTENS, Schildkr. Krokod. Brückenechs.: 266; Abb. 190a, b.

Verbreitung: Nord-Amerika (südliches Canada, U.S.A. und nördliches Mexico).

Trionyx formosus GRAY

1869 *Trionyx formosus* GRAY, Proc. zool. Soc. London, **1869**: 217; Taf. 15, Fig. 1. – Terra typica: Pegu.
1870 *Trionyx? peguensis* GRAY, Suppl. Cat. Shield Rept. Coll. brit. Mus., **1** (Testud.): 99. – Terra typica: Pegu.
1875 *Trionyx grayii* THEOBALD, Proc. asiat. Soc. Bengal, Calcutta, **44** 2: 176; Taf. 3. – Terra typica: Thayet-Myo am Irawadi, Burma.
1889 *Trionyx formosus* – BOULENGER, Cat. Chelon. Rhynchoceph. Crocod. brit. Mus. (nat. Hist.): 250.
1961 *Trionyx formosus* – WERMUTH & MERTENS, Schildkr. Krokod. Brückenechs.: 266; Abb. 191a–c.

Verbreitung: Westliches Hinter-Indien (Burma).

Trionyx gangeticus CUVIER

1825 *Trionyx gangeticus* CUVIER, Recherch. Ossem. foss., Ed. 3, **5** 2: [186,] 203; Taf. 11. – Terra typica: Ganges.
1835 *Gymnopus duvaucelii* DUMÉRIL & BIBRON (partim; nomen substitutum pro *Trionyx gangeticus* CUVIER et *Trionyx hurum* GRAY), Erpétol. gén., Hist. nat. Rept., **2**: 487.
1872 *Aspilus gataghol* GRAY, Ann. Mag. nat. Hist., London, (4) **10**: 339. – Terra typica: Indien.
1889 *Trionyx gangeticus* – BOULENGER, Cat. Chelon. Rhynchoceph. Crocod. brit. Mus. (nat. Hist.): 248.

1912 *Trionyx gangeticus mahanaddicus* ANNANDALE, Rec. ind. Mus., Calcutta, 7:262. – Terra typica restricta (M. A. SMITH 1931): Cuttack, Orissa.
1961 *Trionyx gangeticus* – WERMUTH & MERTENS, Schildkr. Krokod. Brückenechs.: 268; Abb. 192a–c.

Verbreitung: Afghanistan (Provinz Pakta), Pakistan und nördliches Vorder-Indien (Flußsysteme des Indus, Ganges und Mahanadi).

Trionyx hurum GRAY

1831 *Trionyx hurum* GRAY, Synops. Rept., 1 (Cataphracta):47; Taf. 10. – Terra typica: Fatehgarh, Ganges.
1831 *Testudo chim* HAMILTON (nomen nudum) in GRAY, Synops. Rept., 1 (Cataphracta): 47.
1831 *Trionyx ocellatus* GRAY (non *Trionyx ocellatus* LE SUEUR 1827), Illustr. ind. Zool., 1:Taf. 78. –Terra typica: Indien.
1835 *Gymnopus duvaucelii* DUMÉRIL & BIBRON (partim; nomen substitutum pro *Trionyx gangeticus* CUVIER et *Trionyx hurum* GRAY), Erpétol. gén., Hist. nat. Rept., 2:487.
1872 *Trionyx sewaare* GRAY, Ann. Mag. nat. Hist., London, (4) 10:336. – Terra typica: Bengal, Ganges.
1872 *Trionyx bellii* GRAY, Ann. Mag. nat. Hist., London, (4) 10:337. – Terra typica: Asien.
1874 *Trionyx buchanani* THEOBALD, Proc. asiat. Soc. Bengal, Calcutta, 1874:78. – Terra typica: Bengal.
1889 *Trionyx hurum* – BOULENGER, Cat. Chelon. Rhynchoceph. Crocod. brit. Mus. (nat. Hist.):249.
1961 *Trionyx hurum* – WERMUTH & MERTENS, Schildkr. Krokod. Brückenechs.:270; Abb. 193a–c.

Verbreitung: Östliches Vorder-Indien (Unterlauf des Ganges und Brahmaputra).

Trionyx leithii GRAY

1872 *Trionyx leithii* GRAY, Ann. Mag. nat. Hist., London, (4) 10:334. – Terra typica: Poonah.
1889 *Trionyx leithii* – BOULENGER, Cat. Chelon. Rhynchoceph. Crocod. brit. Mus. (nat. Hist.):249.
1915 *Trionyx sulcifrons* ANNANDALE, Rec. ind. Mus., Calcutta, 11:341; Taf. 33, Fig. 1, 2. – Terra typica: Wasserbehälter in der Stadt Nagpur.
1961 *Trionyx leithii* – WERMUTH & MERTENS, Schildkr. Krokod. Brückenechs.: 273; Abb. 194.

Verbreitung: Nördliches und mittleres Vorder-Indien (nordwärts bis zum Ganges, südwärts bis Madras).

Trionyx muticus LE SUEUR

Trionyx muticus muticus LE SUEUR

1827 *Trionyx muticus* LE SUEUR, Mém. Mus. Hist. nat., Paris, 15:263; Taf. 7, Fig. 1a–f. – Terra typica: Wabash River bei New Harmony, Posey County, Indiana.
1864 *Potamochelys microcephalus* GRAY, Proc. zool. Soc. London, 1864:87. – Terra typica designata (K. P. SCHMIDT 1953): New Harmony, Posey County, Indiana.

1889 *Trionyx muticus* – BOULENGER, Cat. Chelon. Rhynchoceph. Crocod. brit. Mus. (nat. Hist.):260; Abb. 68.
1959 *Trionyx muticus muticus* – WEBB, Univ. Kansas Publ., Lawrence, **11**:520.
1961 *Trionyx muticus muticus* – WERMUTH & MERTENS, Schildkr. Krokod. Brückenechs.:273, 274; Abb. 195a–c.

Verbreitung: Mittlere und südliche U.S.A. (im Norden: vom südlichen Dakota an ostwärts bis zum westlichen Pennsylvania; im Süden: vom mittleren Texas an ostwärts bis zum westlichen Mississippi).

Trionyx muticus calvatus WEBB

1959 *Trionyx muticus calvatus* WEBB, Univ. Kansas Publ., Lawrence, **11**:519; Taf. 13, 14. – Terra typica: Pearl River, Roses Bluff, 14 Meilen nordöstlich von Jackson, Rankin County, Mississippi.
1961 *Trionyx muticus calvatus* – WERMUTH & MERTENS, Schildkr. Krokod. Brückenechs.:274.

Verbreitung: Südliche U.S.A. (Flußsysteme des Pearl River, Pascagoula River und Escambia River im südlichen Mississippi).

Trionyx nigricans ANDERSON

1875 *Trionyx nigricans* ANDERSON, Ann. Mag. nat. Hist., London, (4) **16**:284. – Terra typica: Wasserbehälter von Chittagong, Bengal.
1889 *Trionyx hurum* – BOULENGER (partim), Cat. Chelon. Rhynchoceph. Crocod. brit. Mus. (nat. Hist.):250.
1961 *Trionyx nigricans* – WERMUTH & MERTENS, Schildkr. Krokod. Brückenechs.:275.

Verbreitung: Östliches Vorder-Indien (südöstliches Bengal; nur von der Terra typica bekannt).

Trionyx sinensis WIEGMANN

1804 *Testudo semimembranacea* HERMANN (nomen oppressum: Opinion 660, ICZN, 1963), Observ. zool.:219. – Patria: Japan.
1835 *Trionyx (Aspidonectes) sinensis* WIEGMANN (nomen conservandum: Opinion 660, ICZN, 1963), Nova Acta Acad. caes. leop.-carol., Halle, **17**:189. – Terra typica: Reisfeld auf einer kleinen Insel im Tiger-Fluß bei Macao, China.
1835 *Trionyx stellatus* var. *japon[ica]* TEMMINCK & SCHLEGEL in SIEBOLD, Fauna japon., Rept.:Taf. 5, Fig. 7. – Terra typica: Japan.
1835 *Trionyx japonicus* – TEMMINCK & SCHLEGEL in SIEBOLD, Fauna japon., Rept.: 139; Taf. 7.
1842 *Trionyx tuberculatus* CANTOR, Ann. Mag. nat. Hist., London, (1) **9**:482. – Terra typica: Chusan.
1844 *Tyrse perocellata* GRAY, Cat. Tort. Crocod. Amphisb. Coll. brit. Mus.:48. – Terra typica: Chusan.
1858 *Trionyx maackii* BRANDT, Bull. Acad. imp. Sci., St. Pétersbourg, Class. phys. math., **16**:110. – Terra typica: Südlicher Amur-, Sungari- und Ussuri-Fluß.
1858 *Trionyx schlegelii* BRANDT, Bull. Acad. imp. Sci., St. Pétersbourg, Class. phys. math., **16**:110. – Terra typica: Peiping.
1869 *Landemania irrorata* GRAY, Proc. zool. Soc. London, **1869**:216; Abb. 18. – Terra typica: Shanghai.
1873 *Oscaria swinhoei* GRAY, Ann. Mag. nat. Hist., London, (4) **12**:157; Taf. 5. – Terra typica: Umgebung von Shanghai.
1875 *Gymnopus simonii* A. DUMÉRIL (nomen nudum) in DAVID, J. trois. Voy. Chine, **2**:214. – Patria: Tsitou, Kiangsi.

1880 *Yuen leprosus* HEUDE, Mém. concern. Hist. nat. Emp. chin., Chang-Hai, 1:20. – Terra typica: Hwangpu bei Shanghai.
1880 *Yuen maculatus* HEUDE, Mém. concern. Hist. nat. Emp. chin., Chang-Hai, 1:22; Taf. 1, 1a. – Terra typica: Hwangpu bei Shanghei.
1880 *Yuen elegans* HEUDE, Mém. concern. Hist. nat. Emp. chin., Chang-Hai, 1:23. – Terra typica: Hwangpu bei Shanghai.
1880 *Yuen viridis* HEUDE, Mém. concern. Hist. nat. Emp. chin., Chang-Hai, 1:23. – Terra typica: Taihu, Kiangsi, großer See bei Sou-Tcheou.
1880 *Yuen pallens* HEUDE, Mém. concern. Hist. nat. Emp. chin., Chang-Hai, 1:23. – Terra typica: Taihu, Kiangsi, großer See bei Sou-Tcheou.
1880 *Psilognathus laevis* HEUDE, Mém. concern. Hist. nat. Emp. chin., Chang-Hai, 1:24; Taf. 2. – Terra typica: Flüsse des Berggebietes südlich von Ningkwo, Anhwei.
1880 *Temnognathus mordax* HEUDE, Mém. concern. Hist. nat. Emp. chin., Chang-Hai, 1:26; Taf. 3. – Terra typica: Umgebung von Shanghai.
1880 *Gomphopelta officinae* HEUDE, Mém. concern. Hist. nat. Emp. chin., Chang-Hai, 1:27; Taf. 4. – Terra typica: Fluß Hwai-Ho an der Grenze von Honan.
1880 *Coelognathus novem-costatus* HEUDE, Mém. concern. Hist. nat. Emp. chin., Chang-Hai, 1:29; Taf. 5. – Terra typica: äußerster Osten des Sees Tch'ao, Anhwei.
1880 *Tortisternum novem-costatum* HEUDE, Mém. concern. Hist. nat. Emp. chin., Chang-Hai, 1:31; Taf. 1. – Terra typica: See Tch'ao, Anhwei.
1880 *Ceramopelta latirostris* HEUDE, Mém. concern. Hist. nat. Emp. chin., Chang-Hai, 1:33; Taf. 7. – Terra typica: Umgebung von Nanking.
1880 *Coptopelta septem-costata* HEUDE, Mém. concern. Hist. nat. Emp. chin., Chang-Hai, 1:35; Taf. 8. – Terra typica: Seen von Tungliu, Anhwei.
1880 *Cinctisternum bicinctum* HEUDE, Mém. concern. Hist. nat. Emp. chin., Chang-Hai, 1:37; Taf. 9. – Terra typica: Sumpf bei Nanking.
1889 *Trionyx sinensis* – BOULENGER, Cat. Chelon. Rhynchoceph. Crocod. brit. Mus. (nat. Hist.):256.
1889 *Trionyx swinhonis* BOULENGER (nomen substitutum pro *Oscaria swinhoei* GRAY), Cat. Chelon. Rhynchoceph. Crocod. brit. Mus. (nat. Hist.):257.
1897 *Trionyx cartilagineus* var. *newtoni* FERREIRA, J. Sci. math. phys. nat. Lisboa, (2) 5:114. – Terra typica: Timor.
1922 *Trionyx sinensis cyphus* VOGT (exemplar cyphoticum), Arch. Naturgesch., Berlin, (A) 88 10:136.
1932 *Amyda schlegeli haseri* PAWLOW, Publ. Mus. Hoang-Ho Paiho, Tientsin, 13:27. – Terra typica: Fluß Tzu-ya-ho bei Sien-Hien, mittleres Chi-li.
1932 *Amyda schlegeli licenti* PAWLOW, Publ. Mus. Hoang-Ho Paiho, Tientsin, 13:28. – Terra typica: Tientsin.
1961 *Trionyx sinensis* – WERMUTH & MERTENS, Schildkr. Krokod. Brückenechs.:276; Abb. 196a–c.

Verbreitung: Amur-Provinz, Mongolei, Mandschurei, China (einschließlich der Insel Hainan), Formosa, Korea, östliches Hinter-Indien (nördliches Vietnam: von Tonkin südwärts bis Annam), Japan und Hawai.

Trionyx spiniferus LE SUEUR

Trionyx spiniferus spiniferus LE SUEUR

1827 *Trionyx spiniferus* LE SUEUR, Mém. Mus. Hist. nat., Paris, 15:258; Taf. 6, Fig. a–g. – Terra typica: Wabash River bei New Harmony, Posey County, Indiana.
1827 *Trionyx ocellatus* LE SUEUR (non *Trionyx ocellatus* GRAY 1831), Mém. Mus. Hist. nat., Paris, 15:261. – Terra typica: Wabash River bei New Harmony, Posey County, Indiana.
1839 *Trionyx annulifer* WIED, Reise Nord-Amer., 1:140. – Terra typica: Ohio River bei Pittsburgh, Pennsylvania.
1844 *Tyrse argus* GRAY, Cat. Tort. Crocod. Amphisb. Coll. brit. Mus.:48. – Terra typica designata (K. P. SCHMIDT 1953): New Harmony, Posey County, Indiana.

1857 *Aspidonectes nuchalis* AGASSIZ, Contrib. nat. Hist. U.S.A., 1:406. – Terra typica restricta (K. P. SCHMIDT 1953): Cumberland River bei Nashville, Tennessee.
1865 *Gymnopus olivaceus* WIED, Nova Acta Acad. caes. leop.-carol., Halle, **32**:55; Taf. 5. – Terra typica: New Harmony, Posey County, Indiana.
1869 *Callinia spicifera* GRAY (ex errore pro *T. spiniferus* LE SUEUR), Proc. zool. Soc. London, **1869**:222.
1889 *Trionyx spinifer* BOULENGER (nomen substitutum pro *T. spiniferus* LE SUEUR), Cat. Chelon. Rhynchoceph. Crocod. brit. Mus. (nat. Hist.):259.
1939 *Amyda spinifera spinifera* – STEJNEGER & BARBOUR, Check List north amer. Amphib. Rept., Ed. 4:172.
1956 *Trionyx spinifer [spinifer]* – SCHWARTZ, Charleston Mus. Leafl., **26**:7.
1961 *Trionyx spiniferus spiniferus* – WERMUTH & MERTENS, Schildkr. Krokod. Brückenechs.:278; Abb. 197a–c.

Verbreitung: Südliches Canada (südliches Ontario und südlichstes Quebec) sowie östliche U.S.A. (im Norden: von Wisconsin an ostwärts bis Vermont, südwärts bis Tennessee und bis zum nördlichsten Alabama).

Trionyx spiniferus asper (AGASSIZ)

1857 *Aspidonectes asper* AGASSIZ, Contrib. nat. Hist. U.S.A., 1:405. – Terra typica designata (WEBB 1960): Pearl River bei Columbus, Masion County, Mississippi.
1888 *Platypeltis agassizii* BAUR, Amer. Naturalist, New York, **22**:1121. – Terra typica: Georgia.
1939 *Amyda spinifera aspera* – STEJNEGER & BARBOUR, Check List north amer. Amphib. Rept., Ed. 4:172.
1956 *Trionyx spiniferus asper* – SCHWARTZ, Charleston Mus. Leafl., **26**:7.
1961 *Trionyx spiniferus asper* – WERMUTH & MERTENS, Schildkr. Krokod. Brückenechs.:279.

Verbreitung: Südöstliche U.S.A. (von Mississippi an ostwärts bis Nord-Carolina unter Ausschluß der Halbinsel Florida).

Trionyx spiniferus emoryi (AGASSIZ)

1857 *Aspidonectes emoryi* AGASSIZ, Contrib. nat. Hist. U.S.A., 1:407; 2:Taf. 6, Fig. 4, 5. – Terra typica: Rio Grande bei Brownsville, Texas.
1870 *Aspidonectes emyda* GRAY (ex errore pro *A. emoryi* AGASSIZ), Suppl. Cat. Shield Rept. Coll. brit. Mus., 1 (Testud.):95.
1870 *Aspidonectes georgii* GRAY (ex errore pro *A. emoryi* AGASSIZ), Suppl. Cat. Shield Rept. Coll. brit. Mus., 1 (Testud.):109.
1889 *Aspidonectes californiana* RIVERS, Proc. californ. Acad. Sci., San Francisco, (2) 2:233. – Terra typica: Sacramento River, nahe der Stadt Sacramento.
1889 *Trionyx emoryi* – BOULENGER, Cat. Chelon. Rhynchoceph. Crocod. brit. Mus. (nat. Hist.):258.
1956 *Trionyx spiniferus emoryi* – SCHWARTZ, Charleston Mus. Leafl., **26**:11.
1961 *Trionyx spiniferus emoryi* – WERMUTH & MERTENS, Schildkr. Krokod. Brückenechs.:280; Abb. 198.

Verbreitung: Südliche U.S.A. (vom südlichen Nevada und vom südöstlichen California an ost- und südostwärts über das südliche Arizona und über New Mexico bis zum südlichen Texas) sowie nordöstliches Mexiko (Chihuahua, Coahuila, Nuevo Leon, nördliches Tamaulipas und nördliches Durango).

Trionyx spiniferus guadalupensis WEBB

1962 *Trionyx spinifer guadalupensis* WEBB, Univ. Kansas Publ., Mus. nat. Hist., Lawrence, **13**:517; Taf. 41, 42. – Terra typica: Tilden, McMullen County, Texas.

Verbreitung: Südliche U.S.A. (südliches mittleres Texas, Flußgebiete des Nueces, Guadalupe und San Antonio; Colorado River?).

Trionyx spiniferus hartwegi (CONANT & GOIN)

1948 *Amyda spinifera hartwegi* CONANT & GOIN, Occ. Pap. Mus. Zool. Univ. Michigan, Ann Arbor, **510**:1. – Terra typica: Wichita, Sedgwick County, Kansas.
1956 *Trionyx spiniferus hartwegi* – SCHWARTZ, Charleston Mus. Leafl., **26**:11.
1961 *Trionyx spiniferus hartwegi* – WERMUTH & MERTENS, Schildkr. Krokod. Brückenechs.:280.
1965 *Trionyx spiniferus bartwegi* CURDS & KNOTT (ex errore pro *T. s. hartwegi* WEBB), Zool. Record, London, **100** (1963, Sect. 17, Rept.):65.

Verbreitung: Nördliche und mittlere U.S.A. (im Norden: vom mittleren Montana an ostwärts bis Minnesota; im Süden: vom östlichen Colorado an ostwärts bis Arkansas).

Trionyx spiniferus pallidus WEBB

1962 *Trionyx spinifer pallidus* WEBB, Univ. Kansas Publ., Mus. nat. Hist., Lawrence, **13**: 522; Taf. 39, 40. – Terra typica: Lake Caddo, Caddo Parish, Louisiana.

Verbreitung: Südliche U.S.A. (südliches Oklahoma, östliches Texas, äußerster Südwesten von Arkansas und westliche Hälfte von Louisiana).

Trionyx steindachneri SIEBENROCK

1906 *Trionyx steindachneri* SIEBENROCK, Zool. Anz., Leipzig, **30**:579; Abb. – Terra typica: Fluß Kaukong, Insel Hainan.
1961 *Trionyx steindachneri* – WERMUTH & MERTENS, Schildkr. Krokod. Brückenechs.:280; Abb. 199a–c.

Verbreitung: Südliches China (Kwangsi, Kwangtung und Insel Hainan).

Trionyx subplanus GEOFFROY

1809 *Trionyx subplanus* GEOFFROY, Ann. Mus. Hist. nat., Paris, **14**:11; Taf. 5, Fig. 2. – Terra typica: unbekannt.
1855 *Trionyx frenatus* GRAY, Cat. Shield Rept. Coll. brit. Mus., **1** (Testud.):67. – Terra typica: Singapore.
1862 *Dogania guentheri* GRAY, Proc. zool. Soc. London, **1862**:265. – Terra typica: Indien.
1873 *Trionyx? dillwynii* GRAY, Ann. Mag. nat. Hist., London, (4) **11**:306. – Terra typica: Borneo.
1889 *Trionyx subplanus* – BOULENGER, Cat. Chelon. Rhynchoceph. Crocod. brit. Mus. (nat. Hist.):246; Abb. 65.
1890 *Trionyx vertebralis* STRAUCH, Mém. Acad. imp. Sci., St. Pétersbourg, (7) **38** 2:113; Taf. 3, Fig. 3, 4. – Terra typica restricta (WERMUTH & MERTENS 1961): Süd-Asien.

*1895 *Trionyx pecki* BARTLETT, Sarawak Gazette, 1. II. 1895:30. – Terra typica: Borneo.
1957 *Trionyx subplanus* – LOVERIDGE & WILLIAMS, Bull. Mus. comp. Zool., Cambridge (Massachusetts), **115**:415.
1961 *Dogania subplana* – WERMUTH & MERTENS, Schildkr. Krokod. Brückenechs.: 254; Abb. 185a–c.

Verbreitung: Hinter-Indien (Burma, Thailand und Malayische Halbinsel), Mergui-Inseln, Sunda-Archipel (Inseln Sumatra, Singkep, Groß-Natuna, Borneo und Java) sowie Philippinen.

Trionyx triunguis (FORSKÅL)

1775 *Testudo triunguis* FORSKÅL, Descr. Anim., Faun. orient. Conspect.:IX. – Terra typica: Nil.
1798 *Testudo striata* SUCKOW (partim; nomen substitutum pro *Testudo cartilaginea* BODDAERT et *Testudo triunguis* FORSKÅL), Anfangsgr. Naturgesch. Thiere, **3**:37.
1809 *Trionyx aegyptiacus* GEOFFROY (nomen substitutum pro *Testudo triunguis* FORSKÅL), Ann. Mus. Hist. nat., Paris, **14**:12; Taf. 1, 2.
1831 *Trionyx niloticus* GRAY (nomen substitutum pro *Testudo triunguis* FORSKÅL), Synops. Rept., **1** (Cataphracta):46.
1837 *Trionyx labiatus* BELL, Monogr. Testud.:Taf. – Terra typica: West-Afrika, bei Sierra Leone.
1844 *Trionyx mortoni* HALLOWELL, Proc. Acad. nat. Sci. Philadelphia, **2**:120. – Terra typica: Afrika.
1860 *Aspidonectes aspilus* COPE, Proc. Acad. nat. Sci. Philadelphia, **1859**:295. – Terra typica: Rembo und Ovenga River (Nebenflüsse des Fernando Vas im westlichen Äquatorial-Afrika).
1869 *Fordia africana* GRAY, Proc. zool. Soc. London, **1869**:219. – Terra typica: Chartum, oberer Nil.
1876 *Trionyx triunguis* – PETERS, M.Ber. k. preuß. Akad. Wiss. Berlin, **1876**:117.
1889 *Trionyx triunguis* – BOULENGER, Cat. Chelon. Rhynchoceph. Crocod. brit. Mus. (nat. Hist.):254.
1948 *Trionyx triunguis rudolfianus* DERANIYAGALA, Spolia zeylanica, Colombo, **25** 2:30. – Terra typica: Fergusons Gulf, Lake Rudolf.
1961 *Trionyx triunguis* – WERMUTH & MERTENS, Schildkr. Krokod. Brückenechs.: 282; Abb. 200a–c.

Verbreitung: Afrika (außer äußerstem Norden und Süden) sowie südwestlichstes Asien (südwestliches Anatolien und Israel).

Unterordnung Pleurodira

Familie Pelomedusidae

Pelomedusa WAGLER

1830 *Pelomedusa* WAGLER, Natürl. Syst. Amphib.:136. – Species typica (durch Monotypie): *Testudo galeata* SCHOEPFF = *Pelomedusa subrufa* (LACEPÈDE).
1835 *Pentonyx* DUMÉRIL & BIBRON, Erpétol. gén., Hist. nat. Rept., **2**:389. – Species typica (designatione auctorum): *Testudo galeata* SCHOEPFF = *Pelomedusa subrufa* (LACÉPÈDE).

Verbreitung: Afrika und Madagaskar.

Pelomedusa subrufa (LACÉPÈDE)

1788 *Testudo subrufa* LACÉPÈDE, Hist. nat. Quadrup. ovip., 1:Synops. method., 173; Taf. 12. – Terra typica restricta (MERTENS 1937): Kap der Guten Hoffnung.
1792 *Testudo galeata* SCHOEPFF, Hist. Testud.:12; Taf. 3, Fig. 1. – Terra typica designata (LOVERIDGE 1941): Cape Flats, Süd-Afrika.
1798 *Testudo badia* DONNDORFF, Zool. Beytr., 3:34. – Terra typica: unbekannt.
1798 *Testudo rubicunda* SUCKOW, Anfangsgr. Naturgesch. Thiere, 3:49. – Terra typica: „Ost-Indien".
1812 *Emys olivacea* SCHWEIGGER (non *Emys olivacea* GRAY 1855), Königsberg. Arch. Naturwiss. Math., 1:307. – Terra typica: „in sabulosis Nigritiae" = Senegal.
1835 *Pentonyx capensis* DUMÉRIL & BIBRON (nomen substitutum pro *Testudo subrufa* LACEPÉDÈ), Erpétol. gén., Hist. nat. Rept., 2:390; Taf. 19, Fig. 2, 2b.
1835 *Pentonyx gehafie* RÜPPELL, Neue Wirbelth. Abyss., Amphib.:2; Taf. 1. – Terra typica restricta (MERTENS 1937): Massaua, Abessinien.
1844 *Pelomedusa subrufa* – GRAY, Cat. Tort. Crocod. Amphisb. Coll. brit. Mus.:38.
1849 *Pentonix americana* CORNALIA, Vertebr. Synops. Mus. Mediol.:13. – Terra typica: „in flumine prope Novaeboracum".
?1855 *Pelomedusa mozambica* PETERS (nomen nudum) in GRAY, Cat. Shield Rept. Coll. brit. Mus., 1 (Testud.):53. – Patria: Mozambique.
?1856 *Pelomedusa mossambicensis* PETERS (nomen nudum) in LICHTENSTEIN, Nomencl. Rept. Amphib. Mus. zool. berolin.:2. – Patria: Mozambique.
1863 *Pelomedusa nigra* GRAY, Ann. Mag. nat. Hist., London, (3) 12:99. – Terra typica: Natal.
1884 *Pelomedusa gasconi* ROCHEBRUNE, Faune Sénégambie, Rept.:25; Taf. 1, Fig. 1, 2. – Terra typica restricta (LOVERIDGE 1941): Dagana, Senegal.
1889 *Pelomedusa galeata* – BOULENGER, Cat. Chelon. Rhynchoceph. Crocod. brit. Mus. (nat. Hist.):197; Abb. 48, 49.
1910 *Pelomedusa galeata* var. *disjuncta* VAILLANT & GRANDIDIER, Hist. phys. nat. pol. Madagascar, Rept., 17:56; Taf. 20, Fig. 3. – Terra typica: Madagaskar.
1935 *Pelomedusa galeata orangensis* HEWITT, Rec. Albany Mus., Grahamstown, 4:332; Taf. 31, Fig. 3; Taf. 32, Fig. 3, 4. – Terra typica restricta (MERTENS 1937): Kimberley.
1935 *Pelomedusa galeata devilliersi* HEWITT, Rec. Albany Mus., Grahamstown, 4:337; Taf. 31, Fig. 2, 4. – Terra typica: Besondermeit, Steinkopf, Namaqualand.
1935 *Pelomedusa galeata damarensis* HEWITT, Rec. Albany Mus., Grahamstown, 4:338; Taf. 33, Fig. 1–4. – Terra typica: Quickborn bei Okahandja, Südwest-Afrika.
1937 *Pelomedusa subrufa wettsteini* MERTENS, Zool. Anz., Leipzig, 117:141; Abb. 1, 4. – Terra typica: Majunga, westliches Madagaskar.
1961 *Pelomedusa subrufa* – WERMUTH & MERTENS, Schildkr. Krokod. Brückenechs.: 284; Abb. 201a–d.

Verbreitung: Tropisches und südliches subtropisches Afrika einschließlich Madagaskar.

Pelusios WAGLER

1830 *Pelusios* WAGLER, Natürl. Syst. Amphib.:137. – Species typica (FITZINGER 1843): *Testudo subnigra* LACÉPÈDE.
1846 *Pelusius* AGASSIZ (nomen substitutum pro *Pelusios* WAGLER), Nomencl. zool., Index univers.:278.
1863 *Tanoa* GRAY, Proc. zool. Soc. London, 1863:193. – Species typica (LINDHOLM 1929): *Sternotherus sinuatus* SMITH.
1863 *Notoa* GRAY, Proc. zool. Soc. London, 1863:195. – Species typica (durch Monotypie): *Testudo subnigra* LACÉPÈDE.

1863 *Anota* GRAY, (non *Anota* HALLOWELL 1852 = Sauria), Proc. zool. Soc. London, **1863**:196. – Species typica (durch Monotypie): *Sternotherus niger* DUMÉRIL & BIBRON.

Verbreitung: Afrika, Madagaskar, Mauritius und Seychellen-Inseln.

Pelusios adansonii (SCHWEIGGER)

Pelusios adansonii adansonii (SCHWEIGGER)

1812 *Emys adansonii* SCHWEIGGER, Königsberg. Arch. Naturwiss. Math., **1**:308. – Terra typica restricta (LOVERIDGE 1941): Cap Verde, Senegal
1831 *Chelys* (*Hydraspis*) *adamsonii* GRAY (ex errore pro *E. adansonii* SCHWEIGGER) in GRIFFITH, Anim. Kingd. CUVIER, **9** (Synops. Spec.):15.
1889 *Sternothaerus adansonii* – BOULENGER, Cat. Chelon. Rhynchoceph. Crocod. brit. Mus. (nat. Hist.):196.
1919 *Pelusios adansonii* – K. P. SCHMIDT, Bull. amer. Mus. nat. Hist., New York, **39**: 412.
1961 *Pelusios adansonii* – WERMUTH & MERTENS (partim), Schildkr. Krokod. Brükkenechs.:286; Abb. 202.
1965 *Pelusios adansoni* – LAURENT, Ann. k. Mus. Midd.-Afr., Tervuren, zool. Wetensch., (8°) **135**:26.

Verbreitung: Westliches und mittleres Afrika (Senegal, Gambia, Mali, Nigeria, Tschad, Sudan).

Pelusios adansonii nanus LAURENT

1956 *Pelusios nanus* LAURENT, Ann. Mus. r. Congo belge, Tervuren, Sci. zool., (8°) **48**:31; Taf. 4, Fig. 2–4. – Terra typica: Dilolo, oberer Lualaba, Süden von Belgisch-Congo [= Zaire].
1961 *Pelusios adansonii* – WERMUTH & MERTENS (partim), Schildkr. Krokod. Brückenechs.:286.
1965 *Pelusios nanus* – LAURENT, Ann. k. Mus. Midd.-Afr., Tervuren, zool. Wetensch., (8°) **135**:26.

Verbreitung: Westliches Afrika (Angola, Congo, Zaire).

Pelusios carinatus LAURENT

1956 *Pelusios carinatus* LAURENT, Ann. Mus. r. Congo belge, Tervuren, Sci. zool., (8°) **48**:39; Taf. 6, Fig. 1–3. – Terra typica: Eala, Belgisch-Congo [= Zaire].
1961 *Pelusios subniger* – WERMUTH & MERTENS (partim), Schildkr. Krokod. Brückenechs.:291.
1965 *Pelusios carinatus* – LAURENT, Ann. k. Mus. Midd.-Afr., Tervuren, zool. Wetensch., (8°) **135**:27.

Verbreitung: Westliches und mittleres Afrika (Republik Congo und Zaire).

Pelusios castaneus (SCHWEIGGER)

1812 *Emys castanea* SCHWEIGGER, Königsberg. Arch. Naturwiss. Math., **1**:314. – Terra typica: unbekannt.
1844 *Sternotherus derbianus* GRAY, Cat. Tort. Crocod. Amphisb. Coll. brit. Mus.:37. – Terra typica: Gambia River.

1889 *Sternothaerus derbianus* – BOULENGER, Cat. Chelon. Rhynchoceph. Crocod. brit. Mus. (nat. Hist.):195; Abb. 47.

1906 *Sternothaerus nigricans seychellensis* SIEBENROCK in VOELTZKOW, Reise Ost-Afr. 1903–1905, **2**:38. – Terra typica: Insel Gloriosa, Seychellen.

1927 *Pelusios nigricans rhodesianus* HEWITT, Rec. Albany Mus., Grahamstown, **3**:375; Abb. 1, Fig. a, c; Taf. 21, Fig. 2, 3. – Terra typica: Mpika District, Nord-Rhodesia.

1932 *Pelusios bechuanicus* FITZSIMONS*, Ann. Transvaal Mus., Cambridge, **15**:37. – Terra typica: Thamalakane River bei Maun, Ngamiland.

1956 *Pelusios castaneus* – LAURENT, Ann. Mus. r. Congo belge, Tervuren, Sci. zool., (8°) **48**:34; Taf. 5, Fig. 1, 3.

1961 *Pelusios subniger* – WERMUTH & MERTENS (partim), Schildkr. Krokod. Brükkenechs.:291.

1965 *Pelusios castaneus castaneus* – LAURENT, Ann. k. Mus. Midd.-Afr., Tervuren, zool. Wetensch., (8°) **135**:29.

1965 *Pelusios castaneus derbianus* – LAURENT, Ann. k. Mus. Midd.-Afr., Tervuren, zool. Wetensch., (8°) **135**:29.

1965 *Pelusios castaneus rhodesianus* – LAURENT, Ann. k. Mus. Midd.-Afr., Tervuren, zool. Wetensch., (8°) **135**:30.

1965 *Pelusios castaneus chapini* LAURENT, Ann. k. Mus. Midd.-Afr., Tervuren, zool. Wetensch., (8°) **135**:21; Taf. 3, Fig. 1–4. – Terra typica: Kasenyi, Lake Albert, Bunia Territory, Ituri, Congo.

1971 *P[elusios] cataneus* THELWALL (ex errore pro *P. castaneus*), Zool. Record, London, **106** (1969, Sect. 17, Rept.):87.

Verbreitung: Vom westlichen Afrika an (Senegal, Gambia, Guinea, Sierra Leone, Liberia, Angola) über Zentral-Afrika (Congo, Zaire) ostwärts bis Ruanda, Urundi, Tanzania, Zambia, Malawi, Rhodesia und weiter südwärts (genaue Grenzen unbekannt); Inseln Pemba und Zanzibar; Madagaskar und Seychellen-Inseln.

Pelusios gabonensis (DUMÉRIL)

1856 *Pentonyx gabonensis* A. DUMÉRIL, Rev. Mag. Zool., Paris, (2) **8**:373; Taf. 13, Fig. 2, 2a. – Terra typica: Gabun.

1864 *Pelomedusa gabonica* PETERS (ex errore pro *P. gabonensis*), M.Ber. k. preuß. Akad. Wiss. Berlin, **1864**:644.

1889 *Sternothaerus gabonensis* – BOULENGER, Cat. Chelon. Rhynchoceph. Crocod. brit. Mus. (nat. Hist.):197.

1902 *Sternothaerus steindachneri* SIEBENROCK, Zool. Anz., Leipzig, **25**:6. – Terra typica: „Madagascar".

1919 *Pelusios gabonensis* – K. P. SCHMIDT, Bull. amer. Mus. nat. Hist., New York, **39**: 413, 598; Abb. 1.

1961 *Pelusios gabonensis* – WERMUTH & MERTENS, Schildkr. Krokod. Brückenechs.: 287; Abb. 203a–c.

Verbreitung: Westliches Afrika (von Liberia an südwärts bis Gabun).

Pelusios niger (DUMÉRIL & BIBRON)

1835 *Sternotherus niger* DUMÉRIL & BIBRON, Erpétol. gén., Hist. nat. Rept., **2**:397. – Terra typica: „? Madagascar".

*) Wie in der Original-Beschreibung angegeben, trägt der Kopf dieser Form auf der Oberseite eine gelbe Schnörkel-Zeichnung, die im Gegensatz zu *P. subniger* für *P. castaneus* charakteristisch ist.

1889 *Sternothaerus niger* – BOULENGER, Cat. Chelon. Rhynchoceph. Crocod. brit. Mus. (nat. Hist.): 194; Abb. 46.
1897 *Sternothaerus oxyrhinus* BOULENGER, Proc. zool. Soc. London, **1897**:919; Taf. 53. – Terra typica: tropisches Afrika?
1919 *Pelusios niger* – K. P. SCHMIDT, Bull. amer. Mus. nat. Hist., New York, **39**:598.
1924 *Sternothaerus heinrothi* KANBERG, Zool. Anz., Leipzig, **60**:195; Abb. – Terra typica: Kamerun.
1961 *Pelusios niger* – WERMUTH & MERTENS, Schildkr. Krokod. Brückenechs.: 288; Abb. 204a–d.
1965 *Pelusios niger* – LAURENT, Ann. k. Mus. Midd.-Afr., Tervuren, zool. Wetensch., (8°) **135**:27.

Verbreitung: Westliches Afrika (von Gambia an südwärts bis Angola).

Pelusios sinuatus (SMITH)

1838 *Sternotherus sinuatus* A. SMITH, Illustr. Zool. South Afr., Rept.: Taf. 1. – Terra typica: Flüsse nördlich des 25. Breitengrades, Süd-Afrika.
1848 *Sternotherus dentatus* PETERS, Arch. Anat. Physiol., Berlin, **1848**:494. – Terra typica: unbekannt.
1889 *Sternothaerus sinuatus* – BOULENGER, Cat. Chelon. Rhynchoceph. Crocod. brit. Mus. (nat. Hist.): 194.
1895 *Sternothaerus bottegi* BOULENGER, Ann. Mus. civ. Stor. nat. Genova, (2a) **15**:9; Taf. 1, 2. – Terra typica: Bardera, Italienisch-Somaliland.
1919 *Pelusios sinuatus* – K. P. SCHMIDT, Bull. amer. Mus. nat. Hist., New York, **39**:411.
1927 *Pelusios sinuatus zuluensis* HEWITT, Rec. Albany Mus., Grahamstown, **3**:371; Abb. 1, Fig. d; Taf. 20, Fig. 1–3. – Terra typica: am Umsinene-Fluß, Zululand.
1933 *Pelusios sinuatus leptus* HEWITT, Occ. Pap. rhodes. Mus., Bulawayo, **1933**:45; Taf. 9, Fig. 1, 2. – Terra typica: Isoka, nordöstliches Rhodesia.
1961 *Pelusios sinuatus* – WERMUTH & MERTENS, Schildkr. Krokod. Brückenechs.: 290; Abb. 205a–c.

Verbreitung: Östliches und südöstliches Afrika (von Somalia und Kenya an südwärts bis Botswana und Natal).

Pelusios subniger (LACÉPÈDE)

1788 *Testudo subnigra* LACÉPÈDE, Hist. nat. Quadrup. ovip., **1**:Synops. method., 175; Taf. 13. – Terra typica: unbekannt.
1798 *Testudo nigricans* DONNDORFF, Zool. Beytr., **3**:34. – Terra typica: unbekannt.
1825 *Sternothaerus leachianus* BELL, Zool. J., London, **2**:306; Taf. 15. – Terra typica: unbekannt.
1889 *Sternothaerus nigricans* – BOULENGER (partim), Cat. Chelon. Rhynchoceph. Crocod. brit. Mus. (nat. Hist.): 195.
1929 *Pelusios subniger* – LINDHOLM, Zool. Anz., Leipzig, **81**:288.
1931 *Pelusios nigricans castanoides* HEWITT, Ann. Natal Mus., London, **6**:463; Taf. 36, Fig. 1, 2. – Terra typica: Richards Bay, Zululand.
1961 *Pelusios subniger* – WERMUTH & MERTENS (partim), Schildkr. Krokod. Brückenechs.: 291; Abb. 206a–c.
1965 *Pelusios subniger* – LAURENT, Ann. k. Mus. Midd.-Afr., Tervuren, zool. Wetensch., (8°) **135**:28.

Verbreitung: Östliches Afrika (von Äthiopien an südwärts bis Transvaal), Madagaskar, Seychellen-Inseln und Insel Mauritius.

Pelusios williamsi LAURENT

Pelusios williamsi williamsi LAURENT

1965 *Pelusios williamsi* [*williamsi*] LAURENT, Ann. k. Mus. Midd.-Afr., Tervuren, zool. Wetensch., (8°) **135**:12; Taf. 1, Fig. 1–3. – Terra typica: Kakamega, Kaimosi, Kenya.

Verbreitung: Südöstliches Afrika (Gebiet des Victoria-Sees).

Pelusios williamsi lutescens LAURENT

1965 *Pelusios williamsi lutescens* LAURENT, Ann. k. Mus. Midd.-Afr., Tervuren, zool. Wetensch., (8°) **135**:16; Taf. 2, Fig. 1–4. – Terra typica: Semliki River, 1 km südlich des Lake Edward.

Verbreitung: Südöstliches Afrika (Albert- und Edward-See mit ihren Zuflüssen sowie Semliki River).

Podocnemis WAGLER

1830 *Podocnemis* WAGLER, Natürl. Syst. Amphib.:135. – Species typica (FITZINGER 1843): *Emys expansa* SCHWEIGGER.
1835 *Peltocephalus* DUMÉRIL & BIBRON (non *Peltocephalus* TSCHUDI 1839 = Amphibia, Salientia), Erpétol. gén., Hist. nat. Rept., **2**:377. – Species typica (durch Monotypie): *Emys tracaxa* SPIX = *Podocnemis dumeriliana* (SCHWEIGGER)'
1836 *Podocnemys* BONAPARTE (ex errore pro *Podocnemis* WAGLER), Chelon. Tab. analyt.:7.
1864 *Chelonemys* GRAY (non *Chelonemys* JOURDAN 1862 = † Testudines), Proc. zool. Soc. London, **1864**:134. – Species typica (durch Monotypie): *Podocnemis dumeriliana* – GRAY (non SCHWEIGGER) = *Podocnemis cayennensis* (SCHWEIGGER).
1867 *Dumerilia* GRANDIDIER (non *Dumerilia* LEACH 1824 = Coleoptera; non *Dumerilia* ROBINEAU-DESVOIDY 1835 = Diptera; non *Dumerilia* BOCAGE 1866 = Sauria), Rev. Mag. Zool., Paris, (2) **18**:232. – Species typica (durch Monotypie): *Dumerilia madagascariensis* GRANDIDIER.
1870 *Bartlettia* GRAY (non *Bartlettia* ADAMS 1867 = Mollusca), Proc. zool. Soc. London, **1870**:720. – Species typica (durch Monotypie): *Bartlettia pitipii* GRAY = *Podocnemis sextuberculata* CORNALIA.
1888 *Erymnochelys* BAUR (nomen novum pro *Dumerilia* GRANDIDIER), Zool. Anz., Leipzig, **11**:421.
1952 *Erymnochelis* ARNOULT (ex errore pro *Erymnochelys* BAUR), Natural. malg., Tananarive, **4**:126.

Verbreitung: Nördliches Süd-Amerika und Madagaskar.

Podocnemis dumeriliana (SCHWEIGGER)

1812 *Emys dumeriliana* SCHWEIGGER, Königsberg. Arch. Naturwiss. Math., **1**:300. – Terra typica: Süd-Amerika.
1824 *Emys macrocephala* SPIX (non *Emys macrocephala* GRAY 1844), Anim. nova s. Spec. nov. Testud. Brasil.:5; Taf. 4. – Terra typica: Bezirk Airon am Rio Yau, Nebenfluß des Rio Negro.
1824 *Emys tracaxa* SPIX, Anim. nova s. Spec. nov. Testud. Brasil.:6; Taf. 5. – Terra typica: Rio Solimoes.
1831 *Chelys* (*Hydraspis*) *lata* GRAY in GRIFFITH, Anim. Kingd. CUVIER, **9** (Synops. Spec.):17. – Terra typica: Demerara.

1831 *Emys icterocephala* GRAY (ex errore pro *E. macrocephala* SPIX) in GRIFFITH, Anim. Kingd. CUVIER, 9 (Synops. Spec.):17.
1831 *Chelys (Hydraspis) dumerilliana* GRAY (ex errore pro *E. dumeriliana* SCHWEIGGER) in GRIFFITH, Anim. Kingd. CUVIER, 9 (Synops. Spec.):17.
1835 *Podocnemis dumeriliana* – DUMÉRIL & BIBRON, Erpétol. gén., Hist. nat. Rept., 2:387.
1889 *Podocnemis dumeriliana* – BOULENGER (partim), Cat. Chelon. Rhynchoceph. Crocod. brit. Mus. (nat. Hist.):202.
1889 *Podocnemis tracaxa* – BOULENGER, Cat. Chelon. Rhynchoceph. Crocod. brit. Mus. (nat. Hist.):206.
1961 *Podocnemis dumeriliana* – WERMUTH & MERTENS, Schildkr. Krokod. Brückenechs.:294; Abb. 208a, b.

Verbreitung: Nordöstliches Süd-Amerika (Guayana-Staaten und nördliches Brasilien).

Podocnemis erythrocephala (SPIX)

1824 *Emys erythrocephala* SPIX, Anim. nova s. Spec. nov. Testud. Brasil.:9; Taf. 7. – Terra typica: Rio Solimoes.
1833 *Emys enythrocephala* SCHINZ (ex errore pro *E. erythrocephala* SPIX), Naturgesch. Abb. Rept.:45.
*1868 *Podocnemis agassizi* COUTINHO, Bull. Soc. imp. nation. Acclim., Paris, **2**:150. – Terra typica: Rio Negro, Amazonas, Brasilien.
1886 *Podocnemis coutinhii* GÖLDI, Ber. sanct-gallen. naturwiss. Ges., **1884/1885**:279; Taf. 5. – Terra typica: Rio Negro, Amazonas, Brasilien.
1889 *Podocnemis dumeriliana* – BOULENGER (partim), Cat. Chelon. Rhynchoceph. Crocod. brit. Mus. (nat. Hist.):202.
1902 *Podocnemis cayennensis* – SIEBENROCK, S. Ber. k. k. Akad. Wiss. Wien, math.-naturwiss. Kl., Abt. 1, **111**:162; Taf., Fig. 2.
1961 *Podocnemis cayennensis* – WERMUTH & MERTENS, Schildkr. Krokod. Brückenechs.:293; Abb. 207a, b.
1974 *Podocnemis erythrocephala* – MITTERMEIER & WILSON, Pap. avuls. Zool., São Paulo, **28**:147; Abb. 1–5, 7 (B, C).

Verbreitung: Nördliches Süd-Amerika (mit Sicherheit nur vom Flußgebiet des Rio Negro im nördlichen Brasilien bekannt; vielleicht auch im südlichen Venezuela und in den Guayana-Staaten).

Podocnemis expansa (SCHWEIGGER)

1812 *Emys expansa* SCHWEIGGER, Königsberg. Arch. Naturwiss. Math., **1**:299. – Terra typica: Süd-Amerika.
1824 *Emys amazonica* SPIX, Anim. nova s. Spec. nov. Testud. Brasil.:1; Taf. 2, Fig. 1–3. – Terra typica: Rio Solimoes sowie Nebenflüsse Rio Javary und Rio Branco.
1830 *Podocnemis expansa* – WAGLER, Natürl. Syst. Amphib., Expl. Tab.: Taf. 4.
1833 *Emys arrau* SCHINZ, Naturgesch. Abb. Rept.:41. – Terra typica restricta (WERMUTH & MERTENS 1961): Zwischen dem Zusammenfluß des Rio Apure mit dem Orinoko und den großen Wasserfällen.
1889 *Podocnemis expansa* – BOULENGER, Cat. Chelon. Rhynchoceph. Crocod. brit. Mus. (nat. Hist.):204.
1961 *Podocnemis expansa* – WERMUTH & MERTENS, Schildkr. Krokod. Brückenechs.: 296; Abb. 209a–d.

Verbreitung: Nördliches Süd-Amerika (Flußgebiete des Orinoko und des Amazonas).

Podocnemis lewyana DUMÉRIL

1852 *Podocnemis lewyana* A. DUMÉRIL (partim), Arch. Mus. Hist. nat., Paris, **6**:242; Taf. 18, 19. – Terra typica: Santa Fé de Bogotá.
1889 *Podocnemis lewyana* – BOULENGER, Cat. Chelon. Rhynchoceph. Crocod. brit. Mus. (nat. Hist.):203.
1961 *Podocnemis lewyana* – WERMUTH & MERTENS, Schildkr. Krokod. Brückenechs.: 298; Abb. 210a–c.

Verbreitung: Nordwestliches Süd-Amerika (Columbien [Gebiet des Rio Magdalena] und Venezuela).

Podocnemis madagascariensis (GRANDIDIER)

1867 *Dumerilia madagascariensis* GRANDIDIER, Rev. Mag. Zool., Paris, (2) **19**:232. – Terra typica: Mouroundava Tsidsibouque, westliches Madagaskar.
1889 *Podocnemis madagascariensis* – BOULENGER, Cat. Chelon. Rhynchoceph. Crocod. brit. Mus. (nat. Hist.):205.
1893 *Podocnemis madagascariensis* var. *bifilaris* BOETTGER, Kat. Rept.-Samml. Mus. senckenberg. naturf. Ges. Frankfurt am Main, **1**:14. – Terra typica: „Mojanga" [= Majunga], westliches Madagaskar.
1961 *Podocnemis madagascariensis* – WERMUTH & MERTENS, Schildkr. Krokod. Brückenechs.: 299; Abb. 211a–c.

Verbreitung: Madagaskar.

Podocnemis sextuberculata CORNALIA

1849 *Podocnemis expansa sextuberculata* CORNALIA, Vertebr. Synops. Mus. mediol.:13; Taf. 3. – Terra typica: Amazonas.
1870 *Bartlettia pitipii* GRAY, Proc. zool. Soc. London, **1870**:720; Abb. 1, 2. – Terra typica: Seen im oberen Amazonas-Gebiet.
1889 *Podocnemis sextuberculata* – BOULENGER, Cat. Chelon. Rhynchoceph. Crocod. brit. Mus. (nat. Hist.):204; Abb. 50, 51.
1961 *Podocnemis sextuberculata* – WERMUTH & MERTENS, Schildkr. Krokod. Brückenechs.: 300; Abb. 212a–d.

Verbreitung: Nördliches Süd-Amerika (nördliches Brasilien: Amazonas-Gebiet).

Podocnemis unifilis TROSCHEL

?1812 *Emys cayennensis* SCHWEIGGER, Königsberg. Arch. Naturwiss. Math., **1**:298. – Terra typica: Cayenne.
1848 *Podocnemis unifilis* TROSCHEL in SCHOMBURGK, Reise Brit.-Guiana, **3**:647. – Terra typica: Rupununi und Takutu, Britisch-Guayana.
1889 *Podocnemis unifilis* – BOULENGER, Cat. Chelon. Rhynchoceph. Crocod. brit. Mus. (nat. Hist.):203.
1961 *Podocnemis unifilis* – WERMUTH & MERTENS, Schildkr. Krokod. Brückenechs.: 300; Abb. 213a, b.
1974 *Podocnemis unifilis* – MITTERMEIER & WILSON, Pap. avuls. Zool., São Paulo, **28**:158.

Verbreitung: Nördliches Süd-Amerika (Venezuela, Guayana-Staaten und nördliches Brasilien).

Podocnemis vogli MÜLLER

1852 *Podocnemis lewyana* A. DUMÉRIL (partim), Arch. Mus. Hist. nat., Paris, **6**:242; Taf. 18, 19. – Terra typica: Venezuela.
1935 *Podocnemis vogli* L. MÜLLER, Zool. Anz., Leipzig, **110**:104; Abb. 1–3. – Terra typica: Barinas, Staat Barinas, Venezuela.
1961 *Podocnemis vogli* – WERMUTH & MERTENS, Schildkr. Krokod. Brückenechs.: 300; Abb. 214a–c.

Verbreitung: Nördliches Süd-Amerika (Venezuela: Flußsystem des Orinoko).

Familie Chelidae

Chelodina FITZINGER

1826 *Chelodina* FITZINGER, Neue Classif. Rept.:6. – Species typica (designatione auctoris): *Testudo longicollis* SHAW.
1828 *Hydraspis* BELL, Zool. J., London, **3**:511, 513. – Species typica (FITZINGER 1843): *Testudo longicollis* SHAW.
1871 *Euchelymys* GRAY, Ann. Mag. nat. Hist., London, (4) **8**:117, 118. – Species typica (LINDHOLM 1929): *Chelodina sulcifera* GRAY.
1873 *Euchelemys* GÜNTHER (nomen substitutum pro *Euchelymys* GRAY), Zool. Record, London, **8** (1871, Rept.):80.
*1894 *Chelydura* OUDEMANS in SEMON, Zool. Forsch. Austral., **5**:145. – Species typica (durch Monotypie): *Testudo longicollis* SHAW.

Verbreitung: Süd-Amerika, Australien und Neu-Guinea.

Chelodina expansa GRAY

1857 *Chelodina expansa* GRAY, Proc. zool. Soc. London, **1856**:370; Taf. 12. – Terra typica: nördliches Australien.
1889 *Chelodina expansa* – BOULENGER, Cat. Chelon. Rhynchoceph. Crocod. brit. Mus. (nat. Hist.):216.
1961 *Chelodina expansa* – WERMUTH & MERTENS, Schildkr. Krokod. Brückenechs.: 306; Abb. 217a–c.
1974 *Chelodina expansa* – BURBRIDGE, KIRSCH & MAIN, Copeia, New York &c., **1974**: 393.

Verbreitung: Östliches Australien (mittleres Queensland, Neu-Süd-Wales und Victoria).

Chelodina longicollis (SHAW)

Chelodina longicollis longicollis (SHAW)

1802 *Testudo longicollis* SHAW, Gen. Zool., Syst. nat. Hist., **3**:62; Taf. 16. – Terra typica: „Austral-Asien oder Neu-Holland?"
1831 *Chelodina longicollis* – GRAY, Synops. Rept., **1** (Cataphracta):39; Taf. 6, Fig. 2.
1835 *Chelodina novae-hollandiae* DUMÉRIL & BIBRON (nomen substitutum pro *Testudo longicollis* SHAW), Erpétol. gén., Hist. nat. Rept., **2**:443; Taf. 21, Fig. 2, 2a.
1889 *Chelodina longicollis* – BOULENGER (partim), Cat. Chelon. Rhynchoceph. Crocod. brit. Mus. (nat. Hist.):215.

1961 *Chelodina longicollis* – WERMUTH & MERTENS, Schildkr. Krokod. Brückenechs.: 308; Abb. 219a–d.
1972 *Chelodina longicollis longicollis* – MERTENS, Salamandra, Frankfurt am Main, **8**: 29; Abb. 1 [unten].

Verbreitung: Östliches Australien (Queensland, New South Wales und Victoria).

Chelodina longicollis sulcifera GRAY

1855 *Chelodina sulcifera* GRAY, Cat. Shield Rept. Coll. brit. Mus., **1** (Testud.):59; Taf. 25, Fig. 2. – Terra typica: Australien.
1856 *Chelodina sulcata* GRAY (ex errore pro *Ch. sulcifera* GRAY), Proc. zool. Soc. London, **1855**:201.
1889 *Chelodina longicollis* – BOULENGER (partim), Cat. Chelon. Rhynchoceph. Crocod. brit. Mus. (nat. Hist.):215.
1961 *Chelodina sulcifera* – WERMUTH & MERTENS, Schildkr. Krokod. Brückenechs.:311; Abb. 224a–c.
1972 *Chelodina longicollis sulcifera* – MERTENS, Salamandra, Frankfurt am Main, **8**:29; Abb. 1 [oben].

Verbreitung: Südöstliches Australien (offenbar innerhalb des Verbreitungsgebietes der Nominat-Rasse; genaue Grenzen bisher noch nicht bekannt).

Chelodina novaeguineae BOULENGER

1888 *Chelodina novae-guineae* BOULENGER, Ann. Mus. civ. Stor. nat. Genova, (2a) **6**: 450. – Terra typica: Katow, Südosten von Neu-Guinea.
1889 *Chelodina novae-guineae* – BOULENGER, Cat. Chelon. Rhynchoceph. Crocod. brit. Mus. (nat. Hist.):215; Taf. 5, 6.
1961 *Chelodina novaeguineae* – WERMUTH & MERTENS, Schildkr. Krokod. Brückenechs.:310; Abb. 220a–c.
1974 *Chelodina novaeguineae* – BURBRIDGE, KIRSCH & MAIN, Copeia, New York &c., **1974**:393.

Verbreitung: Neu-Guinea (mit vorgelagerten kleinen Inseln) und nördliches Australien (Nord-Territorium und Queensland).

Chelodina oblonga GRAY

1841 *Chelodina oblonga* GRAY in GREY, Trav. Austral., **2**:446; Taf. 7. – Terra typica: West-Australien.
1856 *Chelodina colliei* GRAY, Proc. zool. Soc. London, **1855**:200. – Terra typica: ?Swan River, Australien.
1889 *Chelodina oblonga* – BOULENGER, Cat. Chelon. Rhynchoceph. Crocod. brit. Mus. (nat. Hist.):216; Abb. 55, 56.
1961 *Chelodina oblonga* – WERMUTH & MERTENS (partim), Schildkr. Krokod. Brückenechs.:311; Abb. 221a–d.
1974 *Chelodina oblonga* – BURBRIDGE, KIRSCH & MAIN, Copeia, New York &c., **1974**: 393.

Verbreitung: Südwesten von West-Australien.

Chelodina rugosa OGILBY

1890 *Chelodina rugosa* OGILBY, Rec. austral. Mus., Sydney, **1**:56; Taf. 7. – Terra typica: Cape York, Queensland.

1915 *Chelodina intergularis* FRY*, Proc. r. Soc. Queensland, Brisbane, **27**:88; Taf. 4. – Terra typica: Australien.
1961 *Chelodina oblonga* – WERMUTH & MERTENS (partim), Schildkr. Krokod. Brückenechs.:311.
1961 *Chelodina intergularis* – WERMUTH & MERTENS, Schildkr. Krokod. Brückenechs.: 306; Abb. 218.
1974 *Chelodina rugosa* – BURBRIDGE, KIRSCH & MAIN, Copeia, New York &c., **1974**: 394.

Verbreitung: Nördliches Australien (Nord-Territorium und Queensland).

Chelodina siebenrocki WERNER

1901 *Chelodina siebenrocki* WERNER, Verh. zool.-botan. Ges. Wien, **51**:602; Taf. 5. – Terra typica: Deutsch-Neu-Guinea.
1961 *Chelodina siebenrocki* – WERMUTH & MERTENS, Schildkr. Krokod. Brückenechs.:311; Abb. 222a–c.
1974 *C[helodina] seibenrocki* BURBRIDGE, KIRSCH & MAIN (ex errore pro *Ch. siebenrocki* WERNER), Copeia, New York &c., **1974**:393.

Verbreitung: Nordöstliches Neu-Guinea (Kaiser-Wilhelm-Land).

Chelodina steindachneri SIEBENROCK

1914 *Chelodina steindachneri* SIEBENROCK, Anz. k. k. Akad. Wiss., math.-naturwiss. Kl., Abt. 1, **17**:386. – Terra typica: Marloo Station, Grey River, West-Australien.
1923 *Chelodina milly-millyensis* GLAUERT, J. r. Soc. West. Australia, Perth, **9**:53; Taf. 4, 5. – Terra typica: Milly-Milly Creek, Milly-Milly Station, Murchison River, West-Australien.
1961 *Chelodina steindachneri* – WERMUTH & MERTENS, Schildkr. Krokod. Brückenechs.:311; Abb. 223a–c.
1974 *Chelodina steindachneri* – BURBRIDGE, KIRSCH & MAIN, Copeia, New York &c., **1974**:393.

Verbreitung: Nordwesten von West-Australien.

Chelus DUMÉRIL

*1806 *Chelus* A. DUMÉRIL, Zool. analyt.:76. – Species typica (durch Monotypie): *Testudo fimbriata* SCHNEIDER.
1811 *Chelys* OPPEL (nomen substitutum pro *Chelus* DUMÉRIL 1806), Ordn. Fam. Gatt. Rept.:11.

*) GOODE (Freshw. Tort. Austral. New Guinea, 1967) betrachtet *Chelodina rugosa* OGILBY und *Chelodina intergularis* FRY als Synonyma zu *Chelodina siebenrocki* WERNER und zeigt in den Abbildungen 41, 42, 44 und 45 den Rücken- und Bauchpanzer dieser drei Formen. Abgesehen von der offenbar vorliegenden Abnormität von *Ch. intergularis*, deren Intergulare bis zum Vorderrand des Bauchpanzers reicht, entsprechen die Proportionen der Rücken- und Bauchschilde von *Ch. rugosa* und *Ch. intergularis* einander weitgehend, weichen aber von den Verhältnissen bei *Ch. siebenrocki* ab. Neuerdings nehmen BURBRIDGE, KIRSCH & MAIN eine artliche Trennung zwischen *Ch. rugosa* und *Ch. siebenrocki* an, ohne sich über den Status von *Ch. intergularis* auszulassen. Aus den eben genannten Gründen stellen wir *Ch. intergularis* als Synonym zu *Ch. rugosa*.

1820 *Matamata* MERREM, Tent. Syst. Amphib.:21. – Species typica (durch Tautonymie): *Testudo matamata* BRUGUIÈRE = *Testudo fimbriata* SCHNEIDER.
1832 *Chelyda* RAFINESQUE (nomen substitutum pro „*Chelys*" [= *Chelus*] DUMÉRIL), Atlant. J. Friend Knowl., Philadelphia, **1**:64.

Verbreitung: Nördliches und mittleres Süd-Amerika.

Chelus fimbriatus (SCHNEIDER)

1765 *Testudo terrestris* FERMIN (nomen suppressum: Opinion 660, ICZN, 1963; non *Testudo terrestris* FORSKÅL 1775), Hist. nat. Holland. équinox.:51. – Terra typica: Surinam.
1783 *Testudo fimbriata* SCHNEIDER (nomen conservatum: Opinion 660, ICZN, 1963), Allgem. Naturgesch. Schildkr.:349. – Terra typica: Surinam.
1789 *Testudo fimbria* GMELIN (nomen substitutum pro *Testudo fimbriata* SCHNEIDER), LINN. Syst. Nat., Ed. 13, **1**:1043.
1792 *Testudo matamata* BRUGUIÈRE, J. Hist. nat., Paris, **1**:253; Taf. 13, Fig. 1, 2. – Terra typica: Cayenne.
?1802 *Testudo bi-spinosa* DAUDIN (nomen dubium), Hist. nat. gén. part. Rept., **2**:94. – Terra typica: Brasilien.
1831 *Testudo rapara* GRAY (nomen nudum), Synops. Rept., **1** (Cataphracta):44.
1844 *Testudo raparara* GRAY (nomen nudum), Cat. Tort. Crocod. Amphisb. Coll. brit. Mus.:44.
1855 *Testudo raxarara* GRAY (nomen nudum), Cat. Shield Rept. Coll. brit. Mus., **1** (Testud.):60.
1889 *Chelys fimbriata* – BOULENGER, Cat. Chelon. Rhynchoceph. Crocod. brit. Mus. (nat. Hist.):209; Abb. 52, 53.
1890 *Chelys boulengeri* BAUR, Amer. Naturalist, Philadelphia, **24**:968. – Terra typica: Orinoko.
1934 *Chelus fimbriatus* – MERTENS, L. MÜLLER & RUST, Bl. Aqu.- u. Terr.-Kunde, Stuttgart, **45**:65.
1961 *Chelus fimbriatus* – WERMUTH & MERTENS, Schildkr. Krokod. Brückenechs.:313; Abb. 225a–d.
1974 *Chelus fibriatus* BURBRIDGE, KIRSCH & MAIN (ex errore pro *Ch. fimbriatus*), Copeia, New York &c., **1974**:407.

Verbreitung: Nördliches und mittleres Süd-Amerika (Venezuela, Guayana-Staaten, nördliches und mittleres Brasilien).

Elseya GRAY

1867 *Elseya* GRAY (non *Elseya* MATHEWS 1913 = Aves), Ann. Mag. nat. Hist., London, (3) **20**:44. – Species typica (LINDHOLM 1929): *Chelymys dentata* GRAY.

Verbreitung: Australien und Neu-Guinea.

Elseya dentata (GRAY)

1863 *Chelymys dentata* GRAY, Ann. Mag. nat. Hist., London, (3) **12**:98. – Terra typica: Oberer Victoria River, Beagles Valley, nördliches Australien.
1867 *Elseya dentata* – GRAY, Ann. Mag. nat. Hist., London, (3) **20**:44.
1870 *Chelymys elseya* GRAY (nomen nudum), Suppl. Cat. Shield Rept. Coll. brit. Mus., **1** (Testud.):76.
1872 *Elseya? intermedia* GRAY, Append. Cat. Shield Rept. Coll. brit. Mus., **1** (Testud.): 23. – Terra typica: Oberer Victoria River, nordwestliches Australien.
1889 *Elseya dentata* – BOULENGER, Cat. Chelon. Rhynchoceph. Crocod. brit. Mus. (nat. Hist.):235; Abb. 64.

1961 *Elseya dentata* – WERMUTH & MERTENS, Schildkr. Krokod. Brückenechs.: 315; Abb. 226a–d.
1967 *Elseya dentata* – GOODE, Freshw. Tort. Austral. New Guinea: 54, 133; Abb. 50 [links], 53–62.
1974 *Elseya dentata* – BURBRIDGE, KIRSCH & MAIN, Copeia, New York &c., **1974**: 393.

Verbreitung: Nördliches und nordöstliches Australien (Nord-Territorium und nordöstliches Queensland).

Elseya latisternum GRAY

1867 *Elseya latisternum* GRAY, Ann. Mag. nat. Hist., London, (3) **20**:44. – Terra typica: nördliches Australien.
1871 *Euchelymys spinosa* GRAY, Ann. Mag. nat. Hist., London, (4) **8**:118. – Terra typica: Australien.
1889 *Emydura latisternum* – BOULENGER, Cat. Chelon. Rhynchoceph. Crocod. brit. Mus. (nat. Hist.): 233.
1961 *Emydura latisternum* – WERMUTH & MERTENS, Schildkr. Krokod. Brückenechs.: 321; Abb. 231a–d.
1967 *Elseya latisternum* – GOODE, Freshw. Tort. Austral. New Guinea: 58, 134; Abb. 50 [rechts], 63–66, 67 [oben links], 68 [oben links], 69, 70.
1974 *Elseya latisternum* – BURBRIDGE, KIRSCH & MAIN, Copeia, New York &c., **1974**: 393.

Verbreitung: Nordöstliches Australien (nördliches bis nordöstliches Queensland).

Elseya novaeguineae (MEYER)

1874 *Platemys novae-guineae* MEYER, M.Ber. k. preuß. Akad. Wiss. Berlin, **1874**: 128. – Terra typica: Neu-Guinea.
1889 *Emydura novae-guineae* – BOULENGER, Cat. Chelon. Rhynchoceph. Crocod. brit. Mus. (nat. Hist.): 233.
1911 *Emydura schultzei* VOGT, S.Ber. Ges. naturf. Freunde Berlin, **1911**: 410. – Terra typica: Fluß westlich der Mündung des Tami, Neu-Guinea.
1914 *Emydura branderhorsti* OUWENS, Contrib. Faune Ind. Neerl., Buitenzorg, **1**: 31. – Terra typica: südliches Neu-Guinea.
1961 *Emydura branderhorsti* – WERMUTH & MERTENS, Schildkr. Krokod. Brückenechs.: 320; Abb. 229a–c.
1961 *Emydura novaeguineae* – WERMUTH & MERTENS, Schildkr. Krokod. Brückenechs.: 323; Abb. 233a–c.
1961 *Emydura schultzei* – WERMUTH & MERTENS, Schildkr. Krokod. Brückenechs.: 324; Abb. 234a–c.
1967 *Elseya novaeguineae* – GOODE, Freshw. Tort. Austral. New Guinea: 63, 134; Abb. 71–78.
1974 *Elseya novaeguineae* – BURBRIDGE, KIRSCH & MAIN, Copeia, New York &c., **1974**: 393.

Verbreitung: Neu-Guinea und vorgelagerte kleine Inseln (Waigeu und andere).

Emydura BONAPARTE

1836 *Emydura* BONAPARTE, Chelon. Tab. analyt.: 7. – Species typica (durch Monotypie): *Hydraspis macquarrii* GRAY.

1844 *Chelymys* GRAY, Cat. Tort. Crocod. Amphisb. Coll. brit. Mus.:42. – Species typica (durch Monotypie): *Hydraspis macquarrii* GRAY.

Verbreitung: Australien und Neu-Guinea.

Emydura albertisii BOULENGER

1888 *Emydura albertisii* BOULENGER, Ann. Mus. civ. Stor. nat. Genova, (2a) **6**:449. – Terra typica: Katow, Südosten von Neu-Guinea.
1889 *Emydura albertisii* – BOULENGER, Cat. Chelon. Rhynchoceph. Crocod. brit. Mus. (nat. Hist.):232.
1961 *Emydura albertisii* – WERMUTH & MERTENS, Schildkr. Krokod. Brückenechs.: 319; Abb. 227a–c.
1967 *Emydura krefft*i – GOODE (partim)*, Freshw. Tort. Austral. New Guinea:72, 135; Abb. 92, 93.

Verbreitung: Neu-Guinea (bei Katow, im Südosten).

Emydura australis (GRAY)

1841 *Hydraspis australis* GRAY in GREY, Trav. Austral., **2**:445; Taf. 6. – Terra typica: West-Australien?
1842 *Hydraspis victoriae* GRAY, Zool. Miscell.:55. – Terra typica: Victoria River, nordwestliches Australien.
?1872 *Chelymys victoriae* var. *marmorata* GRAY, Proc. zool. Soc. London, **1872**:506. – Terra typica: nicht angegeben.
?1872 *Chelymys victoriae* var. *sulcata* GRAY, Proc. zool. Soc. London, **1872**:506. – Terra typica: nicht angegeben.
1889 *Emydura australis* – BOULENGER, Cat. Chelon. Rhynchoceph. Crocod. brit. Mus. (nat. Hist.):232.
1961 *Emydura australis* – WERMUTH & MERTENS, Schildkr. Krokod. Brückenechs.:319; Abb. 228a–c.
1967 *Emydura australis* – GOODE, Freshw. Tort. Austral. New Guinea:79, 136; Abb. 99, 102–109.

Verbreitung: Nordwestliches Australien (Kimberley-Division und angrenzendes Nord-Territorium); Neu-Guinea (Astrolabe Bay)?

Emydura krefftii (GRAY)

1871 *Chelymys krefftii* GRAY, Ann. Mag. nat. Hist., London, (4) **8**:366. – Terra typica: Burnetts River, Queensland.
1889 *Emydura krefftii* – BOULENGER, Cat. Chelon. Rhynchoceph. Crocod. brit. Mus. (nat. Hist.):231.
1961 *Emydura krefftii* – WERMUTH & MERTENS, Schildkr. Krokod. Brückenechs.:321; Abb. 230a–c.

*) GOODE versetzt *E. albertisii* in die Synonymie von *E. krefftii*. Dem können wir uns aber nicht anschließen, da sich unsere Exemplare von *E. albertisii*, die wir lebend pflegen, deutlich durch ihre leuchtend roten Schläfen und die rote Färbung ihres Bauchpanzers von der stets gelb gefärbten *E. krefftii* unterscheiden. Vermutlich bilden die Formen *australis*, *albertisii* und *krefftii* einen Rassenkreis, wie der Ältere von uns vorschlägt (MERTENS 1969). Da es jedoch vorerst nicht möglich ist, die Verbreitungsgebiete dieser drei Formen zufriedenstellend gegeneinander abzugrenzen, führen wir sie hier als Arten auf.

1967 *Emydura kreffti* – GOODE (partim), Freshw. Tort. Austral. New Guinea:72, 135; Abb. 89–91, 96–99.

Verbreitung: Östliches Australien (von Cairns in Queensland an südwärts bis Kempsey im nördlichen Neu-Süd-Wales); Neu-Guinea?

Emydura macquarrii (GRAY)

Emydura macquarrii macquarrii (GRAY)

1829 *Emys macquaria* CUVIER (nomen nudum), Règne animal, Ed. 2, **2**:11. – Patria: ignota.
1831 *Hydraspis macquarrii* GRAY, Synops. Rept., **1** (Cataphracta):40. – Terra typica: Macquarrie River, südöstliches Australien.
1833 *Emys maquaria* SCHINZ (ex errore pro *Emys macquarrii*), Naturgesch. Abb. Rept.: 45.
1889 *Emydura macquarriae* BOULENGER (nomen substitutum pro *E. macquarrii*), Cat. Chelon. Rhynchoceph. Crocod. brit. Mus. (nat. Hist.):230; Abb. 62, 63.
1961 *Emydura macquarrii* – WERMUTH & MERTENS, Schildkr. Krokod. Brückenechs.: 322; Abb. 232a–d.
1967 *Emydura macquari* GOODE (partim; nomen substitutum pro *E. macquarrii*), Freshw. Tort. Austral. New Guinea:69, 135; Abb. 79–81, 84–88.
1974 *Emydura macquaria* – BURBRIDGE, KIRSCH & MAIN, Copeia, New York &c., **1974**:393.

Verbreitung: Südöstliches Australien (Neu-Süd-Wales).

Emydura macquarrii signata AHL

1932 *Emydura signata* AHL, S.Ber. Ges. naturf. Freunde Berlin, **1932**:127; Abb. [I–III]. – Terra typica: Umgebung von Brisbane, Australien.
1961 *Emydura latisternum* – WERMUTH & MERTENS (partim), Schildkr. Krokod. Brückenechs.:321.
1970 *Emydura canni* WORRELL (nomen nudum), Rept. Australia, Ed. 3:Taf. 6. – Patria: From eastern-flowing watercourses of Eastern Australia from the Queensland NSW border to the Hunter River Valley.

Verbreitung: Östliches Australien (südöstliches Queensland).

Emydura subglobosa (KREFFT)

1876 *Euchelymys subglobosa* KREFFT, Ann. Mus. civ. Stor. nat. Genova, (1) **8**:390. – Terra typica: Amama River, Südosten von Neu-Guinea.
1888 *Emydura subglobosa* – BOULENGER, Ann. Mus. civ. Stor. nat. Genova, (2a) **6**:450.
1889 *Emydura subglobosa* – BOULENGER, Cat. Chelon. Rhynchoceph. Crocod. brit. Mus. (nat Hist.):232.
1961 *Emydura subglobosa* – WERMUTH & MERTENS, Schildkr. Krokod. Brückenechs.: 324; Abb. 235a, b.
1967 *Emydura kreffti* – GOODE (partim), Freshw. Tort. Austral. New Guinea:72, 135.
1974 *Emydura subglobosa* – BURBRIDGE, KIRSCH & MAIN, Copeia, New York &c., **1974**:393.

Verbreitung: Neu-Guinea.

Hydromedusa WAGLER

1830 *Hydromedusa* WAGLER, Natürl. Syst. Amphib.:135. – Species typica (durch Monotypie): *Emys maximiliani* MIKAN.
1873 *Chelomedusa* GRAY, Ann. Mag. nat. Hist., London, (4) **11**:303. – Species typica (durch Monotypie): *Hydromedusa depressa* GRAY = *Hydromedusa maximiliani* (MIKAN).

Verbreitung: Osten von Süd-Amerika.

Hydromedusa maximiliani (MIKAN)

1820 *Emys maximiliani* MIKAN, Delect. Flor. Faun. brasil.:Tafel. – Terra typica: Capitania St. Paulo, Brasilien.
1835 *Chelodina flavilabris* DUMÉRIL & BIBRON, Erpétol. gén., Hist. nat. Rept., **2**:446. – Terra typica: Brasilien.
1844 *Hydromedusa maximiliana* GRAY (nomen substitutum pro *H. maximiliani*), Cat. Tort. Crocod. Amphisb. Coll. brit. Mus.:44.
1854 *Hydromedusa subdepressa* GRAY, Proc. zool. Soc. London, **1852**:134. – Terra typica: Brasilien.
1855 *Hydromedusa depressa* GRAY (nomen substitutum pro *Hydromedusa subdepressa* GRAY), Cat. Shield Rept. Coll. brit. Mus. **1** (Testud.):60; Taf. 26.
1866 *Hydromedusa bankae* GIEBEL, Zeitschr. ges. Naturwiss., Halle, **27**:19; Taf. 4. – Terra typica: „Insel Banka".
1889 *Hydromedusa maximiliani* – BOULENGER, Cat. Chelon. Rhynchoceph. Crocod. brit. Mus. (nat. Hist.):210.
1961 *Hydromedusa maximiliani* – WERMUTH & MERTENS, Schildkr. Krokod. Brückenechs.:327; Abb. 236a–d.

Verbreitung: Östliches Süd-Amerika (südöstliches Brasilien).

Hydromedusa tectifera COPE

1869 *Hydromedusa tectifera* COPE, Proc. amer. philos. Soc., Philadelphia, **11**:147. – Terra typica: Nebenflüsse des Rio Paraná oder Rio Uruguay.
1873 *Hydromedusa platanensis* GRAY, Ann. Mag. nat. Hist., London, (4) **11**:302. – Terra typica: Rio de la Plata.
1884 *Hydromedusa wagleri* GÜNTHER, Ann. Mag. nat. Hist., London, (5) **14**:423. – Terra typica: Buenos Aires.
1889 *Hydromedusa tectifera* – BOULENGER, Cat. Chelon. Rhynchoceph. Crocod. brit. Mus. (nat. Hist.):212; Abb. 54.
1961 *Hydromedusa tectifera* – WERMUTH & MERTENS, Schildkr. Krokod. Brückenechs.:328; Abb. 237a–c.

Verbreitung: Südöstliches Süd-Amerika (Paraguay, südöstliches Brasilien, Uruguay und Argentinien).

Phrynops WAGLER

1830 *Phrynops* WAGLER, Natürl. Syst. Amphib.:135. – Species typica (durch Monotypie): *Emys geoffroana* SCHWEIGGER.
1830 *Rhinemys* WAGLER, Natürl. Syst. Amphib.:134. – Species typica (FITZINGER 1843): *Emys rufipes* SPIX.
1872 *Spatulemys* GRAY, Ann. Mag. nat. Hist., London, (4) **10**:463. – Species typica (durch Monotypie): *Spatulemys lasalae* GRAY = *Platemys hilarii* DUMÉRIL & BIBRON.

1873 *Mesoclemmys* GRAY, Ann. Mag. nat. Hist., London, (4) **11**:305. – Species typica (durch Monotypie): *Emys gibba* SCHWEIGGER.
1909 *Batrachemys* STEJNEGER, Proc. biol. Soc. Washington, **22**:126. – Species typica (durch Monotypie): *Emys nasuta* SCHWEIGGER.
1926 *Batrachemmys* SCHULZE, KÜKENTHAL & HEIDER (ex errore pro *Batrachemys* STEJNEGER), Nomencl. Anim. Gen. Subgen., **1**:383.

Verbreitung: Süd-Amerika.

Phrynops geoffroanus (SCHWEIGGER)

Phrynops geoffroanus geoffroanus (SCHWEIGGER)

1812 *Emys geoffroana* SCHWEIGGER, Königsberg. Arch. Naturwiss. Math., **1**:302. – Terra typica: Brasilien.
1820 *Emys depressa* MERREM (non *Emys depressa* SPIX 1824), Tent. Syst. Amphib.:22. – Terra typica: Brasilien.
?1824 *Emys viridis* SPIX, Anim. nova s. Spec. nov. Testud. Brasil.:3; Taf. 2, Fig. 3; Taf. 3, Fig. 1. – Terra typica: Rio Carinhanhae, Nebenfluß des Rio San Francisco.
1831 *Emys geoffroyana* GRAY (nomen substitutum pro *E. geoffroana* SCHWEIGGER), Synops. Rept., **1** (Cataphracta):40.
1835 *Platemys geoffreana* DUMÉRIL & BIBRON (nomen substitutum pro *E. geoffroana* SCHWEIGGER), Erpétol. gén., Hist. nat. Rept., **2**:418.
1835 *Platemys waglerii* DUMÉRIL & BIBRON, Erpétol. gén., Hist. nat. Rept., **2**:422. – Terra typica: Brasilien.
1835 *Platemys neuwiedii* DUMÉRIL & BIBRON (nomen substitutum pro *E. depressa* MERREM), Erpétol. gén., Hist. nat. Rept., **2**:425.
1889 *Hydraspis geoffroyana* – BOULENGER, Cat. Chelon. Rhynchoceph. Crocod. brit. Mus. (nat. Hist.):223.
1889 *Hydraspis wagleri* – BOULENGER, Cat. Chelon. Rhynchoceph. Crocod. brit. Mus. (nat. Hist.):225.
1895 *Hydraspis boulengeri* BOHLS, Zool. Anz., Leipzig, **18**:53; Abb. – Terra typica: Norden von Paraguay.
1926 *Hydraspis lutzi* IHERING in LUEDERWALDT, Rev. Mus. Paulista, São Paulo, **14**: 449; Taf. – Terra typica: Mogy-Guassú, Staat São Paulo.
1934 *Phrynops geoffroana* – MERTENS, L. MÜLLER & RUST, Bl. Aqu.- u. Terr.-Kunde, Stuttgart, **45**:65.
1939 *Phrynops geoffroana geoffroana* – L. MÜLLER, Physis, Buenos Aires, **16**:95.
1961 *Phrynops geoffroanus geoffroanus* – WERMUTH & MERTENS, Schildkr. Krokod. Brückenechs.:333.
1967 *Phrynops geoffroanus geoffroanus* – MERTENS, Senckenb. biol., Frankfurt am Main, **48**:72.

Verbreitung: Mittleres und südliches Süd-Amerika (mittleres und südliches Brasilien, mit Ausnahme des äußersten Südens, und Paraguay).

Phrynops geoffroanus tuberosus (PETERS)

1870 *Platemys tuberosa* PETERS, S.Ber. k. preuß. Akad. Wiss. Berlin, **1870**:311; Taf. 1, 2. – Terra typica: Cotinga River am Roraima-Gebirge, Britisch-Guayana.
1889 *Hydraspis tuberosa* – BOULENGER, Cat. Chelon. Rhynchoceph. Crocod. brit. Mus. (nat. Hist.):223.
1934 *Phrynops tuberosa* – MERTENS, L. MÜLLER & RUST, Bl. Aqu.- u. Terr.-Kunde, Stuttgart, **45**:65.
1939 *Phrynops geoffroana tuberosa* – L. MÜLLER, Physis, Buenos Aires, **16**:95.
1961 *Phrynops geoffroanus tuberosus* – WERMUTH & MERTENS, Schildkr. Krokod. Brückenechs.:333.

V e r b r e i t u n g: Nordöstliches und östliches Süd-Amerika (Britisch-Guayana und östliches Brasilien, südwärts bis Bahia).

Phrynops gibbus (SCHWEIGGER)

1812 *Emys gibba* SCHWEIGGER, Königsberg. Arch. Naturwiss. Math., **1**:299. – T e r r a t y p i c a: unbekannt.
1824 *Emys stenops* SPIX (syn. fide BOUR 1973), Anim. nova s. Spec. nov. Testud. Brasil.: 12; Taf. 9, Fig. 3, 4. – T e r r a t y p i c a: Rio Solimoes.
1835 *Platemys miliusii* DUMÉRIL & BIBRON, Erpétol. gén., Hist. nat. Rept., **2**:431. – T e r r a t y p i c a: Cayenne.
1868 *Hydraspis gordoni* GRAY, Proc. zool. Soc. London, **1868**:563; Taf. 42. – T e r r a t y p i c a: Tamana Mountain, Insel Trinidad.
1873 *Hydraspis bicolor* GRAY, Ann. Mag. nat. Hist., London, (4) **11**:304. – T e r r a t y p i c a: Demerara-Fälle.
1889 *Hydraspis gibba* – BOULENGER, Cat. Chelon. Rhynchoceph. Crocod. brit. Mus. (nat. Hist.):224.
1961 *Mesoclemmys gibba* – WERMUTH & MERTENS, Schildkr. Krokod. Brückenechs.: 329; Abb. 238a–c.
1973 *Phrynops gibbus* – BOUR, Bull. Soc. zool. France, Paris, **98**:178.

V e r b r e i t u n g: Nordöstliches und mittleres Süd-Amerika (Insel Trinidad, Guayana-Staaten sowie nördliches und mittleres Brasilien).

Phrynops hilarii (DUMÉRIL & BIBRON)

1835 *Platemys hilarii* DUMÉRIL & BIBRON, Erpétol. gén., Hist. nat. Rept., **2**:428. – T e r r a t y p i c a: Brasilien.
1872 *Spatulemys lasalae* GRAY, Ann. Mag. nat. Hist., London, (4) **10**:463. – T e r r a t y p i c a: Rio Paraná, Provinz Corientes.
1889 *Hydraspis hilarii* – BOULENGER, Cat. Chelon. Rhynchoceph. Crocod. brit. Mus. (nat. Hist.):222; Abb. 59, 60.
1934 *Phrynops hilarii* – MERTENS, L. MÜLLER & RUST, Bl. Aqu.- u. Terr.-Kunde, Stuttgart, **45**:65.
1961 *Phrynops geoffroanus hilarii* – WERMUTH & MERTENS, Schildkr. Krokod. Brückenechs.:333; Abb. 239a.
*1962 *Phrynops geoffroana hillarii* MANÉ-GARZON (ex errore pro *P. hilarii* DUMÉRIL & BIBRON; fide Zool. Record, **100** [1963], 1965), Commun. zool. Mus. Montevideo, 7 (94):1–6.
1970 *Phrynops hilarii* – FREIBERG, Rev. Mus. argent. Cienc. nat., Zool., Buenos Aires, **10** (13):192.

V e r b r e i t u n g: Südöstliches Süd-Amerika (südliches Brasilien: Rio Grande do Sul und Santa Catharina; Paraguay, Uruguay; Argentinien: Formosa, Chaco, Santa Fe, Misiones, Corrientes, Entre Rios und Provinz Buenos Aires).

Phrynops hogei MERTENS

1967 *Phrynops hogei* MERTENS, Senckenb. biol., Frankfurt am Main, **48**:74; Abb. 1, 2. – T e r r a t y p i c a: Rio Pequena, südwestlich von São Paulo, Brasilien.

V e r b r e i t u n g: Südliches Brasilien (Südwestlich der Stadt São Paulo; bisher nur von der Terra typica bekannt).

Phrynops nasutus (SCHWEIGGER)

Phrynops nasutus nasutus (SCHWEIGGER)

1812 *Emys nasuta* SCHWEIGGER, Königsberg. Arch. Naturwiss. Math., **1**:298, 338. – Terra typica: unbekannt.
1829 *Emys barbatula* GRAVENHORST, Delic. Mus. zool. vratisl.:15; Taf. 5, Fig. 3, 4. – Terra typica: unbekannt.
1831 *Emys nasua* GRAY (ex errore pro *E. nasuta* SCHWEIGGER), Synops. Rept., **1** (Cataphracta):41.
1835 *Platemys schweiggerii* DUMÉRIL & BIBRON (nomen substitutum pro *Emys nasuta* SCHWEIGGER), Erpétol. gén., Hist. nat. Rept., **2**:435.
1855 *Hydraspis raniceps* GRAY, Cat. Shield Rept. Coll. brit. Mus., **1** (Testud.):55; Taf. 23. – Terra typica: Pará, Brasilien.
1873 *Hydraspis maculata* GRAY, Ann. Mag. nat. Hist., London, (4) **11**:305. – Terra typica: Venezuela.
1889 *Rhinemys nasuta* – BOULENGER, Cat. Chelon. Rhynchoceph. Crocod. brit. Mus. (nat. Hist.):218; Abb. 57, 58.
1961 *Batrachemys nasuta* – WERMUTH & MERTENS (partim), Schildkr. Krokod. Brükkenechs.:304; Abb. 216a–d.
1973 *Phrynops nasutus nasutus* – BOUR, Bull. Soc. zool. France, Paris, **98**:185.

Verbreitung: Nördliches, nordöstliches, östliches und mittleres Süd-Amerika (Venezuela, Guayana-Staaten, Brasilien, Bolivien und Paraguay).

Phrynops nasutus dahli ZANGERL & MEDEM

1958 *Phrynops (Batrachemys) dahli* ZANGERL & MEDEM, Bull. Mus. comp. Zool., Cambridge (Massachusetts), **119**:376; Abb. 2–6; Taf. 1, 2. – Terra typica: Umgebung von Sincelejo, Bolivar, Columbien.
1961 *Batrachemys dahli* – WERMUTH & MERTENS, Schildkr. Krokod. Brückenechs.: 304; Abb. 215a–d.

Verbreitung: Nordwestliches Süd-Amerika (Columbien; bisher nur von der Terra typica bekannt).

Phrynops nasutus wermuthi MERTENS

1969 *Phrynops wermuthi* MERTENS, Senckenb. biol., Frankfurt am Main, **50**:132. – Terra typica: Peru, amazonischer Teil.
1973 *Phrynops [nasutus] wermuthi* – BOUR, Bull. Soc. zool. France, Paris, **98**:182.

Verbreitung: Nordwestliches Süd-Amerika (Amazonas-Gebiet von Peru).

Phrynops rufipes (SPIX)

1824 *Emys rufipes* SPIX, Anim. nova s. Spec. nov. Testud. Brasil:7; Taf. 6. – Terra typica: Rio Solimoes.
1844 *Phrynops rufipes* – GRAY, Cat. Tort. Crocod. Amphisb. Coll. brit. Mus.:41.
1889 *Hydraspis rufipes* – BOULENGER, Cat. Chelon. Rhynchoceph. Crocod. brit. Mus. (nat. Hist.):225.
1961 *Phrynops rufipes* – WERMUTH & MERTENS, Schildkr. Krokod. Brückenechs.:334; Abb. 240a, b.
1967 *Phrynops rufipes* – MERTENS, Senckenb. biol., Frankfurt am Main, **48**:78.

Verbreitung: Mittleres Süd-Amerika (nördliches Brasilien).

Phrynops tuberculatus (LUEDERWALDT)

Phrynops tuberculatus tuberculatus (LUEDERWALDT)

1926 *Rhinemys tuberculata* LUEDERWALDT, Rev. Mus. Paulista, São Paulo, **14**:437; Taf. – Terra typica: Villa Nova, Bahia, Brasilien.
1961 *Batrachemys nasuta* – WERMUTH & MERTENS (partim), Schildkr. Krokod. Brückenechs.:304.
1970 *Phrynops tuberculatus* – MERTENS, Senckenb. biol., Frankfurt am Main, **51**:19.
1973 *Phrynops tuberculatus tuberculatus* – BOUR, Bull. Soc. zool. France, Paris, **98**: 184; Taf. 1, Fig. 4, 6, 7 [rechts], 8 [rechts].

Verbreitung: Östliches Süd-Amerika (Staat Bahia, Brasilien; genaue Verbreitungs-Grenzen bisher noch nicht bekannt).

Phrynops tuberculatus vanderhaegei BOUR

1973 *Phrynops tuberculatus vanderhaegei* BOUR, Bull. Soc. zool. France, Paris, **98**:184; Taf. 1, Fig. 1–3, 5, 7. – Terra typica: wahrscheinlich bei Asunción, Paraguay.

Verbreitung: Mittleres Süd-Amerika (Paraguay; bisher noch keine genauen Verbreitungs-Grenzen bekannt).

Platemys WAGLER

1830 *Platemys* WAGLER, Natürl. Syst. Amphib.:135. – Species typica (durch Monotypie): *Testudo planiceps* SCHOEPFF = *Platemys platycephala* (SCHNEIDER).
1873 *Acanthochelys* GRAY, Ann. Mag. nat. Hist., London, (4) **11**:305. – Species typica (durch Monotypie): *Platemys spixii* DUMÉRIL & BIBRON.

Verbreitung: Süd-Amerika.

Platemys pallidipectoris FREIBERG

1945 *Platemys pallidipectoris* FREIBERG, Physis, Buenos Aires, **20**:19. – Terra typica: Presidencia Roque Sáenz Peña, Chaco-Gebiet, Argentinien.
1961 *Platemys pallidipectoris* – WERMUTH & MERTENS, Schildkr. Krokod. Brückenechs.:337; Abb. 241a–c.

Verbreitung: Mittleres Süd-Amerika (Chaco-Gebiet von Argentinien).

Platemys platycephala (SCHNEIDER)

1792 *Testudo platycephala* SCHNEIDER, Schr. Ges. naturf. Freunde Berlin, **10**:261; Taf. 7. – Terra typica: „Ost-Indien".
1801 *Testudo planiceps* SCHOEPFF (non *Testudo planiceps* GRAY 1854), Hist. Testud.: 115; Taf. 27. – Terra typica: „Ost-Indien".
1803 *Testudo martinella* DAUDIN, Hist. nat. gén. part. Rept., **8**:344. – Terra typica designata (DUMÉRIL & BIBRON 1835): Brasilien und Cayenne.
1812 *Emys discolor* SCHWEIGGER, Königsberg. Arch. Naturwiss. Math., **1**:302. – Terra typica: unbekannt.
1824 *Emys canaliculata* SPIX, Anim. nova s. Spec. nov. Testud. Brasil.:10; Taf. 8. – Terra typica: Rio Solimoes.
1831 *Emys carunculata* CUVIER (ex errore pro *E. canaliculata* SPIX?), Règne animal, Ed. 2, **2**:11.

1831 *Emys caniculata* GRAY (ex errore pro *E. canaliculata* SPIX), Synops. Rept., 1 (Cataphracta):40.
1831 *Hydraspis constricta* GRAY, Synops. Rept., 1 (Cataphracta):43. – Terra typica: unbekannt.
1833 *Emys martirella* SCHINZ (ex errore pro *Testudo martinella* DAUDIN), Naturgesch. Abb. Rept.:45.
1889 *Platemys platycephala* – BOULENGER, Cat. Chelon. Rhynchoceph. Crocod. brit. Mus. (nat. Hist.):227; Abb. 61.
1945 *Platemys platemys* DUNN (ex errore pro *P. platycephala*), Caldasia, Bogotá, 3:327.
1961 *Platemys platycephala* – WERMUTH & MERTENS, Schildkr. Krokod. Brückenechs.: 337; Abb. 242a–c.

Verbreitung: Westliches, mittleres und nordöstliches Süd-Amerika (Peru, nördliches Brasilien und Guayana-Staaten).

Platemys radiolata (MIKAN)

1820 *Emys radiolata* MIKAN, Delect. Flor. Faun. brasil.:Taf. – Terra typica: Sebastianopolis.
1835 *Platemys gaudichaudii* DUMÉRIL & BIBRON, Erpétol. gén., Hist. nat. Rept., 2:427. – Terra typica: Brasilien.
1889 *Hydraspis radiolata* – BOULENGER, Cat. Chelon. Rhynchoceph. Crocod. brit. Mus. (nat. Hist.):225.
1900 *Platemys werneri* SCHNEE, Zool. Anz., Leipzig, 23:463; Abb. – Terra typica: Brasilien.
1904 *Platemys radiolata* – SIEBENROCK, Anz. k. k. Akad. Wiss. Wien, math.-naturwiss. Kl., Abt. 1, 41:54.
1926 *Platemys radiolata quadrisquamosa* LUEDERWALDT, Rev. Mus. Paulista, São Paulo, 14:438; Taf. – Terra typica: Rio Doce (Espirito Santo) und Belmonte (Bahia).
1961 *Platemys radiolata* – WERMUTH & MERTENS, Schildkr. Krokod. Brückenechs.: 340; Abb. 243a–c.

Verbreitung: Mittleres und östliches Süd-Amerika (vom Amazonas an südwärts bis São Paulo).

Platemys spixii DUMÉRIL & BIBRON

1824 *Emys depressa* SPIX (non *Emys depressa* MERREM 1820), Anim. nova s. Spec. nov. Testud. Brasil.:4; Taf. 3, Fig. 2, 3. – Terra typica: Provinzen Rio de Janeiro und Rio San Francisco, Brasilien.
1835 *Platemys spixii* DUMÉRIL & BIBRON (nomen novum pro *Emys depressa* SPIX 1824), Erpétol. gén., Hist. nat. Rept., 2:409.
1889 *Platemys spixii* – BOULENGER, Cat. Chelon. Rhynchoceph. Crocod. brit. Mus. (nat. Hist.):227.
1961 *Platemys spixii* – WERMUTH & MERTENS, Schildkr. Krokod. Brückenechs.:341; Abb. 244a–c.
1967 *Platemys spixii* – MERTENS, Senckenb. biol., Frankfurt am Main, 48:79.

Verbreitung: Südöstliches Süd-Amerika (nördliches Argentinien und südliches Brasilien).

Pseudemydura SIEBENROCK

1901 *Pseudemydura* SIEBENROCK, Anz. k. k. Akad. Wiss. Wien, math.-naturwiss. Kl., 38 (22): 248. – Species typica (durch Monotypie): *Pseudemydura umbrina* SIEBENROCK.

Verbreitung: Südwestliches Australien.

Pseudemydura umbrina SIEBENROCK

1901 *Pseudemydura umbrina* SIEBENROCK, Anz. k. k. Akad. Wiss. Wien, math.-naturwiss. Kl., Abt. 1, **22**:249. – Terra typica: Australien.
1954 *Emydura inspectata* GLAUERT, W. austral. Naturalist, Perth, **4**:125; Abb. – Terra typica: Warbrock, 24 Meilen nördlich von Perth.
1961 *Pseudemydura umbrina* – WERMUTH & MERTENS, Schildkr. Krokod. Brückenechs.: 342; Abb. 245a, b.
1967 *Pseudemydura umbrina* – GOODE, Freshw. Tort. Austral. New Guinea: 85, 137; Abb. 110–116.
1974 *Pseudemydura umbrina* – BURBRIDGE, KIRSCH & MAIN, Copeia, New York &c., **1974**:393; Abb. 1 (A, B.), 3.

Verbreitung: Südwestliches Australien (Bullsbrock Area, 24 Meilen nördlich von Perth).

Ordnung CROCODYLIA

Familie Alligatoridae

Alligator CUVIER

1807 *Alligator* CUVIER, Ann. Mus. nation. Hist. nat., Paris, **10**:25. – Species typica (STEJNEGER & BARBOUR 1917): *Crocodilus lucius* CUVIER = *Alligator mississippiensis* (DAUDIN).
*1821 *Cayman* GRAVES (nomen substitutum pro *Alligator* CUVIER), Isis (OKEN), Leipzig, **1821**:543.
1830 *Champsa* WAGLER, Natürl. Syst. Amphib.:140. – Species typica (FITZINGER 1843): *Crocodilus lucius* CUVIER = *Alligator mississippiensis* (DAUDIN).
1947 *Caigator* DERANIYAGALA, Proc. 3th. ann. Sess. Ceylon Assoc. Sci., pt. 2:12. – Species typica (durch Monotypie): *Alligator sinensis* FAUVEL.
1975 *Alligata* GRAWITZ (error typographicus pro *Alligator* CUVIER), Cuir, Paris, 67 2:43.

Verbreitung: Südosten der U.S.A. und südöstliches China.

Alligator mississippiensis (DAUDIN)

1802 *Crocodilus mississipiensis* DAUDIN, Hist. nat. gén. part. Rept., **2**:412. – Terra typica: Ufer des Mississippi.
1807 *Crocodilus lucius* CUVIER, Ann. Mus. nation. Hist. nat., Paris, **10**:28. – Terra typica: Mississippi, „jusqu' à la Rivière Rouge".
1815 *Crocodilus cuvieri* LEACH, Zool. Misc., **2**:117. – Terra typica: Dauphin Island, Mobile Bay.
1831 *Alligator mississipensis* GRAY (error typographicus pro *A. mississipiensis*), Synops. Rept., **1** (Cataphracta):62.
*1842 *Alligator mississippiensis* – HOLBROOK (nomen emendatum: Direction 97, ICZN, 1958), North amer. Herpetol., **2**:53; Taf. 6.
1865 *Alligator helois* COPE, Proc. Acad. nat. Sci. Philadelphia, **1865**:185. – Terra typica: unbekannt.
1889 *Alligator helois* – BOULENGER, Cat. Chelon. Rhynchoceph. Crocod. brit. Mus. (nat. Hist.):290.
1889 *Alligator mississippiensis* – BOULENGER, Cat. Chelon. Rhynchoceph. Crocod. brit. Mus. (nat. Hist.):290.

1961 *Alligator mississippiensis* – WERMUTH & MERTENS, Schildkr. Krokod. Brückenechs.:344; Abb. 246a, b.
1974 *Alligator mississippiensis* – FUCHS, Die Krokodilhaut:56; Abb. 47, 48.

Verbreitung: Südöstliche U.S.A. (vom östlichen Texas ostwärts bis Süd-Carolina und Florida).

Alligator sinensis FAUVEL

1879 *Alligator sinensis* FAUVEL, J. N.-China Branch asiat. Soc., Shanghai, **13**:33; Abb. 1–3. – Terra typica: Wuhu (Anhwei) und Chinkiang (Kiangsu).
1889 *Alligator sinensis* – BOULENGER, Cat. Chelon. Rhynchoceph. Crocod. brit. Mus. (nat. Hist.):291.
1961 *Alligator sinensis* – WERMUTH & MERTENS, Schildkr. Krokod. Brückenechs.:345; Abb. 247a, b.
1974 *Alligator sinensis* – FUCHS, Die Krokodilhaut:50; Abb. 51, 52.

Verbreitung: Östliches China (Unterlauf des Jangtsekiang).

Caiman SPIX

1825 *Caiman* SPIX, Anim. nova s. Spec. nov. Lacert. Brasil.:3. – Species typica (K. P. SCHMIDT 1928): *Caiman fissipes* SPIX = *Caiman latirostris* (DAUDIN).
1825 *Jacaretinga* SPIX, Anim. nova s. Spec. nov. Lacert. Brasil.:1. – Species typica (BOULENGER 1889, L. MÜLLER 1924, MERTENS 1949): *Jacaretinga punctulatus* SPIX = *Caiman crocodilus yacare* (DAUDIN).
1844 *Jacare* GRAY, Cat. Tort. Crocod. Amphisb. Coll. brit. Mus.:64. – Species typica (durch Tautonymie): *Caiman crocodilus yacare* (DAUDIN).
1862 *Cynosuchus* GRAY (non *Cynosuchus* OWEN 1876 = † Theromorpha), Ann. Mag. nat. Hist., London, (3) **10**:328. – Species typica (designatione hoc loco): *Caiman latirostris* (DAUDIN).
*1868 *Perosuchus* COPE, Proc. Acad. nat. Sci. Philadelphia, **1868**:203. – Species typica (durch Monotypie): *Caiman crocodilus fuscus* (COPE).
1960 *Caimen* BATTERSBY (error typographicus), Zool. Record, London, **94** (Sect. 16B, Rept., 1957):40.

Verbreitung: Vom südlichen Mexico über Mittel-Amerika bis zum mittleren Süd-Amerika.

Caiman crocodilus (LINNAEUS)

Caiman crocodilus crocodilus (LINNAEUS)

1758 *Lacerta crocodilus* LINNAEUS, Syst. Nat., Ed. 10, **1**:200. – Terra typica restricta (MERTENS & WERMUTH 1955): Guayana.
1801 *Crocodilus sclerops* SCHNEIDER, Hist. Amphib., **2**:162. – Terra typica: unbekannt.
1802 *Crocodilus caiman* DAUDIN, Hist. nat. gén. part. Rept., **2**:399. – Terra typica restricta (WERMUTH & MERTENS 1961): Süd-Amerika.
1867 *Jacare hirticollis* GRAY, Transact. zool. Soc. London, **6**:165. – Terra typica: Rio Demerara, Französisch-Guayana.
1889 *Caiman sclerops* – BOULENGER, Cat. Chelon. Rhynchoceph. Crocod. brit. Mus. (nat. Hist.):294.
1900 *Caiman crocodilus* – ANDERSSON, Bih. kongl. svenska Vetensk-Akad. Handl., Stockholm, (4) **26** 1:5.
1933 *Jacaretinga crocodilus crocodilus* – WERNER, Das Tierreich, Berlin, **62**:28.

1936 *Caiman crocodilus crocodilus* – L. MÜLLER & HELLMICH, Wiss. Ergebn. dtsch. Gran-Chaco-Exped., Amphib. Rept.:110.
1961 *Caiman crocodilus crocodilus* – WERMUTH & MERTENS, Schildkr. Krokod. Brückenechs.:347; Abb. 248a, b; Abb. 249c.
1974 *Caiman crocodilus crocodilus* – FUCHS, Die Krokodilhaut:54; Abb. 55, 56.

Verbreitung: Nördliches und nordöstliches Süd-Amerika (Venezuela, Guayana-Staaten und unterer Amazonas) sowie Inseln Trinidad und Tobago.

Caiman crocodilus apaporiensis MEDEM

1955 *Caiman sclerops apaporiensis* MEDEM, Fieldiana, Zool., Chicago, **37**:340; Abb. 75, 76. – Terra typica: Oberer Rio Apaporis, Commisariato Amazonas, Columbien.
1961 *Caiman crocodilus apaporiensis* – WERMUTH & MERTENS, Schildkr. Krokod. Brückenechs.:349; Abb. 249d.
1974 *Caiman crocodilus apaporiensis* – FUCHS, Die Krokodilhaut:58; Abb. 59, 60.
1975 *Caiman crocodilus apoporiensis* GRAWITZ (error typographicus pro *C. c. apaporiensis* MEDEM), Cuir, Paris, **67** 2:45.

Verbreitung: Nordwestliches Süd-Amerika (oberer Rio Apaporis, zwischen den Fällen von Jirijirimo und Puerto Yaviya, Columbien).

Caiman crocodilus fuscus (COPE)

1779 *Lacerta alligator* BLUMENBACH (nomen rejectum: Direction 97, ICZN, 1958), Handb. Naturgesch., Ed.1:263. – Terra typica: Mittel-Amerika.
1868 *Perosuchus fuscus* COPE, Proc. Acad. nat. Sci. Philadelphia, **1868**:203. – Terra typica: Rio Magdalena in Neu-Granada.
1876 *Alligator (Jacare) chiapasius* BOCOURT, J. Zool., Paris, **5**:401. – Terra typica: Tal von Tonala, Chiapas, Mexico.
1876 *Alligator (Jacare) chiaparius* BOCOURT (error typographicus), Ann. Sci. nat., Paris, (6) **3** 12:2.
1889 *Perosuchus fuscus* – BOULENGER, Cat. Chelon. Rhynchoceph. Crocod. brit. Mus. (nat. Hist.):298.
1928 *Caiman fuscus* – K. P. SCHMIDT, Field Mus. nat. Hist., Zool., Chicago, **12**:227.
1933 *Jacaretinga crocodilus fuscus* – WERNER, Das Tierreich, Berlin, **62**:29.
1943 *Caiman crocodilus fuscus* – MERTENS, Senckenbergiana, Frankfurt am Main, **26**:275.
1961 *Caiman crocodilus fuscus* – WERMUTH & MERTENS, Schildkr. Krokod. Brückenechs.:349; Abb. 249b.
1974 *Caiman crocodilus fuscus* – FUCHS, Die Krokodilhaut:62; Abb. 63, 64.

Verbreitung: Vom südlichen Mexico (Chiapas) über Mittel-Amerika südwärts bis zum nordwestlichen Süd-Amerika (Gebiet des Rio Magdalena in Columbien).

Caiman crocodilus matogrossiensis FUCHS

1971 *Caiman c[rocodilus] matogrossoiensis* FUCHS (nomen nudum), Das Leder, Darmstadt, **22**:202. – Patria: Mato Grosso, Brasilien.
1974 *Caiman crocodilus matogrossiensis* FUCHS, Die Krokodilhaut:66; Abb. 67, 68. – Terra typica: Mato Grosso, Brasilien.

Verbreitung: Südliches Brasilien (Mato Grosso).

Caiman crocodilus paraguayensis FUCHS

1971 *Caiman c[rocodilus] paraguayiensis* FUCHS (nomen nudum), Das Leder, Darmstadt, **22**:202. – Patria: Paraguay.
1974 *Caiman crocodilus paraquaiensis* FUCHS (error typographicus pro *C. c. paraguayensis* FUCHS), Die Krokodilhaut:70; Abb. 71, 72. – Terra typica: Rio Verde, Paraguay.

Verbreitung: Paraguay (nordöstlich des Rio Paraguay): Rio Verde, Rio Monte Lindo, Rio Negro, Rio Confuso und Rio Pilcomayo.

Caiman crocodilus yacare (DAUDIN)

1802 *Crocodilus yacare* DAUDIN, Hist. nat. gén. part. Rept., **2**:407. – Terra typica: Paraguay und Brasilien.
1825 *Jacaretinga punctulatus* SPIX, Anim. nova s. Spec. nov. Lacert. Brasil.:2; Taf. 2. – Terra typica: prope Ecgam, in ripa Solimoens, Brasilia.
1840 *Champsa vallifrons* NATTERER, Ann. naturhist. Hof-Mus. Wien, **2**:322; Taf. 24. – Terra typica: nordwestliches Brasilien.
1862 *Jacare longiscutata* GRAY, Ann. Mag. nat. Hist., London, (3) **10**:328. – Terra typica: tropisches Amerika.
1862 *Jacare ocellata* GRAY, Ann. Mag. nat. Hist., London, (3) **10**:329. – Terra typica: See von Santa Cruz de la Sierra, Bolivien.
1867 *Jacare multiscutata* GRAY, Transact. zool. Soc. London, **6**:164. – Terra typica: Brasilien.
1928 *Caiman yacare* – K. P. SCHMIDT, Field Mus. nat. Hist., Zool., Chicago, **12**:219; Taf. 18, 19.
1933 *Jacaretinga crocodilus jacare* WERNER (nomen substitutum pro *C. yacare*), Das Tierreich, Berlin, **62**:29.
1936 *Caiman crocodilus yacare* – L. MÜLLER & HELLMICH, Wiss. Ergebn. dtsch. Gran-Chaco-Exped., Amphib. Rept.:110; Taf. 7, Fig. 13, 14; Taf. 8, Fig. 15.
1961 *Caiman crocodilus yacare* – WERMUTH & MERTENS, Schildkr. Krokod. Brückenechs.:350; Abb. 249a.
1974 *Caiman crocodilus yacare* – FUCHS, Die Krokodilhaut:74; Abb. 75, 76.

Verbreitung: Mittleres Süd-Amerika (vom südlichen Bolivien und Brasilien südwärts bis zur Mündung des Rio Parana).

Caiman latirostris (DAUDIN)

Caiman latirostris latirostris (DAUDIN)

1802 *Crocodilus latirostris* DAUDIN, Hist. nat. gén. part. Rept., **2**:417. – Terra typica designata (FREIBERG & CARVALHO 1965): Joinville, Santa Catharina, Brasilien.
1825 *Caiman fissipes* SPIX, Anim. nova s. Spec. nov. Lacert. Brasil.:4; Taf. 3. – Terra typica: Rio San Francisco, Brasilien.
1836 *Alligator cynocephalus* DUMÉRIL & BIBRON (nomen substitutum pro *Caiman fissipes* SPIX), Erpétol. gén., Hist. nat. Rept., **3**:86.
1889 *Caiman latirostris* – BOULENGER (partim), Cat. Chelon. Rhynchoceph. Crocod. brit. Mus. (nat. Hist.):293.
1961 *Caiman latirostris* – WERMUTH & MERTENS (partim), Schildkr. Krokod. Brückenechs.:350; Abb. 250a, b.
1965 *Caiman latirostris latirostris* – FREIBERG & CARVALHO, Physis, Buenos Aires, **25** 70:358; Abb. 1 [2], 3.

1971 *Caiman latinostris* LEKAGUL, CRONIN, MCNEELY & KANHAVANIJ (ex errore pro *C. latirostris*), Liv. Crocod. World [YOUNGPRAPAKORN, Bangkok]:7 (no. 4).
1974 *Caiman latirostris* – FUCHS (partim), Die Krokodilhaut:78; Abb. 79–82.

Verbreitung: Östliches Argentinien (Alto Paraná, Misiones, südwärts bis 27′ 30″), nördliches Uruguay (Artigas und Salto), sowie östliches und südliches Brasilien (von Rio Grande do Norte südwärts bis Rio Grande do Sul).

Caiman latirostris chacoensis FREIBERG & CARVALHO

1961 *Caiman latirostris* – WERMUTH & MERTENS (partim), Schildkr. Krokod. Brückenechs.:350.
1965 *Caiman latirostris chacoensis* FREIBERG & CARVALHO, Physis, Buenos Aires, 25 70:356; Fig. 1 [1], 2. – Terra typica: Estero el Perdido y Rio Bermejo (cerca de El Zapallar), Chaco, Argentina.
1974 *Caiman latirostris* – FUCHS (partim), Die Krokodilhaut:78; Abb. 79–82.

Verbreitung: Nördliches Argentinien (Jujuy, Formosa, Chaco und Corrientes, südwärts bis zum 32. Breitengrad).

Melanosuchus GRAY

1862 *Melanosuchus* GRAY, Ann. Mag. nat. Hist., London, (3) **10**:328. – Species typica (durch Monotypie): *Caiman niger* SPIX.

Verbreitung: Mittleres Süd-Amerika.

Melanosuchus niger (SPIX)

1825 *Caiman niger* SPIX, Anim. nova s. Spec. nov. Lacert. Brasil.:3; Taf. 4. – Terra typica: Rio Solimoes.
1889 *Caiman niger* – BOULENGER, Cat. Chelon. Rhynchoceph. Crocod. brit. Mus. (nat. Hist.):392.
1933 *Melanosuchus niger* – WERNER, Das Tierreich, Berlin, **62**:31; Abb. 30.
1961 *Melanosuchus niger* – WERMUTH & MERTENS, Schildkr. Krokod. Brückenechs.: 352; Abb. 251a, b.
1974 *Melanosuchus niger* – FUCHS, Die Krokodilhaut:84; Abb. 85, 86.

Verbreitung: Mittleres Süd-Amerika (Brasilien und Amazonas-Gebiet von Peru).

Paleosuchus GRAY

1862 *Paleosuchus* GRAY, Ann. Mag. nat. Hist., London, (3) **10**:330. – Species typica (durch Monotypie): *Paleosuchus trigonatus* (SCHNEIDER).
1862 *Aromosuchus* GRAY, Ann. Mag. nat. Hist., London, (3) **10**:330. – Species typica (durch Monotypie): *Paleosuchus palpebrosus* (CUVIER).
*1902 *Palaeosuchus* WATERHOUSE (nomen substitutum pro *Paleosuchus* GRAY), Index zool. 1880–1900, **1**:418.
1961 *Paleosuurus* BATTERSBY (error typographicus pro *Paleosuchus* GRAY), Zool. Record, London, **96** (Sect. 17, Rept., 1959):31.

Verbreitung: Nördliches und mittleres Süd-Amerika.

Paleosuchus palpebrosus (CUVIER)

1807 *Crocodilus palpebrosus* CUVIER, Ann. Mus. nation. Hist. nat., Paris, **10**:35; Taf. 1, Fig. 6; Taf. 2, Fig. 2. – Terra typica: Cayenne.
1825 *Jacaretinga moschifer* SPIX, Anim. nova s. Spec. nov. Lacert. Brasil.:1; Taf. 1. – Terra typica: See in der Stadt Bahia, Brasilien.
1840 *Champsa gibbiceps* NATTERER, Ann. naturhist. Hof-Mus. Wien, **2**:324; Taf. 28. – Terra typica: westlicher Teil des mittleren Brasilien.
1889 *Caiman palpebrosus* – BOULENGER, Cat. Chelon. Rhynchoceph. Crocod. brit. Mus. (nat. Hist.):296.
1923 *Paleosuchus palpebrosus* – L. MÜLLER, Z. Morphol. Ökol. Tiere, Berlin, **2**:441; Taf. 5, Fig. 31.
1961 *Paleosuchus palpebrosus* – WERMUTH & MERTENS, Schildkr. Krokod. Brückenechs.:352; Abb. 252a, b.
1974 *Paleosuchus palpebrosus* – FUCHS, Die Krokodilhaut:88; Abb. 89, 90.

Verbreitung: Nördliches und mittleres Süd-Amerika (von Columbien bis Britisch- und Französisch-Guayana sowie bis Brasilien, südwärts bis zum 20. südlichen Breitengrad).

Paleosuchus trigonatus (SCHNEIDER)

1801 *Crocodilus trigonatus* SCHNEIDER, Hist. Amphib. nat. lit., **2**:161. – Terra typica: unbekannt.
1889 *Caiman trigonatus* – BOULENGER, Cat. Chelon. Rhynchoceph. Crocod. brit. Mus. (nat. Hist.):296.
1924 *Paleosuchus niloticus* – L. MÜLLER, Zool. Anz., Leipzig, **58**:319.
1928 *Paleosuchus trigonatus* – K. P. SCHMIDT, Field Mus. nat. Hist., Zool., Chicago, **12**:209.
1961 *Paleosuchus trigonatus* – WERMUTH & MERTENS, Schildkr. Krokod. Brückenechs.:352; Abb. 253a, b.
1974 *Paleosuchus trigonatus* – FUCHS, Die Krokodilhaut:88.

Verbreitung: Nördliches Süd-Amerika (Flußsysteme des Orinoko und Amazonas, südwärts bis zum 10. südlichen Breitengrad).

Familie Crocodylidae

Crocodylus LAURENTI

1768 *Crocodylus* LAURENTI, Spec. med. exh. Synops. Rept.:53. – Species typica (FITZINGER 1843): *Crocodilus vulgaris* CUVIER = *Crocodylus niloticus* LAURENTI.
*1777 *Crocodillus* SCOPOLI (ex errore pro *Crocodylus* LAURENTI?), Itroduct. Hist. nat.: 463.
1789 *Crocodilus* BONNATERRE (nomen substitutum pro *Crocodylus* LAURENTI), Tabl. encycl. méthod. trois Règn. Nat., Erpétol.:32.
1789 *Crocodilus* GMELIN (nomen substitutum pro *Crocodylus* LAURENTI), LINN. Syst. Nat., Ed. 13, **1**:1057.
1820 *Champse* MERREM, Tent. Syst. Amphib.:36. – Species typica (designatione hoc loco): *Crocodilus biscutatus* CUVIER = *Crocodylus acutus* CUVIER.
1844 *Mecistops* GRAY, Cat. Tort. Crocod. Amphisb. Coll. brit. Mus.:57. – Species typica (designatione hoc loco): *Mecistops bennettii* GRAY = *Crocodylus cataphractus* CUVIER.

1844 *Oopholis* GRAY, Cat. Tort. Crocod. Amphisb. Coll. brit. Mus.:58. – Species typica (durch Tautonymie): *Crocodilus oopholis* SCHNEIDER = *Crocodylus porosus* SCHNEIDER.

1844 *Palinia* GRAY, Cat. Tort. Crocod. Amphisb. Coll. brit. Mus.:60. – Species typica (durch Monotypie): *Crocodylus rhombifer* CUVIER.

?1844 *Motinia* GRAY, Cat. Tort. Crocod. Amphisb. Coll. brit. Mus.:60. – Species typica (durch Monotypie): *Crocodilus americanus* LAURENTI = ? *Crocodylus acutus* CUVIER.

1862 *Bombifrons* GRAY, Ann. Mag. nat. Hist., London, (3) **10**:266. – Species typica (durch Tautonymie): *Crocodilus bombifrons* GRAY = *Crocodylus palustris* LESSON.

1862 *Molinia* GRAY (nomen substitutum pro *Motinia* GRAY), Ann. Mag. nat. Hist., London, (3) **10**:272.

1862 *Temsacus* GRAY, Ann. Mag. nat. Hist., London, (3) **10**:272. – Species typica (durch Monotypie): *Crocodylus intermedius* GRAVES.

1874 *Philas* GRAY (non *Philas* PORTEVIN 1903 = Coleoptera), Proc. zool. Soc. London, **1874**:178. – Species typica (durch Monotypie): *Crocodylus johnsoni* KREFFT.

*1960 *Cocodrilus* ALVAREZ DEL TORO, Los Reptiles de Chiapas [:?; fide Zool. Record, London, **99**, Sect. 17, Rept.:66, 1964].

Verbreitung: Afrika (außer im Norden) mit Madagascar, südliches und südöstliches Asien, Indo-Australischer Archipel, nördliches Australien; Ozeanien; südliches und südöstliches Nord-Amerika über Mittel-Amerika bis nördliches Süd-Amerika, einschließlich Antillen-Archipel.

Crocodylus acutus CUVIER

?1768 *Crocodylus americanus* LAURENTI, Spec. med. exh. Synops. Rept.:54. – Terra typica: Amerika.

1807 *Crocodilus acutus* CUVIER, Ann. Mus. nation. Hist. nat., Paris, **10**:55; Taf. 1, Fig. 3; Taf. 2, Fig. 5. – Terra typica: Santo Domingo.

1807 *Crocodilus biscutatus* CUVIER, Ann. Mus. nation. Hist. nat., Paris, **10**:53; Taf. 2, Fig. 6. – Terra typica: unbekannt.

1869 *Alligator lacordairei* PREUDHOMME DE BORRE, Bull. Acad. Sci. Belg., Bruxelles, **38**:110; Taf., Fig. 1–3. – Terra typica: Belize, Britisch-Honduras.

1870 *Crocodilus pacificus* DUMÉRIL & BOCOURT, Miss. sci. Mexique, **3**:31; Taf. 9, Fig. 5–5b. – Terra typica: Mündung des Rio Nagualate an der Westküste von Guatemala.

1870 *Crocodilus lewyanus* DUMÉRIL & BOCOURT, Miss. sci. Mexique, **3**:33; Taf. 8, Fig. 2, 2a. – Terra typica: Rio Magdalena, Columbien.

1870 *Crocodilus mexicanus* DUMÉRIL & BOCOURT, Miss. sci. Mexique, **3**:34; Taf. 8, Fig. 3, 3a. – Terra typica: Mexico.

1875 *Crocodilus floridanus* HORNADAY, Amer. Natural., New York, **9**:504; Abb. 211–215. – Terra typica: Arch Creek, nahe der Mündung in die Biscayne Bay, Südost-Küste der Halbinsel Florida.

1889 *Crocodilus americanus* – BOULENGER, Cat. Chelon. Rhynchoceph. Crocod. brit. Mus. (nat. Hist.):281.

1940 *Crocodylus acutus lewyanus* – L. MÜLLER & HELLMICH, Ibero-amer. Stud., Hamburg, **13**:130.

1961 *Crocodylus acutus* – WERMUTH & MERTENS, Schildkr. Krokod. Brückenechs.: 358; Abb. 254a, b.

1974 *Crocodylus acutus* – FUCHS, Die Krokodilhaut:92; Abb. 93, 94.

Verbreitung: Südöstliches Nord-Amerika (Süden der Halbinsel Florida), Mexico (West- und Ostküste), Mittel-America (von Guatemala südwärts bis Panama), nordwestliches Süd-Amerika (Venezuela, Columbien, Ecuador und nördliches Peru), Antillen-Archipel (Cuba, Jamaica und Hispaniola).

Crocodylus cataphractus CUVIER

Crocodylus cataphractus cataphractus CUVIER

1789 *Lacerta gangetica* GMELIN (partim), LINN. Syst. nat., Ed. 13, **1**:1057. – Terra typica: „Senegal und Ganges".
?1801 *Crocodilus niger* LATREILLE in BUFFON, Hist. nat. Rept., Ed. Déterville, **1**:210. – Terra typica: Senegal-Fluß.
1825 *Crocodilus cataphractus* CUVIER, Rech. Oss. foss., Ed. 3, **5** 2:58; Taf. 5, Fig. 1, 2. – Terra typica designata (FUCHS, MERTENS & WERMUTH 1974): Senegal-Fluß.
1835 *Crocodilus leptorhynchus* BENNETT, Proc. zool. Soc. London, **1835**:129. – Terra typica: bei Fernando Poo.
1844 *Mecistops bennettii* GRAY (nomen substitutum pro *Crocodilus leptorhynchus* BENNETT), Cat. Tort. Crocod. Amphisb. Coll. brit. Mus.:57.
1889 *Crocodilus cataphractus* – BOULENGER, Cat. Chelon. Rhynchoceph. Crocod. brit. Mus. (nat. Hist.):279.
1961 *Crocodylus cataphractus* – WERMUTH & MERTENS (partim), Schildkr. Krokod. Brückenechs.:359; Abb. 255a, 256b.
1968 *Crocodylus catophractus* RHODES & DADD (error typographicus), Zool. Record, London, **102** (Sect. 17, Rept., 1965):94.
1974 *Crocodylus cataphractus cataphractus* – FUCHS, MERTENS & WERMUTH, Stuttgart. Beitr. Naturk., (A, Zool.) **266**:3.
1974 *Crocodylus cataphractus cataphractus* – FUCHS, Die Krokodilhaut:96; Abb. 97, 98.

Verbreitung: Westliches Afrika (vom Senegal ostwärts und südwärts bis zum nördlichen Angola, unter Ausschluß des Verbreitungsgebietes von *C. c. congicus*. Der genaue Verlauf der Verbreitungsgrenze zwischen den beiden Unterarten ist noch nicht bekannt.).

Crocodylus cataphractus congicus FUCHS, MERTENS & WERMUTH

1974 *Crocodylus cataphractus congicus* FUCHS, MERTENS & WERMUTH, Stuttgart. Beitr. Naturk., (A, Zool.) **266**:4. – Terra typica: Mittlerer Congo.
1974 *Crocodylus cataphractus congicus* – FUCHS, Die Krokodilhaut:100; Abb. 101, 102.

Verbreitung: Mittleres Afrika (Congo-Gebiet, Zaire. Eine genaue Abgrenzung des Verbreitungsgebietes gegenüber der Nominatrasse ist noch nicht möglich).

Crocodylus intermedius GRAVES

1819 *Crocodilus intermedius* GRAVES, Ann. gén. Sci. phys., Bruxelles, **2** 344. – Terra typica: unbekannt.
1824 *Crocodilus journei* BORY (nomen substitutum pro *Crocodilus intermedius* GRAVES), Dict. class. Hist. nat., **5**:111.
1861 *Mecistops bathyrhynchus* COPE, Proc. Acad. nat. Sci. Philadelphia, **1860**:550. – Terra typica: unbekannt.
1889 *Crocodilus intermedius* – BOULENGER, Cat. Chelon. Rhynchoceph. Crocod. brit. Mus. (nat. Hist.):280.
1961 *Crocodylus intermedius* – WERMUTH & MERTENS, Schildkr. Krokod. Brückenechs.:359; Abb. 256a.
1974 *Crocodylus intermedius* – FUCHS, Die Krokodilhaut:104; Abb. 105, 106.

Verbreitung: Nördliches Süd-Amerika (Flußsysteme des Amazonas und Orinoko).

Crocodylus johnsoni KREFFT

1873 *Tomistoma krefftii* GRAY (nomen nudum) in KREFFT, Proc. zool. Soc. London, **1873**:334.
1873 *Crocodilus johnsoni* KREFFT, Proc. zool. Soc. London, **1873**:334. – Terra typica: Cashmere, oberer Herbert River, Queensland.
1874 *Philas johnstoni* GRAY (nomen substitutum pro *Crocodilus johnsoni* KREFFT), Proc. zool. Soc. London, **1874**:177; Taf. 27.
1889 *Crocodilus johnstonii* – BOULENGER, Cat. Chelon. Rhynchoceph. Crocod. brit. Mus. (nat. Hist.):279.
1961 *Crocodylus johnsoni* – WERMUTH & MERTENS, Schildkr. Krokod. Brückenechs.: 362; Abb. 257a, b.
1974 *Crocodylus johnsoni* – FUCHS, Die Krokodilhaut:108; Abb. 109, 110.

Verbreitung: Nördliches Australien (von der Kimberley Division ostwärts bis zum nordöstlichen Queensland).

Crocodylus mindorensis SCHMIDT

1935 *Crocodylus mindorensis* K. P. SCHMIDT, Field Mus. nat. Hist., Zool., Chicago, **20**:68; Abb. 3. – Terra typica: Insel Mindoro, Philippinen.
1961 *Crocodylus novaeguineae mindorensis* – WERMUTH & MERTENS, Schildkr. Krokod. Brückenechs.:368; Abb. 261.
1974 *Crocodylus mindorensis* – FUCHS, Die Krokodilhaut:148; Taf. 149, 150.

Verbreitung: Philippinen-Archipel (Inseln Luzon, Mindoro und Mindanao) sowie Sulu-Archipel.

Crocodylus moreletii DUMÉRIL, BIBRON & DUMÉRIL

1851 *Crocodilus moreletii* DUMÉRIL, BIBRON & DUMÉRIL, Cat. méthod. Coll. Rept.: 28. – Terra typica: Lac Florès [= Peten-See], Guatemala.
1889 *Crocodilus moreletii* – BOULENGER, Cat. Chelon. Rhynchoceph. Crocod. brit. Mus. (nat. Hist.):287.
1961 *Crocodylus moreletii* – WERMUTH & MERTENS, Schildkr. Krokod. Brückenechs.: 362; Abb. 258a, b.
1974 *Crocodylus moreletii* – FUCHS, Die Krokodilhaut:112; Abb. 113, 114.

Verbreitung: Südliches Mexico (südlich des Wendekreises des Krebses: Yucatan, Campeche, Tabasco, Chiapas, Vera Cruz, San Luis Potosi, Tamaulipas; Colima?) und nördliches Mittel-Amerika (Britisch-Honduras, Guatemala).

Crocodylus niloticus LAURENTI

Crocodylus niloticus niloticus LAURENTI

1768 *Crocodylus niloticus* LAURENTI, Spec. med. exh. Synops. Rept.:53. – Terra typica: „Indien und Ägypten". – Terra typica restricta (FUCHS, MERTENS & WERMUTH 1974): Ägypten.
1807 *Crocodilus vulgaris* CUVIER, Ann. Mus. nation. Hist. nat., Paris, **10**:40; Taf. 1, 2. – Terra typica restricta (MERTENS & WERMUTH 1955): Ägypten.
1826 *Crocodilus multiscutatus* RÜPPELL in CRETZSCHMAR, Iris, Frankfurt am Main, **25**:99. – Terra typica: Soucot am Nil, Nubien.
1827 *Crocodilus marginatus* GEOFFROY, Déscr. Egypte, **1**:260. – Terra typica restricta (MERTENS & WERMUTH 1955): Nil bei Theben.

1827 *Crocodilus lacunosus* GEOFFROY, Déscr. Egypte, 1:261. – Terra typica: Nil, Ägypten [Mumie].
1827 *Crocodilus complanatus* GEOFFROY, Déscr. Egypte 1:263. – Terra typica: Nil, Ägypten [Mumie].
1831 *Crocodilus octophractus* RÜPPELL in GRAY in GRIFFITH, Animal Kingdom CUVIER, 9 Synops Spec.:22. – Terra typica: Soucot am Nil, Nubien.
1886 *Crocodilus hexaphractos* RÜPPELL (nomen nudum) in SCHMIDT, Ber. senckenberg. naturf. Ges., Frankfurt am Main, **1885**:131.
1889 *Crocodilus niloticus* – BOULENGER (partim), Cat. Chelon. Rhynchoceph. Crocod. brit. Mus. (nat. Hist.):283.
1961 *Crocodylus niloticus* – WERMUTH & MERTENS (partim), Schildkr. Krokod. Brückenechs.:364; Abb. 259.
1974 *Crocodylus niloticus niloticus* – FUCHS, Die Krokodilhaut:124; Abb.:125, 127.
1974 *Crocodylus niloticus niloticus* – FUCHS, MERTENS & WERMUTH, Salamandra, Frankfurt am Main, **10**:110.

Verbreitung: Südliches Ägypten, Sudan (östlich von Khartum und nördlich von Juba), westliches Äthiopien.

Crocodylus niloticus africanus LAURENTI

1768 *Crocodylus africanus* LAURENTI, Spec. med. exh. Synops. Rept.:54. – Terra typica: Africa. – Terra typica restricta (FUCHS, MERTENS & WERMUTH 1974): Tanzania.
1889 *Crocodilus niloticus* – BOULENGER (partim), Cat. Chelon. Rhynchoceph. Crocod. brit. Mus. (nat. Hist.):283
1961 *Crocodylus niloticus* – WERMUTH & MERTENS (partim), Schildkr. Krokod. Brückenechs.:364; Abb. 259.
1974 *Crocodylus niloticus africanus* – FUCHS, Die Krokodilhaut:140; Abb.:141, 143.
1974 *Crocodylus niloticus africanus* – FUCHS, MERTENS & WERMUTH, Salamandra, Frankfurt am Main, **10**:111.

Verbreitung: Südöstliches Afrika (Tanzania, Ruanda und Urundi).

Crocodylus niloticus chamses BORY

1824 *Crocodilus chamses* BORY, Dict. class. Hist. nat., **5**:105. – Terra typica: Große Flüsse in Afrika. – Terra typica restricta (FUCHS, MERTENS & WERMUTH 1974): Congo River.
1889 *Crocodilus niloticus* – BOULENGER (partim), Cat. Chelon. Rhynchoceph. Crocod. brit. Mus. (nat. Hist.):283.
1961 *Crocodylus niloticus* – WERMUTH & MERTENS (partim), Schildkr. Krokod. Brückenechs.:364; Abb. 259.
1974 *Crocodylus niloticus chamses* – FUCHS, Die Krokodilhaut:120; Abb.:121, 123.
1974 *Crocodylus niloticus chamses* – FUCHS, MERTENS & WERMUTH, Salamandra, Frankfurt am Main, **10**:111.

Verbreitung: Südwestliches Afrika (Uganda, südöstlicher Sudan, Republik Congo, Zaire, Gabun, Angola, nördliches Südwest-Afrika und nordöstliches Sambia).

Crocodylus niloticus cowiei (SMITH)

1889 *Crocodilus niloticus* – BOULENGER (partim), Cat. Chelon. Rhynchoceph. Crocod. brit. Mus. (nat. Hist.):283.

1937 *Alligator cowiei* A. SMITH in HEWITT, Guide Vertebr. Fauna east. Cape Prov., **2**: 2. – Terra typica: Süd-Afrika.
1961 *Crocodylus niloticus* – WERMUTH & MERTENS (partim), Schildkr. Krokod. Brückenechs.:364; Abb. 259.
1974 *Crocodylus niloticus cowiei* – FUCHS, Die Krokodilhaut:128; Abb. 129, 131.
1974 *Crocodylus niloticus cowiei* – FUCHS, MERTENS & WERMUTH, Salamandra, Frankfurt am Main, **10**:112.

Verbreitung: Südliches Afrika (Mozambique, Botswanaland, Malawi, Rhodesia, Sambia [mit Ausnahme des Nordostens], Süd-Afrika und Südwest-Afrika [im Süden]).

Crocodylus niloticus madagascariensis GRANDIDIER

1872 *Crocodilus madagascariensis* GRANDIDIER, Ann. Sci. nat., Paris, (5) **15**:6. – Terra typica: Madagaskar.
1872 *Crocodilus robustus* VAILLANT & GRANDIDIER, C.R. Acad. Sci., Paris, **75**: 150. – Terra typica: Amboulintsatre, Madagaskar.
1889 *Crocodilus niloticus* – BOULENGER (partim), Cat. Chelon. Rhynchoceph. Crocod. brit. Mus. (nat. Hist.):283.
1889 *Crocodilus robustus* – BOULENGER, Cat. Chelon. Rhynchoceph. Crocod. brit. Mus. (nat. Hist.):286.
1961 *Crocodylus niloticus* – WERMUTH & MERTENS (partim), Schildkr. Krokod. Brückenechs.:364; Abb. 259.
1974 *Crocodylus niloticus madagascariensis* – FUCHS, Die Krokodilhaut:132; Abb. 133, 135.
1974 *Crocodylus niloticus madagascariensis* – FUCHS, MERTENS & WERMUTH, Salamandra, Frankfurt am Main, **10**:112.

Verbreitung: Madagaskar sowie Komoren- und Seychellen-Inseln.

Crocodylus niloticus pauciscutatus DERANIYAGALA

1889 *Crocodilus niloticus* – BOULENGER (partim), Cat. Chelon. Rhynchoceph. Crocod. brit. Mus. (nat. Hist.):283.
1948 *Crocodylus niloticus pauciscutatus* DERANIYAGALA, Spolia zeylan., Colombo, **25** 2:31. – Terra typica: Lake Rudolph.
1948 *Crocodylus niloticus worthingtoni* DERANIYAGALA (nomen nudum), Spolia zeylan., Colombo, **25** 2:30. – Patria: Lake Baringo.
1961 *Crocodylus niloticus* – WERMUTH & MERTENS (partim), Schildkr. Krokod. Brückenechs.:364; Abb. 259.
1974 *Crocodylus niloticus pauciscutatus* – FUCHS, Die Krokodilhaut:116; Abb. 117, 119.
1974 *Crocodylus niloticus pauciscutatus* – FUCHS, MERTENS & WERMUTH, Salamandra, Frankfurt am Main, **10**:113.

Verbreitung: Östliches Afrika (Kenya, Äthiopien und Somalia).

Crocodylus niloticus suchus GEOFFROY

1807 *Crocodilus suchus* GEOFFROY, Ann. Mus. nation. Hist. nat., Paris, **10**:84. – Terra typica: Niger.
1857 *Crocodilus binuensis* BAIKIE, Proc. zool. Soc. London, **1857**:50. – Terra typica: Benue River, Zentral-Afrika.
1889 *Crocodilus niloticus* – BOULENGER (partim), Cat. Chelon. Rhynchoceph. Crocod. brit. Mus. (nat. Hist.):283.

1961 *Crocodylus niloticus* – WERMUTH & MERTENS (partim), Schildkr. Krokod. Brückenechs.:364; Abb. 259.
1974 *Crocodylus niloticus suchus* – FUCHS, Die Krokodilhaut:136; Abb. 137, 139.
1974 *Crocodylus niloticus suchus* – FUCHS, MERTENS & WERMUTH, Salamandra, Frankfurt am Main, **10**:113.

Verbreitung: Nordwestliches Afrika (Nigeria, Niger, Kamerun, Tschad, Zentralafrikanische Republik, Äquatorial-Guinea, Senegal, Mali, Guinea, Gambia, Volta, Ghana, Togo, Dahomey).

Crocodylus novaeguineae SCHMIDT

1928 *Crocodilus novae-guineae* K. P. SCHMIDT, Field Mus. nat. Hist., Zool., Chicago, **12**: 177; Taf. 13, 14. – Terra typica: Ibundo am unteren Sepik River, nördliches Neu-Guinea.
1961 *Crocodylus novaeguineae novaeguineae* – WERMUTH & MERTENS, Schildkr. Krokod. Brückenechs.:365, 366; Abb. 260a, b.
1974 *Crocodylus novaeguineae* – FUCHS, Die Krokodilhaut:144; Taf. 145, 146.

Verbreitung: Neu-Guinea und Aru-Inseln.

Crocodylus palustris LESSON

Crocodylus palustris palustris LESSON

1831 *Crocodilus palustris* LESSON, Bull. Sci. nat., Paris, **25** 2:121. – Terra typica: Festland von Indien.
1831 *Crocodilus vulgaris* var. *indicus* GRAY, Synops. Rept., **1** (Cataphracta):58. – Terra typica: Indien.
1844 *Crocodilus bombifrons* GRAY, Cat. Tort. Crocod. Amphisb. Coll. brit. Mus.:59. – Terra typica: Indien.
1844 *Crocodilus trigonops* GRAY, Cat. Tort. Crocod. Amphisb. Coll. brit. Mus.:62. – Terra typica: Indien.
1889 *Crocodilus palustris* – BOULENGER, Cat. Chelon. Rhynchoceph. Crocod. brit. Mus. (nat. Hist.):285.
1936 *Crocodylus palustris palustris* – DERANIYAGALA, Spolia zeylan., Colombo, **19** 3:282.
1961 *Crocodylus palustris palustris* – WERMUTH & MERTENS, Schildkr. Krokod. Brückenechs.:369; Abb. 263a.
1974 *Crocodylus palustris* – FUCHS (partim), Die Krokodilhaut:152; Abb. 153, 154.

Verbreitung: Pakistan, Vorder-Indien (ostwärts bis Assam) und ?Burma.

Crocodylus palustris kimbula DERANIYAGALA

?1933 *Champse brevirostris* WERNER, Zool. Anz., Leipzig, **102**:100; Abb. 1, 2. – Terra typica: „Afrika?"
?1933 *Champse krevirostris* WERNER (error typographicus pro *C. brevirostris*), Zool. Anz., Leipzig, **102**:[100] Abb. 1 [Legende].
1936 *Crocodylus palustris kimbula* DERANIYAGALA, Spolia zeylan., Colombo, **19** 3:284; Abb. 1, 2; Taf. 32, Fig. 1, 2; Taf. 33, Fig. 1, 2. – Terra typica: Ceylon.
1958 *Crocodylus palustris brevirostris* – WETTSTEIN, Ann. Zool., Agra, **2** 12:242.

1961 *Crocodylus palustris kimbula* – WERMUTH & MERTENS, Schildkr. Krokod. Brükkenechs.:369; Abb. 263b.
1974 *Crocodylus palustris* – FUCHS (partim), Die Krokodilhaut:152.

Verbreitung: Ceylon (= Sri Lanka).

Crocodylus porosus SCHNEIDER

Crocodylus porosus porosus SCHNEIDER

1795 *Crocodylus natans* MEYER (nomen oblitum), Synops. Rept.:20. – Terra typica: Ceylon.
1801 *Crocodilus porosus* SCHNEIDER, Hist. Amphib. nat. lit., **2**:159. – Terra typica restricta (MERTENS 1960): Ceylon.
1801 *Crocodilus oopholis* SCHNEIDER, Hist. Amphib. nat. lit., **2**:165. – Terra typica designata (MERTENS 1960): Ceylon.
1889 *Crocodilus porosus* – BOULENGER (partim), Cat. Chelon. Rhynchoceph. Crocod. brit. Mus. (nat. Hist.):284.
1955 *Crocodylus porosus minikanna* DERANIYAGALA, Spolia zeylan., Colombo, **27** 2:277; Abb. 2. – Terra typica: Bolgoda, Ceylon.
1960 *Crocodylus porosus porosus* – MERTENS, Senckenb. biol., Frankfurt am Main, **41**: 271.
1961 *Crocodylus porosus minikanna* – WERMUTH & MERTENS, Schildkr. Krokod. Brückenechs.:370.
1974 *Crocodylus porosus* – FUCHS (partim), Die Krokodilhaut:156.

Verbreitung: Südliches Asien (Insel Ceylon = Sri Lanka).

Crocodylus porosus biporcatus CUVIER

1807 *Crocodilus biporcatus* CUVIER, Ann. Mus. nation. Hist. nat., Paris, **10**:48; Taf. 1, 2. – Terra typica restricta (MERTENS & WERMUTH 1955): Insel Java.
1844 *Crocodilus biporcatus raninus* S. MÜLLER & SCHLEGEL in TEMMINCK, Verh. nat. Gesch. nederl. Bezitt., Krokod.:28; Taf. 3, Fig. 7, 8. – Terra typica: Borneo.
1862 *Oopholis pondicherianus* GRAY, Ann. Mag. nat. Hist., London, (3) **10**:268; Taf. 7. – Terra typica: Pondichery.
1889 *Crocodilus porosus* – BOULENGER (partim), Cat. Chelon. Rhynchoceph. Crocod. brit. Mus. (nat. Hist.):284.
1953 *Crocodylus porosus australis* DERANIYAGALA, Col. Atl. Vertebr. Ceylon, 2 (Tetrap. Rept.):34. – Terra typica: Australien.
1955 *Crocodylus porosus porosus* – DERANIYAGALA, Spolia zeylan., Colombo, 27 2:277.
1960 *Crocodylus porosus biporcatus* – MERTENS, Senckenb. biol., Frankfurt am Main, **41**:271.
1961 *Crocodylus porosus porosus* – WERMUTH & MERTENS, Schildkr. Krokod. Brückenechs.:369; Abb. 264a, b.
1974 *Crocodylus porosus* – FUCHS (partim), Die Krokodilhaut:156; Abb. 157, 158.

Verbreitung: Vorder-Indien (vom Küstengebiet von Cochin an ostwärts längs der Ostküste), Küstengebiete von Bangla Desh, Burma, der Malayischen Halbinsel, Cambodja und Vietnam bis zum Fluß Don-Nai, Indo-Australischer Archipel (Inseln Sumatra, Java, Borneo, Celebes, Timor und andere), Philippinen, Molukken, Timor-Laut, Aru- und Kei-Inseln, Neu-Guinea, Bismarck-Archipel, Salomonen, Neue Hebriden, Fidji-Inseln und Küstengebiete im nördlichen Australien

Crocodylus rhombifer CUVIER

1807 *Crocodilus rhombifer* CUVIER, Ann. Mus. nation. Hist. nat., Paris, **10**:51. – Terra typica: unbekannt.
?1819 *Crocodilus planirostris* GRAVES, Ann. gén. Sci. phys., Bruxelles, **2**:348. – Terra typica: „Afrika?"
?1824 *Crocodilus gravesii* BORY (nomen substitutum pro *Crocodilus planirostris* GRAVES), Dict. Class. Hist. nat., **5**:109.
1889 *Crocodilus rhombifer* – BOULENGER, Cat. Chelon. Rhynchoceph. Crocod. brit. Mus. (nat. Hist.):287.
1961 *Crocodylus rhombifer* – WERMUTH & MERTENS, Schildkr. Krokod. Brückenechs.: 371; Abb. 265a, b.
1974 *Crocodylus rhombifer* – FUCHS, Die Krokodilhaut:160; Abb. 161, 162.

Verbreitung: Mittleres Cuba (auf Isle of Pines vermutlich ausgestorben).

Crocodylus siamensis SCHNEIDER

1801 *Crocodilus siamensis* SCHNEIDER, Hist. Amphib. nat. lit., **2**:157. – Terra typica: Siam.
1807 *Crocodilus galeatus* CUVIER, Ann. Mus. nation. Hist. nat., Paris, **10**:51; Taf. 1, Fig. 9. – Terra typica: Siam.
1862 *Crocodilus sicmensis* GRAY (error typographicus pro *C. siamensis*), Ann. Mag. nat. Hist., London, (3) **10**:269.
1889 *Crocodilus siamensis* – BOULENGER, Cat. Chelon. Rhynchoceph. Crocod. brit. Mus. (nat. Hist.):282.
1961 *Crocodylus siamensis* – WERMUTH & MERTENS, Schildkr. Krokod. Brückenechs.: 372; Abb. 266a, b.
1974 *Crocodylus siamensis* – FUCHS, Die Krokodilhaut:164; Abb. 165, 166.

Verbreitung: Hinter-Indien (Thailand, Cambodja, Laos, südliches Vietnam, Malayische Halbinsel) und Indo-Australischer Archipel (Java und Borneo).

Osteolaemus COPE

1861 *Osteolaemus* COPE, Proc. Acad. nat. Sci. Philadelphia, **1860**:549. – Species typica (durch Monotypie): *Osteolaemus tetraspis* COPE.
1862 *Halcrosia* GRAY, Ann. Mag. nat. Hist., London, (3) **10**:273. – Species typica (durch Monotypie): *Crocodilus frontatus* MURRAY = *Osteolaemus tetraspis* COPE.
1919 *Osteoblepharon* K. P. SCHMIDT, Bull. amer. Mus. nat. Hist., New York, **39**:420. – Species typica (durch Monotypie): *Osteoblepharon osborni* K. P. SCHMIDT = *Osteolaemus tetraspis osborni* (K. P. SCHMIDT).

Verbreitung: Westliches und mittleres Afrika.

Osteolaemus tetraspis COPE

Osteolaemus tetraspis tetraspis COPE

1861 *Osteolaemus tetraspis* COPE, Proc. Acad. nat. Sci. Philadelphia, **1860**:550. – Terra typica: Fluß Ogowe, Französisch-Äquatorial-Afrika [Gabun].
1862 *Crocodilus frontatus* MURRAY, Proc. zool. Soc. London, **1862**:213; Abb. 1, 4, 7, 10; Taf. 29. – Terra typica: Old Calabar River, West-Afrika.

1867 *Halcrosia afzelii* LILLJEBORG, Proc. zool. Soc. London, **1867**:715; Abb. 1, 2. – Terra typica: Sierra Leone, West-Afrika.
1867 *Halcrosia nigra* – GRAY, Transact. zool. Soc. London, **6**:153; Abb. 11–14 [beruht auf *Crocodilus niger* LATREILLE = ? *Crocodylus c. cataphractus* CUVIER].
1889 *Osteolaemus tetraspis* – BOULENGER, Cat. Chelon. Rhynchoceph. Crocod. brit. Mus. (nat. Hist.):288.
1953 *Osteolaemus tetraspis tetraspis* – WERMUTH, Mitt. zool. Mus. Berlin, **29**:466; Abb. 35, 36.
1961 *Osteolaemus tetraspis tetraspis* – WERMUTH & MERTENS, Schildkr. Krokod. Brückenechs.:372; Abb. 267a, b.
1974 *Osteolaemus tetraspis tetraspis* – FUCHS, MERTENS & WERMUTH, Stuttgart. Beitr. Naturk., (A, Biol.) **266**:6.
1974 *Osteolaemus tetraspis tetraspis* – FUCHS, Die Krokodilhaut:168; Abb. 169, 170.

Verbreitung: Westliches Afrika (von Guinea und Volta an ost- und südwärts bis Cabinda, Angola).

Osteolaemus tetraspis osborni (SCHMIDT)

1919 *Osteoblepharon osborni* K. P. SCHMIDT, Bull. amer. Mus. nat. Hist., New York, **39**:421; Abb. 2 [unten], 3 [zweite Figur von links]; Taf. 13, Fig. 1. – Terra typica: Niapu, Belgisch-Congo [= Zaire].
1933 *Osteolaemus osborni* – WERNER, Das Tierreich, Berlin, **62**:25; Abb. 25, 26.
1953 *Osteolaemus tetraspis osborni* – WERMUTH, Mitt. zool. Mus. Berlin, **29**:466; Abb. 37, 38.
1961 *Osteolaemus tetraspis osborni* – WERMUTH & MERTENS, Schildkr. Krokod. Brückenechs.:375; Abb. 268.
1974 *Osteolaemus tetraspis osborni* – FUCHS, MERTENS & WERMUTH, Stuttgart. Beitr. Naturk., (A, Biol.) **266**:7.
1974 *Osteolaemus tetraspis osborni* – FUCHS, Die Krokodilhaut:172; Abb. 173, 174.

Verbreitung: Mittleres Afrika (Oberlauf des Congo-Flusses und seine Zuflüsse im mittleren Zaire, früher Belgisch-Congo).

Tomistoma MÜLLER

1846 *Tomistoma* S. MÜLLER, Arch. Naturgesch., Berlin **12**:122. – Species typica (durch Monotypie): *Crocodilus (Gavialis) schlegelii* S. MÜLLER.
*1860 *Rhynchosuchus* HUXLEY, J. linn. Soc., Zool., London, **4**:16. – Species typica (durch Monotypie): *Crocodilus (Gavialis) schlegelii* S. MÜLLER.

Verbreitung: Südöstliches Asien.

Tomistoma schlegelii (MÜLLER)

1838 *Crocodilus (Gavialis) schlegelii* S. MÜLLER, Tijdschr. nat. Gesch., Amsterdam, Leyden, **5**:77; Taf. 3. – Terra typica: südliches Borneo.
1846 *Tomistoma schlegelii* – S. MÜLLER, Arch. Naturgesch., Berlin, **12**:122.
1889 *Tomistoma schlegelii* – BOULENGER, Cat. Chelon. Rhynchoceph. Crocod. brit. Mus. (nat. Hist.):276.
1961 *Tomistoma schlegelii* – WERMUTH & MERTENS, Schildkr. Krokod. Brückenechs.: 375; Abb. 269a, b.
1974 *Tomistoma schlegelii* – FUCHS, Die Krokodilhaut:176; Abb. 177, 178.

Verbreitung: Südliches Hinter-Indien (Malayische Halbinsel) und Indo-Australischer Archipel (Sumatra und Borneo).

Familie Gavialidae

Gavialis Oppel

1811 *Gavialis* OPPEL, Ordn. Fam. Gatt. Rept.:19, 22. – Species typica (durch Monotypie): *Lacerta gangetica* GMELIN.
1815 *Gavialus* RAFINESQUE (nomen substitutum pro *Gavialis* OPPEL?), Analyse Nat.:75.
1822 *Gaviala* FLEMING (nomen substitutum pro *Gavialis* OPPEL), Philos. Zool., 2:276.
1830 *Rhamphostoma* WAGLER (non *Rhamphostoma* BOULENGER 1893 = Reptilia, Serpentes), Natürl. Syst. Amphib.:141. – Species typica (designatione hoc loco): *Lacerta gangetica* GMELIN.
1830 *Ramphostoma* WAGLER (error typographicus pro *Rhamphostoma* (non *Ramphostoma* JAN 1861 = Reptilia, Serpentes), Natürl. Syst. Amphib.:132, 350.
*1876 *Gharialis* THEOBALD (nomen substitutum pro *Gavialis* OPPEL), Descr. Cat. Rept. brit. India:37.

Verbreitung: Südliches Asien.

Gavialis gangeticus (GMELIN)

1789 *Lacerta gangetica* GMELIN, LINN. Syst. Nat., Ed. 13, 1:1057. – Terra typica restricta (hoc loco): Ganges.
1789 *Crocodilus gavial* BONNATERRE, Tabl. encyclop. méthod. trois Règn. Nat., Erpétol.:34; Taf. 1, Fig. 4. – Terra typica: Ufer des Ganges.
1801 *Crocodilus longirostris* SCHNEIDER, Hist. Amphib. nat. lit., 2:160. – Terra typica: Ganges und andere Flüsse in Indien.
1802 *Crocodilus arctirostris* DAUDIN (nomen substitutum pro *Crocodilus gavial* BONNATERRE), Hist. nat. gén. part. Rept., 2:393; Taf. 27, Fig. 2.
1807 *Crocodilus tenuirostris* CUVIER, Ann. Mus. nation. Hist. nat., Paris, 10:66. – Terra typica: unbekannt.
1831 *Gavialis gangeticus* – GRAY, Synops. Rept., 1 (Cataphracta):56.
1889 *Gavialis gangeticus* – BOULENGER, Cat. Chelon. Rhynchoceph. Crocod. brit. Mus. (nat. Hist.):275.
1961 *Gavialis gangeticus* – WERMUTH & MERTENS, Schildkr. Krokod. Brückenechs.: 376; Abb. 270a, b.
1974 *Gavialis gangeticus* – FUCHS, Die Krokodilhaut:180; Abb. 181, 182.

Verbreitung: Vorder-Indien (Flußsysteme des Indus, Ganges, Mahanadi und Brahmaputra) und Hinter-Indien (Fluß Koladan in Arakan und Maingtha-Mündung in Ober-Burma).

Ordnung Rhynchocephalia

Familie Sphenodontidae

Sphenodon Gray

1831 *Sphaenodon* GRAY, Zool. Miscell.:14. – Species typica: nicht angegeben, aber identisch mit *Hatteria punctata* GRAY 1842.
1842 *Hatteria* GRAY (= *Sphaenodon* GRAY 1831), Zool. Miscell.:72. – Species typica (durch Monotypie): *Hatteria punctata* GRAY.
1872 *Sphenodon* GRAY (nomen emendatum et conservatum: Opinion 455, ICZN, 1957; non *Sphenodon* LUND 1839 = † Mammalia), Cat. Shield Rept. Coll. brit. Mus. 2 (Emydosaur., Rhynchoceph., Amphisb.):30.

Verbreitung: Kleine Inseln in der Cook-Straße südlich der Nord-Insel von Neuseeland.

Sphenodon punctatus (GRAY)

Sphenodon punctatus punctatus (GRAY)

1842 *Hatteria punctata* GRAY, Zool. Miscell.:72. – Terra typica: Karewa Island, Plenty Bay.
1872 *Sphenodon punctatum* – GRAY, Cat. Shield Rept. Coll. brit. Mus., 2 (Emydosaur., Rhynchoceph., Amphisb.):30.
1889 *Sphenodon punctatus* – BOULENGER, Cat. Chelon. Rhynchoceph. Crocod. brit. Mus. (nat. Hist.):2.
1936 *Sphenodon punctatus punctatus* – WETTSTEIN, Handb. Zool., Berlin, 7:230.
1961 *Sphenodon punctatus punctatus* – WERMUTH & MERTENS, Schildkr. Krokod. Brückenechs.:379; Abb. 271a, b.

Verbreitung: Kleine Inseln östlich der Nord-Insel von Neuseeland.

Sphenodon punctatus guntheri BULLER

1876 *Sphenodon guntheri* BULLER, Transact. Proc. New Zealand Inst., Wellington, 9: 324. – Terra typica: Brothers Island, in der Nähe der Cook-Straße.
1936 *Sphenodon punctatus guentheri* WETTSTEIN (nomen substitutum pro *S. guntheri* BULLER), Handb. Zool., Berlin, 7:230.
1961 *Sphenodon punctatus guntheri* – WERMUTH & MERTENS, Schildkr. Krokod. Brückenechs.:379.

Verbreitung: Kleine Inseln südlich der Nord-Insel von Neuseeland.

Sphenodon punctatus reischeki WETTSTEIN

1943 *Sphenodon punctatus reischeki* WETTSTEIN, Zool. Anz., Leipzig, 143:46. – Terra typica: Insel Hauturu bei Neuseeland.
1961 *Sphenodon punctatus reischeki* – WERMUTH & MERTENS, Schildkr. Krokod. Brückenechs.:380.

Verbreitung: Insel Hauturu in der Whangarei-Bay (nur von der Terra typica bekannt).

Alphabetisches Namens-Register

DAS TIERREICH

Eine Zusammenstellung und Kennzeichnung der rezenten Tierformen

Herausgeber
Robert Mertens und Willi Hennig
Schriftleiter: Heinz Wermuth

Lfg.	Bearbeiter	Titel	Ersch.-jahr	Umfang	Preis in DM
45	A. Schmidt	COLEOPTERA: *Aphodiinae*	1922	VI, 614 Seiten, 34 Abbildungen	120,–
46	F. Nieden	AMPHIBIA: *Anura I*	1923	XXXII, 584 Seiten, 380 Abbildungen	115,50
47	W. Kükenthal	COELENTERATA: *Gorgonaria*	1924	XXVIII, 478 Seiten, 209 Abbildungen	144,–
48	J. J. Kieffer	HYMENOPTERA: Proctotrupoidea: *Scelionidae*	1926	XXXVI, 885 Seiten, 340 Abbildungen	300,–
49	F. Nieden	AMPHIBIA: *Anura II Engystomatidae*	1926	XVI, 119 Seiten, 55 Abbildungen	42,–
50	E. Giglio-Tos	ORTHOPTERA: *Mantidae*	1927	XL, 707 Seiten, 6 Abbildungen	247,50
51	H. Stichel	LEPIDOPTERA: *Nemeobiinae*	1928	XXX, 300 Seiten, 197 Abbildungen	126,50
52	C. Graf Attems	MYRIAPODA: *I. Geophilomorpha*	1929	XXIII, 388 Seiten, 307 Abbildungen	180,–
53	F. Kiefer	CRUSTACEA COPEPODA: *II. Cyclopoida Gnathostoma*	1929	XVI, 102 Seiten, 42 Abbildungen	56,30
54	C. Graf Attems	MYRIAPODA: *II. Scolopendromorpha*	1930	XIX, 308 Seiten, 387 Abbildungen	150,–
55	E. Ahl	AMPHIBIA: *Anura III Polypedatidae*	1931	XVI, 477 Seiten, 320 Abbildungen	232,50
56	S. Thor	ARACHNOIDEA ACARINA: *Bdellidae, Nicoletiellidae, Cryptognathidae*	1931	XIII, 87 Seiten, 93 Abbildungen	56,20
57	M. Beier	PSEUDOSCORPIONIDEA I: Subord: *Chthoniinea* et *Neobisiinea*	1932	XX, 258 Seiten, 271 Abbildungen	120,–
58	M. Beier	PSEUDOSCORPIONIDEA II: Subord. *Cheliferinea*	1932	XXI, 294 Seiten, 300 Abbildungen	146,20

Lfg.	Bearbeiter	Titel	Ersch.-jahr	Umfang	Preis in DM
59	M. Holly	CYCLOSTOMATA	1933	XIV, 62 Seiten, 57 Abbildungen	37,50
60	S. Thor	ACARINA: *Tydeidae, Ereynetidae*	1933	XI, 84 Seiten, 102 Abbildungen	45,–
61	M. Holly	PISCES: *2. Dipnoi*	1933	IX, 20 Seiten, 25 Abbildungen	10,–
62	F. Werner	REPTILIA: *Loricata*	1933	XIV, 40 Seiten, 33 Abbildungen	26,20
63	M. Holly	PISCES: *4. Crossopterygii*	1933	X, 23 Seiten, 30 Abbildungen	10,–
64	F. Bryk	LEPIDOPTERA: *Baroniidae, Teinopalpidae, Parnassiidae I*	1934	XXIII, 131 Seiten, 87 Abbildungen	75,–
65	F. Bryk	LEPIDOPTERA: *Parnassiidae II* (Subfam. *Parnassiinae*)	1935	LI, 790 Seiten, 698 Abbildungen	412,50
66	E. Marcus	ARTHROPODA: *Tardigrada*	1936	XVI, 329 Seiten, 306 Abbildungen	150,–
67	M. Holly	PISCES: *4. Ganoidei*	1936	XVI, 65 Seiten, 56 Abbildungen	37,50
68	C. Graf Attems	MYRIAPODA: *3. Polydesmoidea I.* Fam. *Strongylosomidae*	1937	XXII, 300 Seiten, 343 Abbildungen	150,–
69	C. Graf Attems	MYRIAPODA: *3. Polydesmoidea II.* Fam. *Leptodesmidae, Platyrhachidae, Oxydesmidae, Gomphodesmidae*	1938 1938	XXVIII,487 Seiten, 509 Abbildungen	243,80
70	C. Graf Attems	MYRIAPODA: *3. Polydesmoidea III*	1940	XXXII,568 Seiten, 719 Abbildungen	300,–
71	S. Thor & C. Willmann	ACARINA: *3. – 71 a: Eupodidae, Penthalodidae, Penthaleidae, Rhagidiidae, Pachygnathidae, Cunaxidae. – 72 b Trombidiidae*	1941/1947	XXXVI,541 Seiten, 599 Abbildungen	389,20
72	H. Wermuth	REPTILIA: *Helodermatidae*	1958	16 Seiten, 9 Figuren	16,–
73	M. Beier	ORTHOPTERA: *Tettigoniidae* (Pseudophyllinae I)	1962	XII, 468 Seiten, 245 Abbildungen	210,–
74	M. Beier	ORTHOPTERA: *Tettigoniidae* (Pseudophyllinae II)	1960	396 Seiten, 241 Figuren	262,50
75	K. Odening	TREMATODA (Digenea): *Plagiorchiidae* III (Haematoloechinae) und *Omphalometridae*	1960	IV, 77 Seiten, 60 Figuren	64,–

Lfg.	Bearbeiter	Titel	Ersch.-jahr	Umfang	Preis in DM
76	K. Sanft	AVES (Upupae): *Bucerotidae*	1960	IV, 176 Seiten, 106 Figuren	156,–
77	R. Kilias	GASTROPODA PROSOBRANCHIA: *Tonnidae*	1962	63 Seiten, 47 Figuren	28,–
78	St. W. Gorham	GYMNOPHIONA. *Liste der rezenten Amphibien und Reptilien*	1962	X, 25 Seiten	15,–
79	R. Mertens	HELODERMATIDAE, VARANIDAE, LANTHANOTIDAE. *Liste der rezenten Amphibien u. Reptilien*	1963	X, 26 Seiten	14,–
80	H. Wermuth	GEKKONIDAE, PYGOPODIDAE, XANTUSIIDAE. *Liste der rezenten Amphibien und Reptilien*	1965	XXII, 246 Seiten	117,80
81	J. A. Peters	COLUBRIDAE (Dipsadinae). *Liste der rezenten Amphibien und Reptilien*	1965	VIII, 18 Seiten	12,50
82	J. Illies	PLECOPTERA, *Katalog*	1966	XXX, 632 Seiten, 20 Abbildungen	294,–
83	R. Mertens	CHAMAELEONIDAE. *Liste der rezenten Amphibien und Reptilien*	1966	X, 37 Seiten	26,–
84	C. Gans	UROPELTIDAE. *Liste der rezenten Amphibien und Reptilien*	1966	29 Seiten	14,–
85	St. W. Gorham	ASCAPHIDAE, LEIOPELMATIDAE, PIPIDAE, DISCOGLOSSIDAE, PELOBATIDAE, LEPTODACTYLIDAE, RHINOPHRYNIDAE. *Liste der rezenten Amphibien und Reptilien*	1966	XVI, 222 Seiten	107,–
86	H. Wermuth	AGAMIDAE. *Liste der rezenten Amphibien und Reptilien*	1967	XIV, 127 Seiten	72,–
87	H. Wermuth	CORDYLIDAE (Cordylinae + Gerrhosaurinae). *Liste der rezenten Amphibien und Reptilien*	1968	X, 30 Seiten	24,–
88	F. Haas	BIVALVIA: *Unionacea*	1969	X, 663 Seiten, 5 Abbildungen	380,–
89	A. F. Stimson	BOIDAE, (Boinae + Bolyeriinae + Loxoceminae + Pythoninae). *Liste der rezenten Amphibien und Reptilien*	1969	XI, 49 Seiten	38,–

Lfg.	Bearbeiter	Titel	Ersch.-jahr	Umfang	Preis in DM
90	H. Wermuth	ANGUIDAE, ANNIELLIDAE, XENOSAURIDAE. *Liste der rezenten Amphibien und Reptilien*	1969	XII, 41 Seiten	33,–
91	M. Fischer	HYMENOPTERA: *Braconidae* (Opiinae I)	1972	XII, 620 Seiten, 463 Figuren	580,–
92	R. Kilias	GASTROPODA PROSOBRANCHIA: *Cymatiidae*	1973	VIII, 235 Seiten, 149 Figuren	288,–
93	P. Banarescu & T. T. Nalbant	PISCES, TELEOSTEI: *Cyprinidae (Gobioninae)*	1973	VII, 304 Seiten, 154 Figuren, 19 Karten	320,–
94	P. Zwick	PLECOPTERA, *Phylogenetisches System und Katalog*	1973	XXXII, 465 Seiten, 75 Abbildungen	490,–
95	E. Duellman	HYLIDAE, CENTROLENIDAE, PSEUDIDAE. *Liste der rezenten Amphibien und Reptilien*	1976	XIX, 225 Seiten	280,–
96	M. Fischer	HYMENOPTERA: *Braconidae* (Opiinae II / Amerika)	1976	etwa 1038 Seiten, 890 Figuren	980,–
97	S. G. Kiriakoff	LEPIDOPTERA NOCTUIFORMES: *Agaristidae I*	1976	IX, 180 Seiten, 39 Figuren	150,–
98	S. G. Kiriakoff	LEPIDOPTERA NOCTUIFORMES: *Agaristidae II*	1976	VIII, 165 Seiten, 52 Figuren	140,–
99	S. G. Kiriakoff	LEPIDOPTERA NOCTUIFORMES: *Agaristidae III*	1976	VI, 86 Seiten, 26 Figuren	90,–
100	H. Wermuth & † R. Mertens	TESTUDINES, CROCODYLIA, RHYNCHOCEPHALIA. *Liste der rezenten Amphibien und Reptilien*	1976	XXVII, 174 Seiten	210,–